U0342084

开口冷弯薄壁型钢构件
畸变屈曲机理与设计方法

姚行友　郭彦利　张　鸿　著

北　京

冶 金 工 业 出 版 社

2017

内 容 简 介

本书介绍了冷弯薄壁型钢构件畸变屈曲受力性能和设计方法,主要包括冷弯薄壁型钢受力性能数值分析方法、冷弯薄壁型钢构件畸变屈曲弹性和塑性分析与设计方法、冷弯薄壁型钢构件畸变屈曲控制措施、开孔冷弯薄壁型钢构件畸变屈曲受力性能与设计方法等。

本书可供从事土木工程的科研、设计、施工技术人员使用,也可作为大专院校相关专业师生的参考用书。

图书在版编目(CIP)数据

开口冷弯薄壁型钢构件畸变屈曲机理与设计方法/
姚行友,郭彦利,张鸿著.—北京:冶金工业出版社,
2017.7

ISBN 978-7-5024-7531-4

Ⅰ.①开⋯ Ⅱ.①姚⋯ ②郭⋯ ③张⋯ Ⅲ.①钢结构
—薄壁件—屈曲—研究 Ⅳ.①TU391

中国版本图书馆 CIP 数据核字(2017)第 135004 号

出 版 人 谭学余
地 址 北京市东城区嵩祝院北巷 39 号 邮编 100009 电话 (010)64027926
网 址 www.cnmip.com.cn 电子信箱 yjcbs@cnmip.com.cn
责任编辑 夏小雪 美术编辑 彭子赫 版式设计 孙跃红
责任校对 卿文春 责任印制 李玉山
ISBN 978-7-5024-7531-4
冶金工业出版社出版发行;各地新华书店经销;固安华明印业有限公司印刷
2017 年 7 月第 1 版,2017 年 7 月第 1 次印刷
169mm×239mm;12.25 印张;237 千字;185 页
49.00 元

冶金工业出版社 投稿电话 (010)64027932 投稿信箱 tougao@cnmip.com.cn
冶金工业出版社营销中心 电话 (010)64044283 传真 (010)64027893
冶金书店 地址 北京市东四西大街 46 号(100010) 电话 (010)65289081(兼传真)
冶金工业出版社天猫旗舰店 yjgycbs.tmall.com
(本书如有印装质量问题,本社营销中心负责退换)

前　言

冷弯薄壁型钢构件由于加工制作方便、截面形式多样、能够满足不同的功能要求，在房屋建筑、工业货架、高速公路等诸多领域得到了广泛的应用。近年来，随着我国钢材生产量的提高、国家鼓励建筑用钢政策的落实以及人们对于钢结构的受力、抗震、经济性等方面良好性能认识的普及，冷弯薄壁型钢结构也成为建筑钢结构的一个重要组成。但由于冷弯薄壁型钢开口截面构件存在边缘加劲的部分加劲板件抗扭刚度较差，在受力过程中易发生畸变屈曲。畸变屈曲和局部屈曲一样会降低构件的极限承载力，同时畸变屈曲的存在使得传统的基于局部屈曲的有效宽度法计算构件承载力对于不同截面形式存在着保守或不安全。为此，针对冷弯薄壁型钢开口截面构件畸变屈曲应力、畸变屈曲强度、畸变屈曲和整体稳定承载力的相关计算方法、畸变屈曲发生临界条件和控制措施以及开孔截面构件的畸变屈曲承载力计算方法研究就显得至关重要。

本书作者在国家自然科学基金等项目的资助下，首次在能量法分析中提出采用局部和畸变屈曲混合变形函数求解边缘加劲板件屈曲应力和稳定系数；提出了畸变屈曲弹性屈曲应力、稳定系数和畸变屈曲半波长计算公式；建立了局部屈曲和畸变屈曲稳定系数统一公式。采用近似能量方法推导了畸变屈曲弹塑性应力计算公式，分析结果表明材料弹塑性以及初始缺陷对于畸变屈曲承载力的影响较小；采用大挠度理论推导畸变屈曲后强度及畸变屈曲强度计算方法；利用畸变屈曲强度计算方法验证局部屈曲的有效宽度法计算板件强度对于畸变屈曲强度的适用性，结果表明可以采用局部屈曲的有效宽度法计算畸变屈曲强度。对于发生局部或畸变屈曲的冷弯薄壁型钢开口截面构件，给出了相同的和整体稳定相关的极限承载力计算方法。在理论分析的基础上给出了畸变屈曲发生于局部屈曲后和不发生畸变屈曲的临界条件，提出了控制畸变屈曲发生和提高畸变屈曲强度的构造措施、要求与设计方法；在理论分析和试验研究的基础上给出了腹板开孔冷弯薄壁型钢构件畸变屈曲应力、强度以及相关屈曲承载力的计算方法。

本书写作大纲的拟定及全书统稿、修改由姚行友完成。其中第1、3~6章由姚行友执笔，第2、7章由郭彦利执笔，张鸿教授参与了书中大量数值分析的计算工作。

本书的研究工作得到了国家自然科学基金项目（项目号：51308277、51078288）、江西省自然科学基金项目（项目号：20151BAB206055）、中国博士后基金项目（项目号：2016M590382）以及江西省教育厅科技攻关项目（项目号：GJJ14760）的资助，在此表示衷心感谢。借本书出版之际，我还要感谢我的导师、引领我步入冷弯型钢研究领域的何保康先生和李元齐教授。

由于作者学识有限，书中难免有不当之处，恳请专家和读者不吝指正。

姚行友

2017 年 3 月

目　　录

1 绪 论

1.1 概述

冷弯薄壁型钢是在室温条件下将薄钢板或带钢通过冲压或辊压弯曲成型的钢构件。因此与热轧型钢相比,冷弯薄壁型钢的生产特点是:加工生产设备投资少,产品生产灵活。自从1838年沙俄诞生第一台冷轧机到1946年美国钢铁学会(AISI)正式颁布世界上第一部冷弯薄壁型钢结构设计规范以来,在一些发达国家,冷弯薄壁型钢各类产品已超过万余种。我国于1958年在上海诞生了第一台冷轧机并开始轧制冷弯型钢,并于1975年正式颁布我国第一部《薄壁型钢结构技术规范》(TJ 18—75),据不完全统计,在建筑、农机、汽车、造船、家电、交通和机械制造等各领域生产有上千种冷弯型钢产品。随着我国现行规范《冷弯薄壁型钢结构技术规范》[1]的逐步完善,冷弯薄壁型钢在我国土木工程中得到了各方面的应用。

自20世纪90年代以来,在欧美、澳洲和日本等国家开发并兴建了一批1~2层局部3层的冷弯薄壁型钢别墅房屋,代替在这些国家原来惯用的木结构住宅,这类房屋的结构体系很特殊,它是由屋面、楼面和墙面应力蒙皮层组成(如图1-1所示)[2],墙体结构是冷弯薄壁型钢别墅房屋最重要的结构构件,墙体可设有保温材料和墙面装饰材料(如图1-2所示)[2]。墙体由间距400~600mm很密的冷弯薄壁卷边槽形截面钢立柱与其上、下端的冷弯薄壁槽钢轨梁相连,立柱外侧墙面通常采用定向刨花板OSB板,内侧采用纸面石膏板用自攻自钻螺钉与立柱相连,连接件间距在周边处通常为150mm,板的内部为300mm。楼面冷弯薄壁型钢主梁和屋面冷弯薄壁型钢骨架间距与墙体立柱相同且互相位于同一竖向平面内,且均由卷边槽形截面构件组成。冷弯薄壁型钢别墅房屋最大特点是:构件类型少,主要有冷弯薄壁卷边槽形、槽形两种形式,此外房屋结构工业化程度高,所有构件甚至屋面、楼面和墙面均可在工厂组装完成;其次是结构自重轻,运输、安装方便,施工周期短。冷弯薄壁型钢别墅房屋体系不仅可用于民用住宅(如图1-3所示)[2],也可用于公寓楼、农村住宅、商店、旅馆、餐厅、库房及紧急事件临时用房等。

同时,冷弯薄壁型钢还在轻型钢结构门式刚架的檩条和墙梁、冷弯薄壁型钢门式刚架、农村建筑中的谷料仓和其他粒状农产品仓库、货架[3]、高速公路、地基处理等土木工程中得到大量应用。

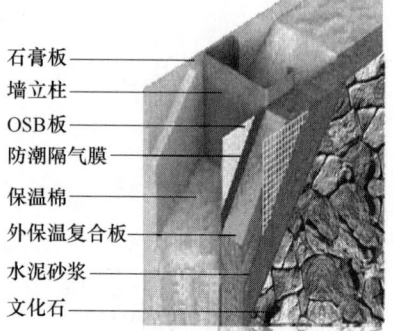

石膏板
墙立柱
OSB板
防潮隔气膜
保温棉
外保温复合板
水泥砂浆
文化石

图 1-1 冷弯薄壁型钢房屋组成图　　　　　图 1-2 墙体构造详图

图 1-3 冷弯薄壁型钢别墅房屋安装过程

冷弯型钢构件在土木工程中得到广泛的应用主要得益于其受力特点，此类截面构件主要是通过优化截面的形状而不仅仅是通过增加截面厚度来产生强度（如图 1-4 所示）[4]。但冷弯薄壁型钢构件由于壁薄、板件宽厚比大、截面形式复杂、大多为开口截面，屈曲稳定问题是其主要问题，且屈曲模式存在多样性。一般而言，开口薄壁截面构件会出现板件局部屈曲、全截面畸变屈曲和构件整体屈曲三种屈曲模式，在一定条件下还会出现三种屈曲模式的相关作用。当发生局部屈曲时板件围绕板件交线转动、交线保持直线；当发生整体屈曲时整个横截面发生转动或侧移、截面形状不发生变化；而畸变屈曲发生时板件围绕板件交线转动，其中部分板件交线不再保持直线，截面形状和轮廓尺寸发生变化（如图 1-5

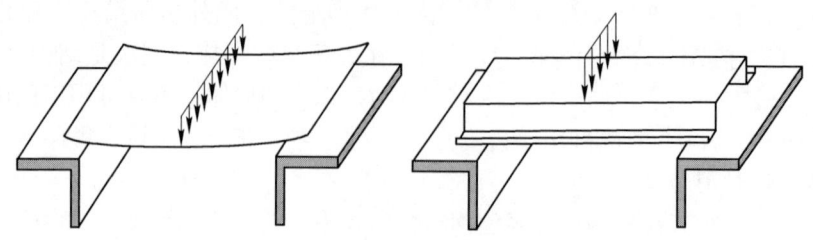

图 1-4 冷弯薄壁型钢构件受力模式

所示）。同时构件发生不同屈曲模式时的屈曲半波长也不相同，由有限条程序[5]
计算所得的卷边槽钢压杆弹性屈曲应力比与半波长关系曲线（如图1-6所示）
可知：局部屈曲半波长最短、整体屈曲半波长最长，而畸变屈曲半波长介于二者
之间。

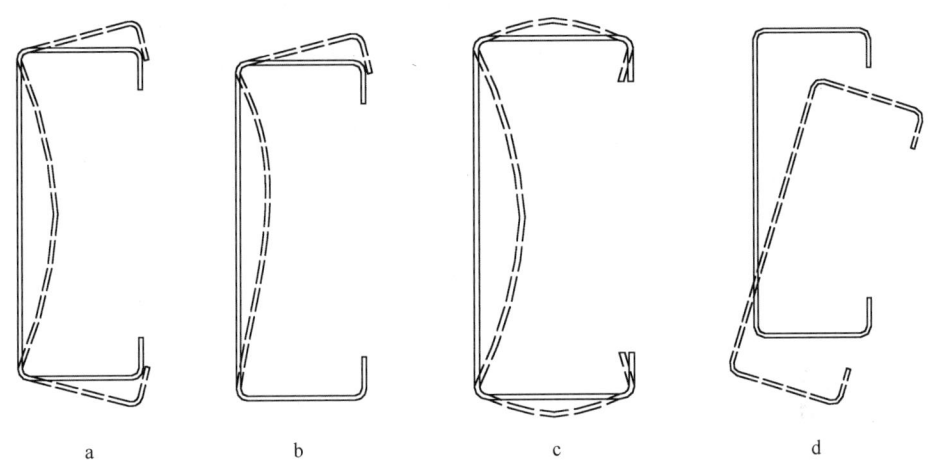

图 1-5　冷弯薄壁型钢构件屈曲模式
a—畸变（受压）屈曲；b—畸变（受弯）屈曲；c—局部屈曲；d—整体（弯扭）屈曲

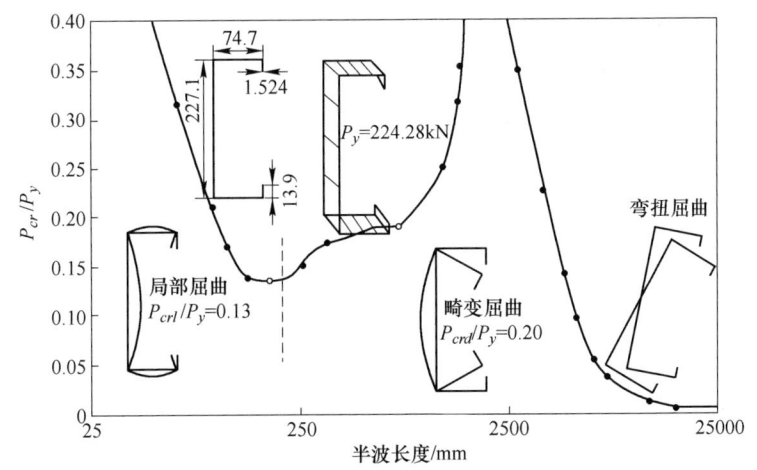

图 1-6　不同屈曲模式弹性屈曲应力比与半波长关系曲线[6]

　　长期以来国内外学者对整体屈曲和局部屈曲以及二者的相关作用进行了大量
研究，至今已相当成熟，并应用于各国规范的承载力计算中，而畸变屈曲虽然和
局部屈曲、整体屈曲同期出现，但对其研究却相对较少。其主要原因有两个方

面，一是以前冷弯薄壁型钢构件均为低碳钢制成的简单截面，部分加劲板件宽厚比较小，畸变屈曲并不控制构件承载力；二是畸变屈曲与截面形状和尺寸、构件长度、端部约束、受力状态等诸多因素有关，计算较局部屈曲和整体屈曲复杂。然而现今随着高强钢材的使用，构件截面越来越薄，板件宽厚比增大，截面形式越来越复杂，在某些条件下畸变屈曲可控制构件的极限承载力，而没有相对应的较为准确的承载力计算公式，严重地制约了开口冷弯型钢构件在土木工程中的大量应用。因此，对冷弯薄壁型钢开口截面构件在不同厚度、不同材料特性、不同荷载条件下的构件屈曲性能以及承载力计算方法，特别是畸变屈曲进行试验与理论分析并给出相应的设计方法具有重要的理论和工程应用意义。

1.2 冷弯薄壁型钢构件畸变屈曲研究现状

国外对于畸变屈曲的研究始于 20 世纪 50~60 年代，Chilver[10]、Dwight[11]等人分别在研究卷边槽形截面轴压柱、卷边槽形和帽形截面铝合金构件时发现了畸变屈曲现象，并提出对于卷边槽形截面构件可通过加强卷边刚度保证构件发生局部屈曲而不发生畸变屈曲的观点。

对于薄壁结构构件来说弹性屈曲稳定无疑是最基本和最关键的研究课题，因此众多研究者首先对弹性畸变屈曲求解方法进行了大量研究，主要包括解析法[12~20]、折减屈曲系数法[21]、数值法（有限元法和有限条法）[22~33]、广义梁法[34~44]和神经网络法[45~47]等。同时，国外学者对于畸变屈曲构件受力性能也进行了较为系统、广泛的研究[48~61]，主要包括：截面几何尺寸、加劲模式、初始缺陷、边界条件、荷载形式、相关作用、屈曲后强度、残余应力等因素，这些因素对于发生畸变屈曲的构件极限承载力均有相当影响。

国内对于畸变屈曲的研究起步较晚，始于 20 世纪 90 年代。苏明周、陈绍蕃[62]等人通过对卷边槽钢梁的畸变屈曲进行分析，提出了受压翼缘屈曲系数 k_f 的计算公式。陈绍蕃[63]通过对我国常用截面的冷弯卷边槽钢承载力分析指出，可把畸变屈曲看做特殊的局部屈曲处理，翼缘屈曲系数可取 3。随着研究的深入，国内学者近几年来对轴压、偏压、受弯构件畸变屈曲性能进行了系列的试验与理论研究[64~82]，并对防止畸变屈曲发生的措施进行了相关试验研究与数值分析[83~92]。

对于卷边槽形截面构件承载力的计算，各国规范给出了不尽相同的计算公式，但主要有两种处理方法，一种是单独对畸变屈曲承载力进行计算，包括北美规范[18]和澳洲规范[15]，主要体现形式是直接强度法；一种是采用折减翼缘屈曲稳定系数的方法，并对卷边的最小刚度给予限定，包括欧洲规范[21]、英国规范[93]以及我国现行冷弯薄壁型钢结构技术规范[1]，同时在北美和澳洲规范中也给出了折减翼缘屈曲稳定系数的计算方法。

从目前研究情况来看，对于畸变屈曲的研究主要存在如下方面的问题：（1）对于弹性畸变屈曲应力求解方法采用简化模型，考虑了截面抗侧刚度、翼缘畸变等诸多影响因素，导致平衡方程求解困难，因而引入了诸多假定，并采用了数值分析方法进行拟合。同时广义梁法、有限条法、样条有限条法以及神经网络法均需借助数值方法来完成，分析过程比较复杂。为此，寻求较为简单明了的弹性畸变屈曲应力计算方法显得至关重要。（2）对畸变屈曲的塑性性能研究较少，且均以数值模拟方法为主。（3）对畸变屈曲以及相关屈曲进行了较多研究并给出承载力计算公式，但没有给出局部、畸变和整体屈曲以及相关屈曲发生的临界条件判定准则。（4）对轴压构件、受弯构件畸变屈曲进行过系统研究，但对于压弯构件的畸变屈曲受力性能没有相关研究；同时对于畸变屈曲的控制方式与准则也未见相关研究文献。（5）对畸变屈曲的承载力计算均以直接强度法为参考，和我国现行冷弯薄壁型钢规范有效宽度法相协调一致的计算方法还需进一步研究。

1.3 本书的研究目的与研究内容

随着冷弯薄壁型钢在国内土木工程领域的广泛应用，研究其屈曲稳定性能，提出合理的设计方法就显得至关重要。虽然国内外学者对冷弯薄壁型钢构件畸变屈曲进行了一定的相关试验与理论分析，但由于畸变屈曲破坏模式的复杂性，相对局部屈曲、整体屈曲而言，研究仍不完善。现代高强复杂截面形式的冷弯薄壁型钢构件的运用使得畸变屈曲成为控制构件承载力的主要屈曲模式之一，而且我国《冷弯薄壁型钢结构技术规范》[1]（GB 50018—2002）对畸变屈曲的处理相对比较粗略，因此必须对畸变屈曲问题进行进一步的深入研究，给出与我国规范相协调一致的开口截面构件的畸变屈曲承载力计算方法。近年来，本书作者在国家自然科学基金等课题的资助下，针对开口冷弯薄壁型钢构件畸变屈曲性能和设计方法方面取得的一些进展，构成本书的主要内容。

具体如下：

（1）采用能量法分析给出了边缘加劲截面构件的畸变屈曲计算方法，建立局部屈曲和畸变屈曲的一体化分析方法，在此基础上给出畸变和局部屈曲的屈曲稳定系数计算公式。

（2）采用近似方法推导畸变屈曲弹塑性屈曲应力计算方法，利用数值方法分析钢材弹塑性以及截面初始缺陷对于畸变屈曲承载力的影响。

（3）利用大挠度理论分析畸变屈曲的屈曲后强度，建立屈曲后强度计算方法，验证有效宽度法对于求解畸变屈曲的屈曲后强度的适用性，建立局部和畸变屈曲统一的有效宽度法公式。

（4）在理论以及数值分析的基础上提出与我国规范一致的冷弯型钢开口

截面构件承载力计算公式，考虑畸变屈曲和整体失稳的相关作用，建立局部屈曲、畸变屈曲与整体失稳的相关承载力计算公式。

（5）在理论分析和参数分析的基础上，给出畸变屈曲发生的临界条件并提出设计及构造控制措施。

（6）在理论分析和试验研究的基础上，给出了腹板开孔冷弯薄壁型钢构件畸变屈曲承载力及整体稳定承载力计算方法。

本书归纳总结了作者近年来在冷弯薄壁型钢构件畸变屈曲、相关屈曲性能与设计方法方面的研究成果。

全书共分 7 章，其中第 2 章介绍了冷弯薄壁型钢构件屈曲稳定分析的数值分析方法；第 3~5 章介绍了开口冷弯薄壁型钢构件弹性畸变屈曲、弹塑性畸变屈曲、相关屈曲性能与计算方法；第 6 章介绍了冷弯薄壁型钢构件畸变屈曲发生的控制条件和构造措施；第 7 章介绍了腹板开孔冷弯薄壁型钢构件畸变屈曲及相关屈曲承载力设计方法。

2 冷弯薄壁型钢构件理论和数值分析方法

2.1 概述

对于冷弯型钢板件和构件的分析主要包括弹性屈曲分析和极限承载力分析。对于弹性屈曲分析主要包括有限元法、有限条法以及能量法等,而对于极限承载力分析主要包括有限元模拟分析、试验以及简化的有效宽度法。由于这些分析方法在后续的章节中均需用到,因此在本章对各种分析方法进行简要的介绍和比较,寻求比较理想的分析方法以及验证措施,为后续建立冷弯薄壁型钢构件计算方法做铺垫。

2.2 冷弯型钢板件和构件的线性弹性屈曲分析方法

冷弯型钢板件和构件宽厚比较大,弹性屈曲应力一般小于材料的屈服强度,虽然弹性屈曲不能完全反映构件极限承载力的性能,但是是反映构件性能的一个重要方面。弹性屈曲是指构件由挺直的平衡状态变化到微弯的平衡状态的屈曲荷载,变形是其屈曲模态。弹性屈曲应力和屈曲模态的分析有许多方法,目前有三种基本的求解方法:有限元法、有限条法以及能量法,当然这些方法并不是唯一的方法。因为在后续的分析中会用到这三种方法,为此本节对这三种方法进行简要介绍,当然每种方法均有其相应的特殊优点。有限元法可以求解不常用的截面形式和沿长度变化的边界条件,同时有限元法还可以考虑初始缺陷进行非线性分析;有限条法比有限元法求解速度快,可以考虑复杂的截面形式,但沿纵向边界条件不能变化;而能量法一般可以得到闭合解,且可以用于工程的近似设计,求解速度较快。

2.2.1 有限元法

在有限元法的弹性屈曲分析中,主要考虑稳定平衡状态轴压力或中面力对弯曲变形的影响。根据势能驻值原理获得构件的平衡方程[94]:

$$([K_E] + [K_G])\{U\} = \{P\} \tag{2-1}$$

式中,$[K_E]$ 为结构的弹性刚度矩阵;$[K_G]$ 为结构的几何刚度矩阵,也叫初应力刚度矩阵;$\{U\}$ 为节点位移向量;$\{P\}$ 为节点荷载向量。式(2-1)也是几何非线性分析的平衡方程。

为了得到随遇平衡状态，应使系统势能的二阶变分为零，即：

$$([K_E] + [K_G])\{\delta U\} = \{P\} \tag{2-2}$$

$$|[K_E] + [K_G]| = 0 \tag{2-3}$$

式（2-3）中的构件弹性刚度矩阵为已知，因为外荷载也就是待求的屈曲荷载，故几何刚度矩阵是未知的。为求得该屈曲荷载，任意假设一组外荷载 $[P^0]$，与其对应的几何刚度矩阵为 $[K_G^0]$，并假定线性屈曲时的荷载为 $[P^0]$ 的 λ 倍，故有 $[K_G] = \lambda[K_G^0]$，从而式（2-3）可化为：

$$|[K_E] + \lambda[K_G^0]| = 0 \tag{2-4}$$

将式（2-4）写成特征值方程为：

$$([K_E] + \lambda_i[K_G^0])\{\phi_i\} = 0 \tag{2-5}$$

式中，λ_i 为第 i 阶特征值；$\{\phi_i\}$ 为与 λ_i 对应的特征向量，是相应该阶屈曲荷载时结构的变形形状，即屈曲模态或失稳模态。

在通用有限元程序 Ansys 特征值分析中，其结果给出的是 λ_i 和 $\{\phi_i\}$，即屈曲荷载系数和屈曲模态，而屈曲荷载为 $\lambda\{P^0\}$。

对于有限元分析的详细讨论将在极限承载力分析方法及数值分析模型的介绍中进行详细介绍。

2.2.2 有限条法

有限条法最初由德国学者 Cheung 提出[95]，在他的书中对于有限条法的理论基础和方法进行了详细的介绍。悉尼大学 Hancock 教授[29,96]最早把有限条法应用于热轧型钢和冷弯型钢构件的弹性屈曲计算中，使得有限条法在钢结构中的应用得到了大家的重视。最近，Schafer 教授等人[30~32]在进行冷弯型钢的弹性分析中也采用了有限条法，并开发了免费的计算程序 CUFSM。有限条法是一种方便且高效的求解冷弯型钢构件弹性屈曲应力和模态的计算方法。

有限条法可以看做是有限元法的特殊情况，两种方法的基本理论和方法是相同的。采用形函数定义节点自由度的变形，因为应变是变形的函数，所以可以采用节点自由度来表示，如果应变和构件本构关系已知，那么节点自由度的刚度系数就可以得到了。

2.2.2.1 有限元法和有限条法的区别

有限元法和有限条法唯一的区别就是构件的离散化不一样。顾名思义，有限条法就是在构件的纵向采用一个条单元来模拟，有限元和有限条法的不同离散化对比如图 2-1 所示。

从图 2-1 可以看出，有限条法相对于有限元法的单元数，也就是需要求解的平衡方程少了很多，求解速度自然加快。

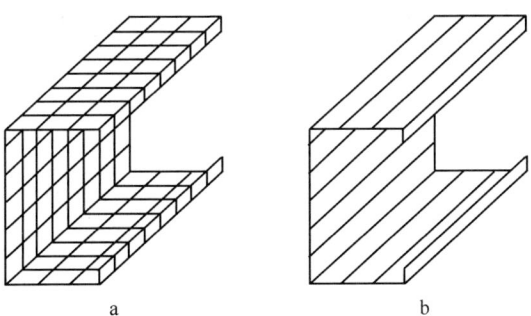

图 2-1 有限元法和有限条法离散分析对比[102]

a—有限元的网格划分；b—有限条的网格划分

2.2.2.2 初始刚度矩阵

Cheung 在其著作中给出了有限条法板件的初始刚度矩阵，Hancock 和 Schafer 均采用了相同的处理方法。假设板件的一个条元和自由度如图 2-2 所示。

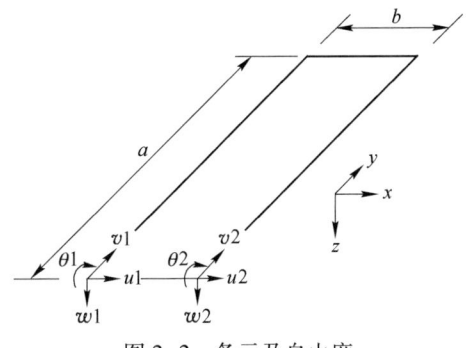

图 2-2 条元及自由度

那么显然，板件受力状态可以采用初始刚度矩阵表示为式（2-6）：

$$\{F\} = [K]\{d\} \tag{2-6}$$

当然可以更加清楚地表示为节点力、节点自由度和初始刚度子矩阵的形式：

$$
\begin{Bmatrix}
F_{u1} \\
F_{v1} \\
F_{u2} \\
F_{v2} \\
F_{w1} \\
M_{\theta1} \\
F_{w2} \\
M_{\theta2}
\end{Bmatrix}
=
\begin{bmatrix}
& & & & 0 & 0 & 0 & 0 \\
& [K_{uv}] & & & 0 & 0 & 0 & 0 \\
& & & & 0 & 0 & 0 & 0 \\
& & & & 0 & 0 & 0 & 0 \\
0 & 0 & 0 & 0 & & & & \\
0 & 0 & 0 & 0 & & [K_{w\theta}] & & \\
0 & 0 & 0 & 0 & & & & \\
0 & 0 & 0 & 0 & & & &
\end{bmatrix}
\begin{Bmatrix}
u1 \\
v1 \\
u2 \\
v2 \\
w1 \\
\theta1 \\
w2 \\
\theta2
\end{Bmatrix}
\tag{2-7}
$$

其中，$[K_{uv}]$、$[K_{w\theta}]$ 分别表示板的应力刚度子矩阵和弯曲刚度子矩阵，考虑板件厚度不发生变化，初始刚度矩阵可以表示为：

$$[\boldsymbol{K}] = t\int[\boldsymbol{B}]^T[\boldsymbol{D}][\boldsymbol{B}]\mathrm{d}A \tag{2-8}$$

式中，$[\boldsymbol{B}]$ 为与变形函数 $[N]$ 相关的矩阵，变形函数 $[N]$ 由式 $(uvw)^T = [N]\{d\}$ 定义，$(uvw)^T$、$\{d\}$ 分别为变形和节点自由度向量，如式(2-9)所示。

$$\begin{Bmatrix} \varepsilon_x \\ \varepsilon_y \\ \gamma_{xy} \end{Bmatrix} = \begin{Bmatrix} \partial u/\partial x \\ \partial v/\partial y \\ \partial u/\partial y + \partial v/\partial x \end{Bmatrix} = [\boldsymbol{B}]\{\boldsymbol{d}\} = [N']\{\boldsymbol{d}\} \tag{2-9}$$

从上述分析可以看出，有限条法的关键就是形函数的选取，实际应用中在横向取多项式函数，纵向取调和函数，考虑到板件的简支边界条件，取纵向变形函数为正弦半波。由于考虑了简支边界条件，那么初始刚度矩阵是解耦的，可以表示成两个独立的部分，平面应力刚度矩阵和弯曲刚度矩阵，二者相加即为总的初始刚度矩阵。

用来决定板应力刚度矩阵的形函数为：

$$\begin{cases} u = \begin{bmatrix} (1 - x/b) & x/b \end{bmatrix} \begin{Bmatrix} u_1 \\ u_2 \end{Bmatrix} Y_m \\[3mm] v = \begin{bmatrix} (1 - x/b) & x/b \end{bmatrix} \begin{Bmatrix} v_1 \\ v_2 \end{Bmatrix} Y_m \end{cases} \tag{2-10}$$

其中，$Y_m = \sin(m\pi y/a)$。

用来决定板弯曲刚度矩阵的形函数为：

$$w = Y_m \left[\left(1 - \frac{3x^2}{b} + \frac{2x^3}{b^3} \right) x \left(1 - \frac{2x}{b} + \frac{x^2}{b^2} \right) \left(\frac{3x^2}{b} - \frac{2x^3}{b^3} \right) x \left(\frac{x^2}{b} - \frac{x}{b} \right) \right] \begin{Bmatrix} w_1 \\ \theta_1 \\ w_2 \\ \theta_2 \end{Bmatrix} \tag{2-11}$$

其中，板挠度的应变变形矩阵可采用式(2-12)表示：

$$\{\varepsilon\} = \begin{Bmatrix} -\partial^2 w/\partial x^2 \\ -\partial^2 w/\partial y^2 \\ \partial^2 w/\partial x \partial y \end{Bmatrix} = [\boldsymbol{B}]\{\boldsymbol{d}\} = [N']\{\boldsymbol{d}\} \tag{2-12}$$

把形函数式(2-10)和式(2-11)代入刚度方程式(2-8)即可得到条元的初始刚度矩阵。

2.2.2.3   板的几何刚度矩阵

对于承受线性变化压力条元的几何刚度矩阵可以通过采用应变的高阶项或者

面内的外力势能来考虑，实际应用中可采用条元面内势能来考虑。

对于图2-3所示条元，在边界上承受线性变化的压力，考虑到板件的厚度，则条元受到的面内力为 $T_1 = f_1 t$ 和 $T_2 = f_2 t$。这样条元的外力势能可表示为：

$$U = \frac{1}{2} \int_0^a \int_0^b \left[T_1 - (T_1 - T_2) \frac{x}{b} \right] \left(\left[\frac{\partial u}{\partial y} \frac{\partial v}{\partial y} \frac{\partial w}{\partial y} \right] \left[\frac{\partial u}{\partial y} \frac{\partial v}{\partial y} \frac{\partial w}{\partial y} \right]^T \right) \mathrm{d}x\mathrm{d}y \quad (2\text{-}13)$$

同时我们可以把势能方程表示为几何刚度的公式：

$$U = \frac{1}{2} \{\boldsymbol{d}\}^T [\boldsymbol{K}_g] \{\boldsymbol{d}\} \quad (2\text{-}14)$$

若令 $\left[\frac{\partial u}{\partial y} \frac{\partial v}{\partial y} \frac{\partial w}{\partial y} \right]^T = [\boldsymbol{G}]\{\boldsymbol{d}\}$，则几何刚度矩阵可表示为：

$$[\boldsymbol{K}_g] = \int_0^a \int_0^b \left[T_1 - (T_1 - T_2) \frac{x}{b} \right] [\boldsymbol{G}]^T [\boldsymbol{G}] \mathrm{d}x\mathrm{d}y \quad (2\text{-}15)$$

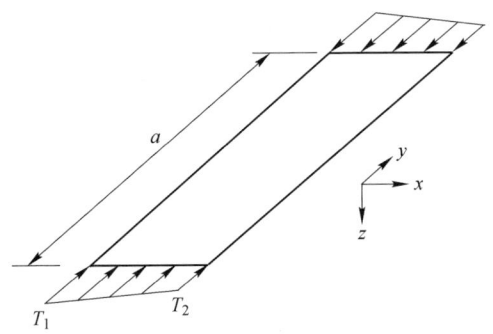

图2-3　线性分布压力作用下的条元

2.2.2.4　有限条法的求解方法

在得到单个条元的初始刚度矩阵和几何刚度矩阵后，我们把整个构件离散后的所有条元的初始刚度矩阵和几何刚度矩阵按照节点自由度进行叠加得到总的初始刚度矩阵和几何刚度矩阵，当然在组合的过程中要考虑坐标的变换。这样构件的弹性屈曲问题就转化为式(2-16)的特征值求解问题：

$$[\boldsymbol{K}]\{\boldsymbol{d}\} = \lambda [\boldsymbol{K}_g]\{\boldsymbol{d}\} \quad (2\text{-}16)$$

式中，$[\boldsymbol{K}]$、$[\boldsymbol{K}_g]$ 分别为初始刚度矩阵和几何刚度矩阵；λ 为特征值，也即屈曲荷载，我们可以看到初始刚度矩阵和几何刚度矩阵都是长度 a 的函数，因此弹性屈曲和相应的屈曲模态也是长度 a 的函数。这个可以求得屈曲荷载和屈曲模态与长度 a 的对应关系，其中最小的值即为临界屈曲荷载和屈曲模态。

2.2.3　能量法

对于能量法可以通过一个四边简支中面应力线性变化的板进行介绍说明，如

图 2-4 所示。当然这个问题最早是 Timoshenko 和 Gere(1936) 首次提出来的[98]，Bleich[99]、Troitsky 等人对其进行了进一步的分析和研究。

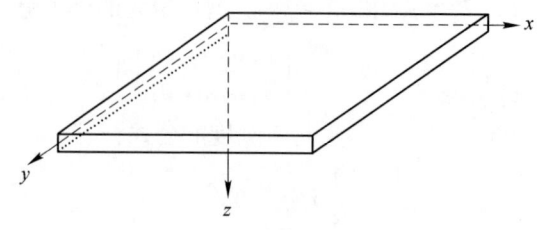

图 2-4　薄板示意图

Timoshenko 是采用一个双级数来近似反映板的变形，利用此形函数求得板件的总势能方程，求解总势能相对于双级数的系数等于零，从而得到关于双级数的系数方程组，由于系数不全部为零，则可得到其系数行列式为零，这样就可求得特殊变形下的屈曲应力，其中的最小值就是我们要求的屈曲应力。这种方法的优点就是采用较少的几项就可以得到精度较高的近似解。

2.2.3.1　求解步骤和基本假定

采用能量法求解弹性屈曲应力的基本步骤为：
(1) 假定变形函数；
(2) 计算应变能；
(3) 计算外力势能；
(4) 组合总势能；
(5) 计算总势能对于变形函数的系数变分等于零；
(6) 决定在变形函数总级数的项数；
(7) 计算屈曲应力。

对于图 2-4 所示的四边简支板，若纵向作用有线性变化的外力，假定板件的变形函数为双级数：

$$w = \sum_{m=1}^{\infty} \sum_{n=1}^{\infty} A_{mn} \sin \frac{m\pi x}{a} \sin \frac{n\pi y}{b} \qquad (2\text{-}17)$$

此变形函数满足板件四边简支的条件，从而可以求得板件的应变能。

2.2.3.2　板的应变能

板件应变能的通用计算公式如式(2-18)所示：

$$U_{\text{plate}} = \frac{1}{2} \iiint_V \sigma_x \varepsilon_x + \sigma_y \varepsilon_y + \sigma_z \varepsilon_z + \tau_{xy} \gamma_{xy} + \tau_{xz} \gamma_{xz} + \tau_{yz} \gamma_{yz} \mathrm{d}V \qquad (2\text{-}18)$$

根据板的小变形理论，$\varepsilon_x = 0$、$\gamma_{xz} = 0$、$\gamma_{yz} = 0$，应变采用挠度 w 表示，得到相应的板件应变能方程为：

$$U_{\text{plate}} = \frac{D}{2} \int_0^a \int_0^b \left\{ \left(\frac{\partial^2 w}{\partial x^2} + \frac{\partial^2 w}{\partial y^2} \right)^2 - 2(1 - \nu) \left[\frac{\partial^2 w}{\partial x^2} \times \frac{\partial^2 w}{\partial y^2} - \left(\frac{\partial^2 w}{\partial x \partial y} \right)^2 \right] \right\} \mathrm{d}y \mathrm{d}x$$

$$(2-19)$$

把相应的挠度方程式(2-17)代入式(2-19),即得到板的应变能 U_{plate}。

2.2.3.3 板的外力功

板件外力为线性分布,采用无量纲参数定义应力梯度:$\xi = \dfrac{f_1 - f_2}{f_1}$,则板件应

力可表示为 $f = f_1 \left(1 - \xi \dfrac{y}{b} \right)$。

其中,如 $\xi = 0$,板为均压板件;如 $\xi = 2$,板为纯弯板件。受压板件的外力功可表示为:

$$V_{\text{plate}} = -\frac{1}{2} \int_0^a \int_0^b f_1 t \left(1 - \xi \frac{y}{b} \right) \left(\frac{\partial w}{\partial x} \right)^2 \mathrm{d}y \mathrm{d}x \qquad (2-20)$$

把相应的挠度方程式(2-17)代入式(2-20),即得到板的外力势能 V_{plate}。

2.2.3.4 变分和求解

板件外力势能和应变能相加即可得到板件的总势能:$\prod = V_{\text{plate}} + U_{\text{plate}}$。

为了得到板件屈曲的最小屈曲应力值,总势能 $\prod$ 对挠度函数中的级数系数 A_{mn} 分别求导,并令其等于零,这样得到关于屈曲应力 f_1 的 n 个相关方程,要使屈曲应力有解,则相关方程的系数行列式为 0,从而可以求得屈曲应力 f_1 的 n 个解,其中的最小值就是我们所要的弹性屈曲应力。

2.3 冷弯型钢构件极限承载力求解方法

冷弯型钢的极限承载力的计算是相当复杂的,极限承载力会受到构件初始缺陷、初始应力、屈曲模式的几何非线性、沿构件厚度和长度方向的材料非线性等因素的影响。当然不同的求解方法复杂程度也不同,本节主要介绍我们常用的两种方法:半经验半理论方法和数值分析方法,这两种方法在后续分析中均会用到。

常用的半经验半理论分析方法主要是基于 Karman[100] 的有效宽度法概念根据试验对其有效宽度法公式进行修正得到的,有效宽度法是基于构件的各板件单独分析得到的,目前也用于各国的冷弯型钢规范中。当然还有其他的一些类似的方法,比如最近比较流行的并在北美规范和澳洲规范中推荐采用的直接强度法,以及应用相对比较少的有效厚度法、平均应力法。所有的这些方法都是通过利用弹性屈曲或者分支荷载来计算的。常用的第二种方法是考虑塑性的二阶分析方法,本文中主要采用大型商业有限元软件 ANSYS 进行分析。

2.3.1 计算方法分类

本节主要详细探讨两种极限承载力计算方法：设计方法和有限元数值方法。对于设计方法主要包括试验方法、半理论半经验方法和理论数值相结合方法，其中用得最多的是半经验半理论方法，主要是通过理论分析给出相应的计算方法，然后采用试验验证对理论计算方法进行修正，得到最终的设计方法。有限元数值方法是基于材料和几何非线性等假定，采用相关有限元理论进行分析计算。

2.3.1.1 设计方法

（1）试验方法。

冷弯型钢极限承载力的试验计算方法实际上是一种经验方法，通过一定量的试验给出相应的满足试验条件的构件承载力的计算公式，这种方法是一种最重要最基本的承载力计算方法，但由于试验数量的局限性，只能适用于范围较窄的构件承载力的计算，要想提高计算方法的通用性，必须采用相应的理论分析或数值计算相辅助。

（2）半经验半理论方法。

当前冷弯薄壁型钢的承载力计算方法都采用此类方法。通过理论的弹性屈曲分析和经验的近似分析相结合给出极限承载力的计算公式。传统的有效宽度法和最近流行的直接强度法均为此类方法。这种半经验半理论分析方法，既有一定的理论基础，又有相关的试验验证，具有较高的适用性和安全性。

（3）数值方法。

由于数值方法必须建立在一定的理论基础之上，实际上数值方法应该是理论数值方法，数值方法最主要的分析方法就是有限元方法。对于有限元数值分析方法，材料和几何非线性是最重要也是必须要考虑的基本问题，它直接关系到分析结果的正确与否，有限元程序 ANSYS 是冷弯薄壁型钢结构的有限元数值计算方法的主要方法。

2.3.1.2 冷弯薄壁型钢分析中的非线性假定

由于材料和几何非线性是有限元数值分析的首要问题，为此必须弄清其具体含义。

（1）一阶弹性。一阶弹性是指在分析中材料始终为弹性的，且不考虑构件的几何变形，自然也就不考虑几何刚度了。这种方法不能用于构件极限承载力的分析。

（2）二阶弹性。二阶弹性是指在分析中材料始终为弹性的，但考虑构件的几何变形，自然也就考虑几何刚度了，同时考虑应变的二阶项。由于此方法可以跟踪屈曲后变形，因此可以分析构件屈曲后对于缺陷的敏感性。二阶弹性分析方法可以求出弹性分岔失稳荷载，对于比较长的在弹性阶段屈曲的构件来说，二阶弹性分析可以给出其极限荷载，但对于在塑性阶段屈曲的构件来说，二阶弹性分析具有一定的局限性。

（3）一阶弹塑性。一阶弹塑性是指在分析中不考虑构件的几何变形，但考虑材料的非线性。一阶弹塑性分析可以考虑构件纵向和沿厚度方向的塑性分布，考虑了卸载和应力重分布。许多情况下，一阶弹塑性分析可以给出构件极限承载力的上限。

（4）二阶弹塑性。二阶弹塑性是指在分析中同时考虑构件的几何非线性和材料的非线性。这种方法通常采用数值计算方法，计算建立在变位后的几何上，考虑几何刚度，考虑构件沿长度和厚度方向的材料非线性。在本文中采用有限元程序 ANSYS 进行考虑材料和几何双重非线性的分析，求解构件的极限承载力和分析其受力性能。

2.3.2 半经验半理论分析方法

2.3.2.1 有效宽度法

冷弯薄壁型钢构件的单个板件通常较薄，且宽厚比较大。这种薄壁板件如果承受弯曲、轴向压力、剪切或承压作用，在应力水平低于钢材屈服点时局部屈曲就可能发生。冷弯薄壁型钢截面单个板件的局部屈曲通常是设计的重要准则之一，设计荷载的确定应具有抵抗局部非稳定破坏的足够安全性，并考虑屈曲后强度。二维受压板件在不同边界条件下，当达到理论临界屈曲应力时，并不会像柱等一维构件那样产生破坏。局部屈曲发生后，受压板件通过应力重分布，能继续承受附加的荷载，这就是板的屈曲后强度现象。屈曲后强度可能比临界局部屈曲应力确定的强度大好几倍。考虑到结构构件可利用平板屈曲后强度来承受附加荷载，设计此类冷成型钢结构截面的板件时，也应以屈曲后的强度为基础，而不是以临界局部屈曲应力为基础，尤其是对宽厚比相对较大的板件更是如此。

对考虑板件屈曲后强度的分析求解。1910 年，Karman 提出了板的大变形屈曲微分方程，但由于大变形理论的屈曲微分方程的求解过于复杂，在设计中无法适用。因此，Karman[105]等人于 1932 年引入"有效宽度"的概念，假设总荷载由假想的有效宽度 b 承担，将板件边缘应力 f_{max} 作为均匀分布应力来承担，以近似考虑沿整个板宽度 w 的非均匀分布应力，如图 2-5 所示。

有效宽度 b 按照实际非均匀应力分布下的曲线面积等于总宽度为 b、应力强度等于板边应力 f_{max} 的等效矩形阴影面积两部分之和的条件确定，即：

$$\int_0^w f\mathrm{d}x = bf_{max} \tag{2-21}$$

若考虑用有效宽度 b 代表压应力达到钢材屈服点板开始屈曲时的特定宽度，

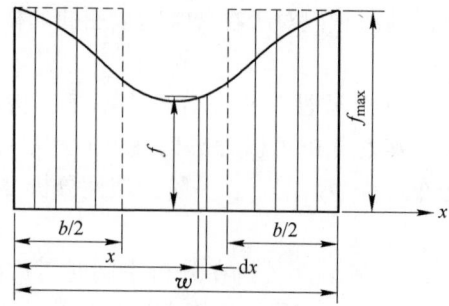

图 2-5 有效宽度示意图

对于长板，b 的理论值可由下式确定：

$$f_{cr} = F_y = \frac{k\pi^2 E}{12(1 - \nu^2)(b/t)^2} \qquad (2\text{-}22)$$

式中，b 为有效宽度；F_y 为材料的屈服强度。

而单个板件在受压、受剪、受弯时发生局部屈曲时的弹性临界应力为：

$$f_{ol} = \frac{k\pi^2 E}{12(1 - \nu^2)}(t/\omega)^2 \qquad (2\text{-}23)$$

将式(2-23)代入式(2-22)中得到

$$\frac{b}{\omega} = \sqrt{\frac{f_{ol}}{F_y}} \qquad (2\text{-}24)$$

式(2-24)便是 Karman 建议的加劲板件的有效宽度计算公式，但后来的试验和理论研究表明对非加劲板件也适用，只是有效宽度的分布不同。

考虑到实际构件的初始几何缺陷（初弯曲、初偏心）以及残余应力、塑性性能等因素的影响，在一定的试验资料和理论研究的基础上，Winter 于 1946 年提出了计算沿两纵边简支的板件有效宽度 b 的修正式(2-25)和式(2-26)。

$$\frac{b}{\omega} = \sqrt{\frac{f_{ol}}{F_y}}\left(1 - 0.22\sqrt{\frac{f_{ol}}{F_y}}\right) \qquad (2\text{-}25)$$

$$\frac{b}{\omega} = 1.19\sqrt{\frac{f_{ol}}{F_y}}\left(1 - 0.298\sqrt{\frac{f_{ol}}{F_y}}\right) \qquad (2\text{-}26)$$

其中，式(2-25)适用于加劲板件、而式(2-26)适用于非加劲板件。但通过公式与试验结果的对比发现：当板件为非加劲板件时，式(2-26)对板件宽厚比较大的拟合较好，而对于板件宽厚比较小的则有些偏保守，因此为方便起见，对于加劲和非加劲板件，统一用式(2-25)，这种简化也是偏安全的。

将式(2-23)代入式(2-25)后得到：

$$\frac{b}{t} = 428\sqrt{\frac{k}{F_y}}\left(1 - \frac{93.5}{\omega/t}\sqrt{\frac{k}{F_y}}\right) \qquad (2\text{-}27)$$

Winter 的研究表明式（2-27）中的 F_y 可以用小于 F_y 的设计应力 f 代替而得到：

$$\frac{b}{t} = 428 \sqrt{\frac{k}{f}} \left(1 - \frac{93.5}{\omega/t} \sqrt{\frac{k}{f}} \right) \tag{2-28}$$

通过引入 f_{max} 代替 F_y，公式不仅适用于正常使用荷载，也适用于极限破坏荷载。令：

$$\lambda = \sqrt{\frac{f}{f_{ol}}} = \frac{1.052}{\sqrt{k}} \left(\frac{\omega}{t} \right) \sqrt{\frac{f}{E}} \tag{2-29}$$

将其代入式（2-28）后并考虑构件的弹塑性修正得到：

$$\rho = \frac{b}{\omega} = \begin{cases} 1 & \lambda \leqslant 1 \\ \dfrac{1 - 0.22/\lambda}{\lambda} & \lambda > 0.673 \end{cases} \tag{2-30}$$

式中，ρ 为有效宽度折减系数；λ 为柔度系数。

式（2-30）便是有效宽度计算的基本公式。

2.3.2.2 直接强度法

由于有效宽度法的公式只能计算截面形式较为简单的构件承载力，且没有考虑板件间的相关作用，Schafer 和 Pekoz 提出了一种基于有限条数值分析的设计方法——直接强度法[102]。它直接依据构件的毛截面特性来确定各类弹性屈曲荷载，包括构件整体弹性屈曲（弯曲屈曲、弯扭屈曲、扭转屈曲）荷载、弹性局部屈曲荷载以及弹性畸变屈曲荷载，而且弹性局部屈曲、畸变屈曲荷载考虑了板件间的相关作用，在此基础上再依据直接强度法的设计公式来考虑各种相关作用（如局部屈曲和整体屈曲的相关作用以及畸变屈曲和整体屈曲的相关作用）下的构件极限承载力的计算。所以直接强度法中最重要的因素是构件的各类弹性屈曲荷载，需要采用数值计算方法进行分析得到。构件的极限承载力是其各类弹性屈曲荷载（或应力）以及所用材料的屈服强度的函数。相对有效宽度法的折减宽度而言，直接强度法实际是折减截面强度，其设计计算公式也是在有效宽度法计算公式的基础上通过数值和试验模拟修正得到的。

对于有效宽度法，其基本计算公式为式（2-25），若把公式中的弹性屈曲应力均乘以截面毛截面面积，得到弹性承载力，公式左边的 b 和 ω 考虑为全截面的有效宽度，乘以构件厚度和材料屈服强度，公式可变化为式（2-31），此式为直接强度法的雏形：

$$P_{ol} = \sqrt{\frac{P_{ol}}{P_{ne}}} \left(1 - 0.22 \sqrt{\frac{P_{ol}}{P_{ne}}} \right) P_y \tag{2-31}$$

利用数值方法和试验结果对上式进行修正，并考虑构件的弹塑性修正，得到轴压构件局部屈曲和畸变屈曲的承载力的直接强度法计算公式分别为：

$$P_{ol} = \begin{cases} P_{ne} & \lambda \leqslant 0.776 \\ \left(\dfrac{P_{ol}}{P_{ne}}\right)^{0.4} \left[1 - 0.15\left(\dfrac{P_{ol}}{P_{ne}}\right)^{0.4}\right] P_{ne} & \lambda > 0.776 \end{cases} \tag{2-32}$$

$$P_{ol} = \begin{cases} P_{y} & \lambda \leqslant 0.561 \\ \left(\dfrac{P_{ol}}{P_{y}}\right)^{0.6} \left[1 - 0.25\left(\dfrac{P_{ol}}{P_{y}}\right)^{0.6}\right] P_{y} & \lambda > 0.561 \end{cases} \tag{2-33}$$

采用相同的方法，并考虑试验以及数值修正，可以得到受弯构件局部和畸变屈曲承载力的直接强度法计算公式。

直接强度法虽然不需计算各板件的有效宽度，但在计算整体构件的弹性屈曲应力的时候，没有相应的计算公式，为此大多需要借助数值计算结果进行，这对于承载力的计算就有了较大的局限性。

2.4　冷弯型钢构件数值分析方法

2.4.1　概述

二阶弹塑性分析是一个比较复杂的问题，即使是比较成熟的商业软件，材料和几何非线性也使得冷弯薄壁型钢构件分析比较困难。当冷弯薄壁型钢构件加载达到极限荷载时，由于对输入参数的敏感性和较大程度的非线性，后屈曲过程的分析比较困难。当然对于比较成熟的有限元软件 ANSYS 对于这类问题的分析是可以达到比较理想的结果的，但是必须充分理解在有限元分析过程中的诸多基本假定和求解过程，才能保证我们的有限元分析是准确无误的。特别是对于几何缺陷、残余应力、应力应变曲线等。本节除了对有限元分析的基本过程进行简单介绍外，主要是以有限元程序 ANSYS 为基础对有限元分析中诸多关键的假定和取值进行分析介绍。

ANSYS 分析程序[102]是一个集结构、热、流体、电磁及声学为一体的、功能强大且灵活的大型通用有限元分析软件，主要包括以下三个部分：前处理模块，分析计算模块和后处理模块。前处理模块主要实现三种功能：参数定义、实体建模和网格划分。计算模块主要用来完成对已经生成的有限元模型进行力学分析和有限元求解，在此阶段用户可以定义分析类型、分析选项、荷载数据和荷载步选项。当完成计算后，可以通过通用后处理模块查看有限元模型在某一荷载子步的结果；通过时间历程后处理模块查看模型的特定节点或单元在所有时间步内的结果。

ANSYS 提供两种分析结构屈曲荷载和屈曲模态的技术：线性（特征值）屈曲分析和非线性屈曲分析。特征值屈曲分析用于预测一个理想弹性结构的理论屈曲强度（分叉点），但由于不考虑非线性和初始扰动，利用特征值屈曲分析可以预测屈曲荷载的上限，通常不能用于工程实际分析中。在包含初始缺陷的轴心受压构件的承载力分析中，显然，我们期望得到极值点荷载，所以采用另一种分析方法——非线性屈曲分析。该方法用一种逐渐增加荷载的非线性静力分析技术来得到结构的临界荷载。模型中可以包括诸如初始缺陷、塑性、大变形响应等特征。

对于冷弯薄壁型钢构件的分析计算是先采用特征值屈曲算出其特征值及屈曲模态，然后考虑几何非线性和材料非线性进行非线性屈曲分析，从而得到它的极限承载力，为了跟踪杆件的后屈曲行为，在分析中采用弧长法求解方法。

2.4.2 单元类型

2.4.2.1 Kirchoff 和 Mindlin 理论

Kirchoff 理论和 Mindlin 理论是分析薄板性能的传统方法。之前对于板的弹性分析就是基于这种经典板理论。这种理论不考虑板的剪切应变，弯曲前垂直板中面的直线，在弯曲过程中仍保持直线，而且仍垂直于已经发生了凸曲变形的中面。而 Mindlin 理论考虑了横向剪切应变，因此弯曲前垂直于板中面的直线，在弯曲过程中仍保持直线，但是不垂直于发生了凸曲变形的中面。ANSYS 有限元分析程序提供了这两种假定的壳元。

2.4.2.2 Shell181 壳元

Shell181 壳元是四节点六自由度的有限应变壳单元，考虑了剪切变形。Shell181 壳元适用于从薄壁到中厚壁壳结构的分析，每个单元有 4 个节点，每个节点有 6 个自由度，沿 X，Y，Z 轴方向上的位移和绕 X，Y，Z 轴的旋转。该壳元的优点包括：大应变、大位移、较小的结果文件、较少的 CPU 时间、压力荷载刚度效果、可以导入初始应力、厚度变化等，能用于线性和非线性的分析。

2.4.2.3 单元实现的相关问题

（1）剪切自锁。当计入剪切变形的壳元用于很薄的板壳结构时，会发生剪切自锁（Shear Lock）现象。为了防止剪切自锁，一般采用减缩积分（Reduced Integration）和假设剪应变（Assumed Shear Strains）为零的处理方法，缩减积分有可能会引起零能模式，但对于一般的冷弯薄壁型钢构件的分析，较少出现这样的问题，而假设剪应变为零实际上就是在沿着板的边界或内部选择一定的点定义为 kirchoff 约束。

（2）单元网格的长宽比。单元网格的长宽比虽然不是一个理论性的问题，但是对于问题的求解却有一定的影响。一般来说网格的长宽比大于 5 时，分析结果将会有较大的误差。建议在单元网格的划分中取长宽比小于 2 为宜。

2.4.3 几何缺陷

冷弯薄壁型钢实际构件相对于理想的完善杆件的偏离称为几何缺陷。这些缺陷包括初弯曲、初翘曲、初扭转，同时也包括板件局部的凹凸和板的波动变形。对于构件承载力的计算我们通常并不需要对其了解太多，但用于有限元分析必须弄清楚初始几何缺陷的形状和大小，因为冷弯薄壁型钢构件对其一阶屈曲模态的缺陷非常敏感。如果最低特征模态的变形最大值知道了，那么就可以对于其最易发生的缺陷形状的构件性能进行相应的分析。因此，下面对于目前初始缺陷的几种处理方式进行介绍。

2.4.3.1 最大几何缺陷

对于冷弯薄壁型钢构件我们通常最关心的是构件特征值对应的几何缺陷。当然其中缺陷的最大值可以提供给构件特征值几何缺陷的上限，而特征模态被当做为几何缺陷的分布形状。这种处理方式是相对比较简单的，也是冷弯薄壁型钢进行非线性有限元分析的主要处理模式。对于冷弯薄壁型钢构件，由于构件比较薄，除了会出现构件整体的几何缺陷外，还会出现相应的类似局部屈曲或畸变屈曲的几何缺陷，我们叫做局部几何缺陷和畸变几何缺陷。

对于局部和畸变几何缺陷，文献［97］在少量试验的基础上，假定其缺陷的计算公式为：局部几何缺陷 $d=0.006w$，畸变几何缺陷 $d=t$，其中 d 为缺陷的最大值，w 和 t 分别为板件的宽度和厚度。

2.4.3.2 几何缺陷的处理

对于冷弯薄壁型钢几何缺陷最实用的方法是通过特征值分析得到缺陷的分布，利用试验实测结果得到缺陷的最大值。在 ANSYS 中，施加初始几何缺陷可以通过修正模型的节点坐标来实现，构件初始几何缺陷的分布趋势一般可假设为构件的某一屈曲模态或某几个模态的组合。ANSYS 里可以根据相同模型的特征值屈曲分析的屈曲模态，来对模型进行修正。这种方式充分利用了特征值屈曲结果的预测性，将有限元模型在原有的基础上按照一个给定的偏移因子进行偏移，这个因子即为构件的初始几何缺陷。这样就把初始几何缺陷的确定转化成偏移因子确定，使问题得到简便而又科学的处理。对于特征值的分析考虑前五阶模态，若发生的均为一种缺陷模态（比如：局部缺陷模态、畸变缺陷模态、整体缺陷模态），则取此种缺陷模态为几何缺陷分布，若有多种模态，则取多种模态的组合，其缺陷的最大值为试验实测值，如没有相关实测结果，则整体缺陷最大值取 1/750，局部和畸变缺陷模态按 2.4.3.1 节的规定取值。

2.4.4 残余应力

残余应力是冷弯薄壁型钢有限元分析中特别麻烦的问题。由于缺乏试验数据，残余应力的分布和大小均很难给出一个实用的计算方法。同热轧型钢残余应力不同，冷弯薄壁型钢的残余应力主要是沿厚度分布。为了分析方便，文献［97］把沿厚度方向的残余应力分为膜残余应力和弯曲残余应力，由于膜残余应力值比较小，且发生在冷弯薄壁型钢构件的角部，对构件的受力性能分析影响较微，分析时可忽略不计；而弯曲残余应力在角部和平板处均有分布，且相对膜应力数值较大，但文献［101］对于高强钢材的残余应力进行了测定，认为模压成型的高强冷弯薄壁型钢残余应力很小，对构件极限承载力的影响可以忽略不计，因此在本书的 ANSYS 有限元分析中忽略残余应力的影响。

2.4.5 材料非线性

在 ANSYS 分析程序中，非线性问题主要考虑材料非线性和几何非线性。几何非线性问题是由于结构变形的大位移所造成，而材料非线性是由于材料的应力-应变关系是非线性引起的。材料非线性问题只要将材料的本构关系非线性化，就可将线性问题的表达式推广用于非线性分析。

2.4.5.1 屈服和强化准则

ANSYS 程序提供了四种典型的材料本构关系模型选项，可以通过激活一个数据表来选择这些选项。

（1）经典的双线性随动强化（BKIN）：使用一条双折线来表示应力-应变关系曲线，所以有两个斜率，弹性斜率和塑性斜率，由于随动强化的 Mises 屈服准则被使用，所以包含有鲍辛格效应，此模式适用于遵守 Mises 屈服准则，初始为各向同性材料的小应变问题，这包括大多数的金属。

（2）双线性等向强化（BISO）：也是使用双线性来表示应力-应变关系曲线，在此模式中，等向强化的 Mises 屈服准则被使用，一般用于初始各向同性材料的大应变问题。

（3）多线性随动强化（MKIN）：使用多线性来表示应力-应变关系曲线，模拟随动强化效应，这个模式使用 Mises 屈服准则，对使用双线性选项（BKIN）不能足够表示应力-应变关系曲线的小应变分析是有用的。

（4）多线性等向强化（MISO）：使用多线性来表示使用 Mises 屈服准则的等向强化的应力-应变关系曲线，它适用于比例加载的情况和大应变分析。

因此，屈服准则和强化准则是非线性本构关系选择的关键。

只要已知材料的应力状态和屈服准则，程序就能确定是否有塑性应变产生。通用的屈服准则是 Mises 屈服准则[103]，当等效应力超过材料的屈服应力时，就会发生塑性变形。Von Mises 屈服准则如图 2-6 所示，在三维空间中，屈服面是一个以 $\sigma_1 = \sigma_2 = \sigma_3$ 为轴的圆柱面，在二维平面内屈服面则是一个椭圆。通常，在屈服面内部的任何应力状态都是弹性的，而屈服面外部的任何应力状态都会引起屈服。

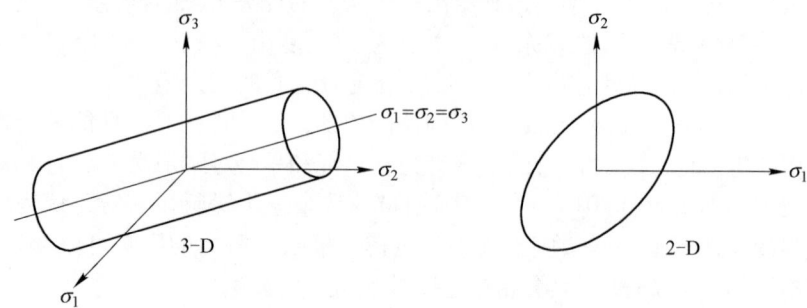

图 2-6　主应力空间的 Mises 屈服面

强化准则则描述了初始屈服准则随着塑性应变的增加是如何发展的。等向强化认为拉伸时的强化屈服极限和压缩时的强化屈服极限总是相等的，对 Mises 屈服准则来说，屈服面在所有方向均匀扩张，如图 2-7 所示。其表达式为：

$$|\sigma| = \psi\left(\int |d\varepsilon^p|\right) \tag{2-34}$$

随动强化认为弹性的范围保持不变而仅在屈服的方向上移动，当某个方向的屈服应力升高时，其相反方向的屈服应力应该降低，如图 2-8 所示。

$$|\sigma - H(\sigma^p)| = \sigma_s \tag{2-35}$$

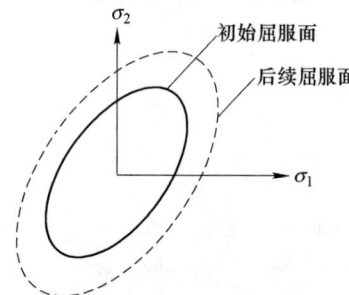
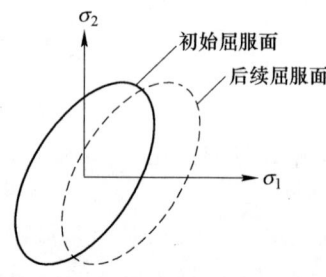

图 2-7　等向强化时的屈服面变化图　　图 2-8　随动强化时的屈服面变化图

对于冷弯薄壁型钢可以采用 Von Mises 屈服准则，应力-应变关系按照多线性随动强化考虑，定义材料属性时材料的弹性模量 $E = 2.16\text{MPa}$ 和泊松比 $\nu = 0.3$。

2.4.5.2　应力-应变基本模型

对于材料的应力-应变关系最为准确的模型是按照试验数据直接输入，但大多数金属材料材性试验结果表明：对于 Q235 和 Q345 钢材，材性试验中经历弹性阶段、弹塑性阶段、屈服阶段、颈缩阶段以及破坏阶段，而实际钢构件的破坏应变均不大，处于屈曲阶段内，为此对于这两种钢材一般均采用双线性理想弹塑性模型或三线性分析模型；对于 LQ550 钢材，材性试验中没有明显的屈曲平台且延性较差，一般采用双线性理想弹塑性模型。

2.4.5.3 冷弯性能

冷弯薄壁型钢构件从钢卷冷弯成型为既定的构件，这个冷弯过程会提高构件的抗拉强度和屈服强度。但由于冷弯过程同时也产生了残余应力，在没有充分试验数据给出抗拉强度和屈服强度的提高计算方法时，这种提高作用可认为和残余应力的降低作用有中和的效应，因此在对于冷弯薄壁型钢构件进行有限元分析的过程中不考虑冷弯过程对于抗拉强度和屈服强度的提高作用。

2.4.5.4 应变硬化

对于冷弯薄壁型钢构件，屈曲是其主要破坏模式，数值分析表明，膜应力在构件破坏时通常仅为 1~8 倍的屈服应变，小于应变硬化开始的应变 10 倍的屈服应变，也就是说，直到构件破坏也达不到应变硬化阶段。

2.4.5.5 高强钢材

近年来随着高强钢材在冷弯薄壁型钢中应用，根据相关的试验研究成果表明，其与传统的碳素结构钢在材料性能上有较大的区别，主要表现在强度高、延性低、没有屈服平台、表现为脆性破坏。虽然这些限制了高强钢材在很多情况下充分利用其强度的可能，但若能对其应力-应变关系给以足够的理论分析并给出相应的简化分析模型，对于高强钢材的应用具有重要的意义。

2.4.5.6 结论和材料模型

由于材料的非线性对于构件的塑性性能和极限承载力均有较大的影响，为此为精确分析对于本文的试验构件，由于有具体的材性试验，所以采用三线性本构关系分析，对于找不到详细材性试验的其他试验，根据屈服强度采用理想弹塑性本构关系。

2.4.6 有限元分析过程

2.4.6.1 模型的建立和网格的划分

冷弯薄壁型钢构件的 ANSYS 有限元分析中，通常采用的建模方法为：先输入模型的关键点，然后将关键点连成线，再将线组成面，遵循点、线、面的原则。ANSYS 的网格划分方法有三种：自由网格划分、映射网格划分和拖拉、扫略网格划分。其中映射网格划分是对规整模型的一种规整网格划分方法。可以将规则的形状（如正方形、三棱柱等）映射到不规则的区域上面（如畸变的四边形、底面不是正多边形的棱柱等），它所生产的网格相互之间是呈规则排列的，分析的精度很高。几何模型建好后，为了保证计算的精度，更好地模拟结构的特征，冷弯薄壁型钢构件建议采用映射网格划分（Mapped meshing）方法划分网格。因为网格划分的好坏直接影响模型的特征值分析结果及屈曲模态，而网格太密又降低了计算效率，所以必须经过多次调试，既要保证计算的精度又要保证计算的速度，所以对于冷弯薄壁型钢构件其网格尺寸以最终确定 2~5mm 为宜。

2.4.6.2　约束方式与加载

冷弯薄壁型钢的构件分析通常采用 Shell181 单元，此单元为四节点六自由度单元，即 x、y、z 三个方向的平动自由度和转动自由度，在进行有限元模拟时应根据构件的实际边界条件，适当约束相应的端部节点的自由度。冷弯薄壁型钢构件由于板件较薄，且分析需要跟踪屈曲后和极限荷载后的过程，采用弧长法求解，荷载的施加通常采用施加位移方法。

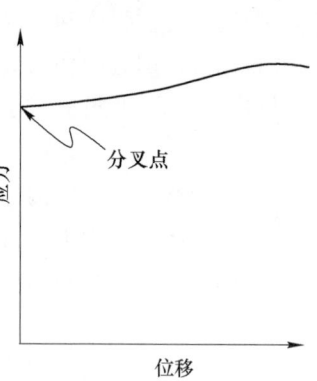

图 2-9　特征值屈曲分析示意图

2.4.6.3　求解与后处理

（1）特征值屈曲分析。特征值屈曲分析用于预测一个理想弹性结构的理论屈曲强度（分叉点），如图 2-9 所示，这种方法相当于我们熟悉的弹性屈曲分析方法。例如，一个柱体结构的特征值屈曲分析的结果，将与经典欧拉解相当。

为了推导特征值问题，首先求解线弹性载荷状态 $\{P_0\}$ 的荷载-位移关系，即：

$$\{P_0\} = [K_e]\{u_0\} \tag{2-36}$$

假设位移很小，在任意状态下增量平衡方程由式（2-37）给出：

$$\{\Delta P\} = [[K_e] + [K_\sigma(\sigma)]]\{\delta u\} \tag{2-37}$$

式中，$\{u_0\}$ 为施加荷载 $\{P_0\}$ 的位移结果；σ 为应力；$[K_e]$ 为弹性刚度矩阵；$[K_\sigma(\sigma)]$ 为某应力状态 σ 下计算的初始应力矩阵。

假设加载行为是一个外加载荷 $\{P_0\}$ 的线性函数：

$$\{P\} = \lambda\{P_0\} \quad \{u\} = \lambda\{u_0\} \quad \{\sigma\} = \lambda\{\sigma_0\}$$

因此增量平衡方程为：

$$\{\Delta P\} = [[K_e] + [K_\sigma(\sigma_0)]]\{\delta u\} \tag{2-38}$$

在开始不稳定（杆件屈曲）时，在 $\{\Delta P\}=0$ 的情况下，结构会产生变形 $\{\Delta u\}$，前屈曲范围内的增量平衡方程可以表示为：

$$[[K_e] + \sigma[K_\sigma(\sigma)]]\{\delta u\} = \{0\} \tag{2-39}$$

式（2-39）代表经典的特征值问题。为了满足式（2-39）必须有：

$$\det[[K_e] + \lambda[K_\sigma(\sigma)]] = 0 \tag{2-40}$$

AYSYS 有限元特征值屈曲分析可以由以下五步组成：建立有限元模型；施加荷载并获得静力解；获取特征值屈曲解；扩展解；查看分析结果。

1）建立有限元模型。建模的方法和其他分析类型的方法基本一致，但有一点需要特别注意：本构关系只允许线性形式，即使定义了非线性单元，也将按线性单元对待，非线性性质的定义对于特征值屈曲分析没有意义。

2）施加荷载并获得静力解。在施加要求的荷载后，进行静力求解，其过程与一般的静力分析过程一致，但是特征值屈曲分析需要计算应力刚度矩阵，因此必须激活预应力影响（Prestress, On）。在分析中，由屈曲分析计算出的特征值，表示屈曲荷载系数，因此通常只需要施加单位荷载就够了，这样所求得的特征值就表示实际的屈曲荷载，并且所有的荷载都是做相应的缩放。但是 ANSYS 允许的最大特征值是 100000，若求解时特征值超过此限度，则必须施加一个较大的荷载。求解完成后，必须退出求解器。

3）获取特征值屈曲解。这一步需要静力分析的 Jobname. EMAT 和 Jobname. ESAV 文件，并且文件中必须包含模型的几何数据。ANSYS 有两种特征值提取的方法，即子空间迭代法和 Block Lanczo 法，在分析选项时通常采用子空间迭代法，因为当自由度数目较多时，迭代法计算要花费很长时间，效率较低。但子空间迭代法既能够缩减自由度，又能逐步趋近于精确解，而且使用的是完全矩阵系数，故采用此方法比较有效。特征值提取数目可设为 10，这样可以观察屈曲临近的各阶屈曲模态，在后续的分析中可以选择其中的模态作为初始缺陷形状。在前面静力分析中施加的是单位荷载，则特征值就表示屈曲荷载。此时数据库或结果文件还没有屈曲模态形状，因此还不能对结果作后处理，必须先扩展解后才能做后处理。如果程序计算结果出现了正特征值和负特征值，此时负特征值表示结果在相反的方向上施加荷载也会发生屈曲。

4）扩展解。不管采用何种方法得到的特征值，都必须对解进行扩展才能得到屈曲模态。扩展过程要重新进入求解器，激活分析类别的扩展过程选项，制定扩展模态数和荷载步后进行求解。

5）查看分析结果。屈曲扩展过程的结果写在结果文件（Jobname. RST）中，包括屈曲荷载系数、屈曲模态形状、相对应力分布等，可以在通用后处理器中进行查看和分析。

特征值屈曲虽然方便快捷，但是所得的结果是非常保守的，只是构件的屈曲荷载，初始缺陷和非线性使得很多实际结构都不是在其理论屈曲强度处发生屈曲，通常不用于实际结构的设计。特别是高强冷弯薄壁型钢制作的构件，有很高的屈曲后强度，要得到较为精确构件极限承载力，必须进行非线性屈曲分析。

（2）非线性屈曲分析。非线性屈曲分析方法是用一种逐渐增加荷载的非线性静力分析技术来求得使结构开始变得不稳定时的屈曲荷载。应用非线性技术，模型中可以包括初始缺陷、初始应力、材料的塑性、大变形响应等特征，并且还可以跟踪结构的屈曲后行为。

利用 ANSYS 对非线性问题进行求解，得到收敛的求解结果是求解控制的焦点问题。为此，ANSYS 提供了很多非线性求解的方法和收敛选项：完全牛顿-拉普森（Newton-Raphson）方法、修正的牛顿-拉普森（Newton Raphson）方法、二分法选项、弧长法等，下面就非线性屈曲分析中，常用的求解方法做些必要的阐述，特别是弧长法，在冷弯薄壁型钢构件有限元分析中将用到这种方法。

1) 修正的牛顿-拉普森（Newton-Raphson）方法。在这种方法中，正切刚度矩阵在每一子步中都将被修正。在每一个子步的平衡迭代期间，矩阵不能被改变。这个方法不适用于大变形分析，且自适应下降不可用。

2) 完全牛顿-拉普森（Newton-Raphson）方法。在这种处理方法中，每进行一次平衡迭代将修改刚度矩阵一次。如果自适应下降是关闭的，程序每一次平衡迭代都使用正切刚度矩阵。若自适应下降是打开的（默认设置），只要迭代保持稳定，也就是只要残余项减小，且没有负主对角线出现，则程序将仅使用正切刚度矩阵。如果在一次迭代中探测到发散倾向，程序将抛弃发散的迭代，重新开始求解，应用正切和正割刚度矩阵的加权组合。当迭代回到收敛模式时，程序将重新开始使用正切刚度矩阵。对复杂的非线性问题自适应下降通常将提高程序获得收敛的能力。在分析中应该意识到，非收敛解不一定就意味着程序已经达到了它的最大荷载。它往往是由于数值上的不稳定造成的。

在稳定分析中，当达到极值点以后，要想得到屈曲后的结构荷载-位移曲线并不容易，问题在于当结构将要达到和已经达到它的稳定性极限后，增量的正切刚度矩阵将迅速变成奇异的。在靠近不稳定区的地方，一般的平衡迭代将收敛得很慢，甚至基本就不收敛，此时，通常采用控制弧长法来求解。

3) 弧长法。对于冷弯薄壁型钢的破坏进行有限元分析，必须能跟踪其屈曲后过程和峰值荷载后的荷载下降过程。如果仅仅使用 Newton-Raphson 方法，正切刚度矩阵可能变为降秩矩阵，导致严重的不收敛问题。传统的荷载或变形控制方法很难实现这种全过程跟踪。因此，对于冷弯薄壁型钢结构的有限元分析需要采用弧长法的求解技术。弧长法起源于 Riks（1972），弧长法的特点是小段线性被采用切线刚度。弧长法导致 Newton-Raphson 平衡迭代沿一段弧收敛，从而即使当正切刚度矩阵的倾斜为零或负值时，也往往阻止发散。它的基本做法是：在每个增量步中进行平衡迭代，在迭代的过程中自动控制加载因子 λ 的取值。因此，它是一个可以自动控制迭代过程的增量迭代法。传统的 NR 方法和弧长法的比较如图 2-10 所示。

弧长法一般限制应用于仅具有渐进加载方式的静态分析。程序由第一个子步的第一次迭代的荷载（或位移）增量计算出参考弧长半径，采用下列公式：

参考弧长半径=总体荷载（或位移）/子步数

当选择子步数时，考虑到更多的子步将导致很长的求解时间，理想的情况是选择一个最佳有效解所需的最小子步数。因此需对计算的精度和效率综合考虑，通过调试选择合适的子步数。

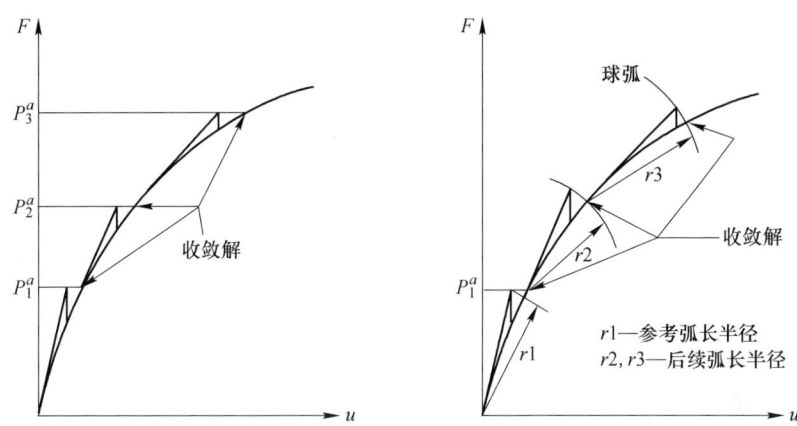

图 2-10　传统的 NR 方法与弧长方法的比较

当弧长法是激活状态时，不能使用线搜索、预测、自适应下降、自动时间分步或时间积分效应。不要尝试将收敛建立在位移的基础上，应使用力的收敛准则。一般地，不能应用弧长法在一个确定的荷载或位移值处获得一个解，因为这个值会随着获得的平衡态沿球面弧改变。类似的，当在一个非线性屈曲分析中应用弧长法以在某些已知的容限范围内确定一个极限荷载或位移的值可能是困难的。通常不得不通过"尝试——错误——尝试"调整参考弧长半径以便在极限点处获得一个解。应用带二分法的标准 Newton Raphson 迭代来确定非线性荷载屈曲临界负载的值可能会更方便。

通过激活弧长法的方式可以将分析拓展到后屈曲范围，对大多数实体单元来说，在非线性屈曲分析中，可以不必使用应力硬化选项。此外，在"非连续"单元或毗邻于非连续单元的单元中不可以使用应力硬化功能。在对于那些支持调和切线刚度矩阵的单元（BEAM4、SHELL63 和 SHELL181）中，激活调和切线刚度可以增强非线性屈曲分析的收敛性和改善求解的精度。

（3）后处理。对有限元模型进行求解后，可通过 ANSYS 程序后处理模块显示和输出结果。

ANSYS 软件的后处理模块包括两部分：通用后处理器 POST1 和时间历程后处理器 POST26。

POST1 用于检查整个模型在某一个荷载步、子步（或对某一特定时间点）

的结果，可得到结构在任一时间步时的应力、应变、位移及其在各方向的分力，结果输出可以是"云图"或矢量分布图的方式，也可以是数据列表方式，还可以观察某一荷载步时轴压柱的变形情况。

POST26 可以检查模型指定点的特定结果相对于时间、频率或其他结果项的变化。在结构的非线性分析中，可以用图形表示某一特定节点在整个加载历程中力与变形的关系，利用这一功能可得到该点的荷载-位移历程曲线。

3 冷弯薄壁型钢开口截面构件
弹性畸变屈曲分析

3.1 概述

冷弯卷边槽形截面轴压、偏压以及受弯构件在外荷载的作用下会发生局部屈曲、畸变屈曲以及整体屈曲，构件发生局部屈曲和畸变屈曲均具有屈曲后强度，此屈曲后强度在冷弯型钢构件的承载力计算中是可以利用的。局部屈曲的屈曲后强度计算以及对构件整体承载力的影响，目前普遍采用有效宽度法进行计算。我国《冷弯薄壁型钢结构技术规范》（GB 50018—2002）也采用了有效宽度法，但对于畸变屈曲的考虑相对比较粗糙、单一，主要是因为畸变屈曲相对局部屈曲屈曲机理复杂、计算方法繁杂、相邻板件的影响更大，而且畸变屈曲会发生局部屈曲、整体屈曲间的相关作用。畸变屈曲的影响因素较多，要想给出完全反映畸变屈曲性能的计算方法难度较大。因此本章从受压板件的传统求解方法入手，逐步分析卷边槽形截面的弹性屈曲性能。

卷边槽形截面构件主要由腹板、翼缘和卷边组成，对于两端简支的构件如果不考虑板件间的相互扭转约束，则腹板为四边简支板、卷边为三边简支板，翼缘为三边简支、另一边为卷边支承的加劲板件。各板件的弹性屈曲应力均可采用相同的计算公式 $\sigma = kE\pi^2(t/b)^2/12(1-\nu^2) = k\pi^2 D/b^2$ 进行计算，其中 D 为单位宽度板的抗弯刚度，b 为板件宽度，k 为板件屈曲系数，不同边界条件和压应力分布状态的板件屈曲应力均可通过屈曲系数 k 来表示。四边简支板和三边简支板目前均有经典闭合解，且用于各国的冷弯薄壁型钢规范中，但对于边缘加劲的三边简支板，目前各国规范还没有统一的计算公式，主要是因为边缘加劲板件根据卷边对于翼缘的支承作用可把翼缘分为三类：不带卷边或加劲非常弱的非加劲板件，卷边充分加劲的加劲板件，介于二者之间的部分加劲板件。这样腹板和卷边均可直接求出屈曲系数（局部屈曲），而翼缘的屈曲系数就受到卷边对其约束作用的影响，若翼缘没有卷边，则翼缘为三边简支板，板件屈曲为一个半波，板件围绕简支边转动，而自由边发生侧移；若卷边充分加劲，则翼缘为四边简支板，板件会发生波长等于板宽的多波屈曲，板件简支边不发生侧移；若卷边不能充分加劲，则翼缘为三边简支、一边部分加劲，板件会发生加劲板件和非加劲板件的相关屈曲模态，哪种屈曲模态占主要位置取决于卷边加劲的加劲程度。为了分析卷边加劲的部分加劲板件的屈曲形式和受力性能，本章采用能量法对卷边边缘加劲的加劲板件进行受力分析。

3.2 边缘加劲板件弹性屈曲分析的能量法

对于板件的弹性屈曲应力，传统方法是不考虑板件间的相关约束作用，采用单板进行弹性屈曲分析，求解弹性屈曲稳定系数，然后采用相关理论计算构件承载力，或在得到单板弹性屈曲系数后，采用板件相关屈曲系数考虑板件间的相关作用。因此单板的弹性屈曲应力或稳定屈曲系数是冷弯型钢构件承载力计算的最基本也是最关键的问题，对于卷边槽形截面构件的卷边翼缘，应先从最基本的边缘加劲板件入手，分析其弹性屈曲性能。

3.2.1 基本假定和边界条件

不考虑腹板和卷边对翼缘的转动约束作用，冷弯卷边槽形截面构件的翼缘可认为是卷边支承的三边简支板，根据卷边对翼缘的支承程度可发生局部屈曲、畸变屈曲以及二者的相关屈曲，而单纯的局部屈曲和畸变屈曲仅是其屈曲的极限屈曲模式。对于边缘加劲板件的弹性屈曲分析可采用以下基本假定[104]：（1）视卷边为弹性支承梁，且忽略卷边对翼缘的嵌固作用；（2）板件周边剪应力为零，非加载边正应力为零。

边缘加劲板件的分析简图和坐标系统如图 3-1 所示，以压应力为正。若以 w 表示板件的挠度函数，则边缘加劲板件的边界条件为：

（1）当 $y=0$ 时，板的挠度为零，则：

$$w\big|_{y=0} = 0 \tag{3-1}$$

（2）当 $y=0$ 时，弯矩为零，由于 $y=0$ 的边界保持为直线，则：

$$\frac{\partial^2 w}{\partial y^2}\bigg|_{y=0} = 0 \tag{3-2}$$

（3）卷边的支承条件为：

卷边挠曲微分方程为：

$$EI\frac{\partial^4 w}{\partial x^4}\bigg|_{y=b} = q(x) \tag{3-3}$$

卷边对翼缘板件的弹性反力为：

$$q(x) = D\left[\frac{\partial^3 w}{\partial y^3} + (2-\nu)\frac{\partial^3 w}{\partial x^2 \partial y}\right]_{y=b} \tag{3-4}$$

则卷边对翼缘的支承作用可表示为：

$$D\left[\frac{\partial^3 w}{\partial y^3} + (2-\nu)\frac{\partial^3 w}{\partial x^2 \partial y}\right]_{y=b} = EI\frac{\partial^4 w}{\partial x^4}\bigg|_{y=b} \tag{3-5}$$

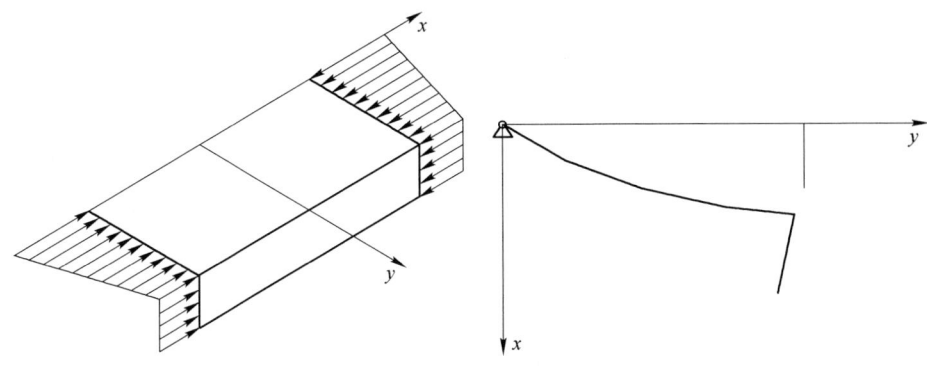

图 3-1 翼缘弹性屈曲系数计算简图

3.2.2 挠度函数

考虑到边缘加劲板件的屈曲变形形状和卷边的支承能力有关，卷边充分加劲发生局部屈曲、卷边加劲较弱或无卷边发生畸变屈曲、而在较大范围内会发生局部和畸变屈曲，变形函数可选取为局部变形和畸变转动变形的变形函数之和，局部和畸变只是其极限情况。当采用图 3-1 的坐标系统时，常用的局部屈曲变形函数为：

$$w = \sum_{m=1}^{\infty} \sum_{n=1}^{\infty} A_{mn} \cos \frac{m\pi x}{\lambda} \sin \frac{n\pi y}{b} \tag{3-6}$$

常用的畸变屈曲变形函数为：

$$w = \sum_{m=1}^{\infty} B_m \cos \frac{m\pi x}{\lambda} y \tag{3-7}$$

为此采用考虑局部和畸变耦合的变形函数为：

$$w = \sum_{m=1}^{\infty} \cos \frac{m\pi x}{\lambda} \left(\sum_{n=1}^{\infty} A_{mn} \sin \frac{n\pi y}{b} + B_m y \right) \tag{3-8}$$

3.2.3 势能方程

边缘加劲板件的总能量包括翼缘板件和边缘加劲的弯曲应变能和外力势能。分别表示如下：

翼缘板件的弯曲应变能：

$$U_f = \frac{D}{2} \int_{-\lambda/2}^{\lambda/2} \int_0^b \left\{ \left(\frac{\partial^2 w}{\partial x^2} + \frac{\partial^2 w}{\partial y^2} \right)^2 - 2(1-\nu) \left[\frac{\partial^2 w}{\partial x^2} \times \frac{\partial^2 w}{\partial y^2} - \left(\frac{\partial^2 w}{\partial x \partial y} \right)^2 \right] \right\} \mathrm{d}y \mathrm{d}x \tag{3-9}$$

加劲卷边的弯曲应变能：

$$U_{lip} = \frac{EI}{2} \int_{-\lambda/2}^{\lambda/2} \left(\frac{\partial^2 w}{\partial x^2} \right)^2_{y=b} \mathrm{d}x \tag{3-10}$$

翼缘板件的外力势能：

当最大应力作用于腹板侧时，腹板侧应力为 $\sigma_w = \sigma_{\max}$ ，卷边侧应力为 $\sigma_{lip} = \sigma_{\min}$ ，应力梯度的范围为 $0 \leqslant \alpha = (\sigma_{\max} - \sigma_{\min})/\sigma_{\max} \leqslant b/x_0$ ，其中 x_0 为翼缘加劲边到翼缘卷边形心的距离。

$$V_f = -\frac{1}{2}\int_{-\lambda/2}^{\lambda/2}\int_0^b \sigma_x \left(\frac{\partial w}{\partial x}\right)^2 t\mathrm{d}y\mathrm{d}x = -\frac{1}{2}\int_{-\lambda/2}^{\lambda/2}\int_0^b \sigma_w (1 - \alpha y/b)\left(\frac{\partial w}{\partial x}\right)^2 t\mathrm{d}y\mathrm{d}x$$

$$(3-11\mathrm{a})$$

当最大压应力作用于卷边侧时，腹板侧应力为 $\sigma_w = \sigma_{\min}$ ，卷边侧应力为 $\sigma_{lip} = \sigma_{\max}$ ，应力梯度的范围为 $0 \leqslant \alpha \leqslant b/(b - x_0)$ ，其中 x_0 为翼缘加劲边到翼缘卷边形心的距离。

$$V_f = -\frac{1}{2}\int_{-\lambda/2}^{\lambda/2}\int_0^b \sigma_x \left(\frac{\partial w}{\partial x}\right)^2 t\mathrm{d}x\mathrm{d}y = -\frac{1}{2}\int_{-\lambda/2}^{\lambda/2}\int_0^b \sigma_{lip}(1 - \alpha + \alpha y/b)\left(\frac{\partial w}{\partial x}\right)^2 t\mathrm{d}x\mathrm{d}y$$

$$(3-11\mathrm{b})$$

加劲卷边的外力势能：

当最大应力作用于腹板侧时，则：

$$V_{lip} = -\frac{1}{2}at\int_{-\lambda/2}^{\lambda/2}\sigma_w(1 - \alpha)\left(\frac{\partial w}{\partial x}\right)^2_{y=b}\mathrm{d}x \qquad (3-12\mathrm{a})$$

当最大应力作用于卷边侧时，则：

$$V_{lip} = -\frac{1}{2}at\int_{-\lambda/2}^{\lambda/2}\sigma_{lip}\left(\frac{\partial w}{\partial x}\right)^2_{y=b}\mathrm{d}x \qquad (3-12\mathrm{b})$$

加劲板件的总势能为：

$$\prod = V_{lip} + V_f + U_f + U_{lip} \qquad (3-13)$$

3.2.4　边缘加劲板件的弹性屈曲分析过程

边缘加劲板件的弹性屈曲应力求解具体的分析步骤如下：

（1）把形函数式（3-8）代入式（3-5）中，可得到变形函数系数 B_m 关于系数 A_{mn} 的表达式，这样形函数可表示为 A_{mn} 的函数。

（2）把关于 A_{mn} 的变形函数代入应变能和外力势能公式（3-9）~式（3-12）中得到各势能计算公式，把求得的各势能计算公式代入总势能公式（3-13）中，得到总势能计算公式。

（3）总势能计算公式分别对 A_{mn} 求导并令求导结果等于零得到一系列关于 A_{mn} 的方程组。

（4）边缘加劲板件屈曲时会发生变形，挠度不为零，则系数 A_{mn} 不能全为零，因此关于 A_{mn} 的系数行列式等于零。

（5）求解上述方程组得到屈曲应力的解，其中的最小值即为边缘加劲板件的弹性屈曲应力。

对于方程式（3-8）搜集所有含有某一 m 值的方程，这些方程将包括 A_{m1}、A_{m2}、$A_{m3}\cdots$，若所有其他的系数均为零，即可代替一般的表达式而设板的挠度表达式为：

$$w = \cos\frac{m\pi x}{\lambda}\left(\sum_{n=1}^{\infty} A_{mn}\sin\frac{n\pi y}{b} + B_m y\right) \qquad (3-14)$$

纵向受压板在纵向会屈曲成为 n 个相等的半波，并形成与 x 轴垂直的直的波节线，所以每一个屈曲半波代表加载边是简支的，可以作为一个独立的单元进行研究[110]，因此加劲板件的挠度可表示为：

$$w = \cos\frac{\pi x}{\lambda}\left(\sum_{n=1}^{\infty} A_n\sin\frac{n\pi y}{b} + By\right) \qquad (3-15)$$

铁摩辛科和柏拉希对于局部屈曲应力分析，认为三级近似可以得到精度较高的近似解，且二级近似在应力梯度小于 2 的情况下可以得到足够精确的解，为此可采用三级近似进行分析[106]，则加劲板件的挠度可表示为：

$$w = \cos\frac{\pi x}{\lambda}\left(A_1\sin\frac{\pi y}{b} + A_2\sin\frac{2\pi y}{b} + A_3\sin\frac{3\pi y}{b} + By\right) \qquad (3-16)$$

由于三级近似得到闭合解的表达式比较复杂，所以采用 Matlab 程序进行编程分析，进而得到边缘加劲板件的屈曲应力。

3.2.5　边缘加劲板件弹性屈曲系数验证

对于板件的屈曲稳定分析，有限条法和有限元法均比较成熟，为了验证本文能量法计算公式的正确性，采用 Schafer 教授开发的用于薄壁构件计算的有限条程序 CUFSM[25] 和大型商用有限元程序 ANSYS 对不同卷边尺寸、不同板件长度以及不同应力分布的卷边翼缘弹性屈曲系数进行分析对比，分析过程中沿纵向取一个半波长。

（1）卷边加劲的简支板件的极限情况为无卷边的三边简支板，其屈曲系数最小值有经典解，因此采用有限条、有限元以及国内外学者的计算结果进行对比分析，其中周绪红和孙祖龙的结果取自文献［104］，其比较结果如表 3-1 和图 3-2 所示，其中 k 为弹性屈曲系数，而 α 为应力不均匀系数。

表 3-1　非均匀受压一边简支一边自由板件的屈曲系数最小值

不同 计算方法	α \ k	0.2	0.4	0.6	0.8	1.0	1.2	1.4	1.6	1.8	2.0
最大应力 作用支承边	孙祖龙	0.50	0.59	0.77	1.06	1.71	4.30	11.2	15.4	19	23.8
	周绪红	0.501	0.608	0.774	1.064	1.7	4.26	10.94	15.07	19.14	24.12
	规范	0.400	0.515	0.77	1.165	1.7	4.25	11.21	14.77	19.01	23.91

不同 计算方法	α k	0.2	0.4	0.6	0.8	1.0	1.2	1.4	1.6	1.8	2.0
最大应力 作用支承边	有限条	0.502	0.609	0.775	1.066	1.705	4.261	11.50	15.84	20.58	26.3
	本书	0.501	0.608	0.774	1.064	1.702	4.256	10.947	15.078	19.146	23.922
最大应力 作用自由边	孙祖龙	0.45	0.48	0.50	0.53	0.57	0.608	0.65	0.71	0.77	0.85
	周绪红	0.448	0.473	0.501	0.532	0.567	0.61	0.655	0.709	0.774	0.851
	规范	0.442	0.465	0.493	0.527	0.567	0.612	0.664	0.72	0.783	0.851
	有限条	0.449	0.474	0.502	0.533	0.568	0.609	0.656	0.711	0.775	0.853
	本书	0.448	0.473	0.501	0.532	0.568	0.608	0.655	0.709	0.774	0.851

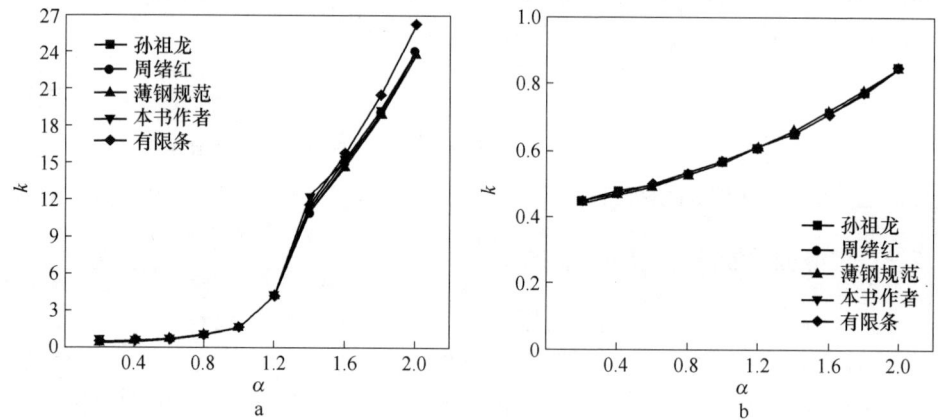

图 3-2 非均匀受压一边简支一边自由板件的屈曲系数最小值
a—最大应力作用于加劲边；b—最大应力作用于自由边

（2）常用的部分加劲板件，卷边与部分加劲板件的宽度比取为 $a/b = 0.2$，部分加劲板件的宽厚比为 $b/t = 50$，应力状态为轴压、最大应力作用于加劲边和卷边，其应力不均匀系数为 $\alpha = 0.5$。采用有限条、有限元、薄钢规范以及本书能量法计算结果进行对比分析，其比较结果如表 3-2~表 3-4 和图 3-2~图 3-4 所示，其中 k 为弹性屈曲系数，而 α 为应力不均匀系数，a、b、t 分别为卷边的宽度、翼缘的宽度以及板件厚度。对于北美规范的有效宽度法，只能计算均布压力作用下的翼缘屈曲稳定系数，且和我国规范一样不考虑半波长长度，但其计算公式中考虑了钢材材性，那么对于表 3-2 所示的卷边翼缘，其屈曲稳定系数对于 $f_y = 235\text{MPa}$、345 MPa、550 MPa 分别为 3.32、3.15 和 2.95，北美规范对于偏压构件的翼缘屈曲稳定系数采用加劲板件计算屈曲稳定系数，对于表 3-3 和表 3-4 所示的卷边翼缘，其屈曲稳定系数为 5.25。

表3-2 均匀受压卷边翼缘板件屈曲系数对比（$a/b=0.2$, $b/t=50$）

λ/b	0.5	1	2	3	4	5	6	7	8	9	10	12	15
规范	0.98	0.98	0.98	0.98	0.98	0.98	0.98	0.98	0.98	0.98	0.98	0.98	0.98
本书	6.25	3.97	5.76	7.36	5.99	4.28	3.14	2.45	1.98	1.67	1.39	1.08	0.74
有限条	6.44	4.24	5.88	7.37	6.21	4.59	3.44	2.66	2.14	1.77	1.50	1.14	0.85
有限元	6.55	4.02	5.58	7.01	5.84	4.50	3.51	2.74	2.22	1.79	1.58	1.17	0.86

表3-3 最大应力偏向腹板侧卷边翼缘板件屈曲系数对比（$a/b=0.2$, $\alpha=0.5$, $b/t=50$）

λ/b	0.5	1	2	3	4	5	6	7	8	9	10	12	15
规范	1.77	1.77	1.77	1.77	1.77	1.77	1.77	1.77	1.77	1.77	1.77	1.77	1.77
本书	8.35	5.33	7.98	10.72	10.09	7.63	5.61	4.35	3.37	2.75	2.31	1.74	1.28
有限条	8.46	5.66	8.04	10.74	9.94	7.68	5.85	4.57	3.68	3.05	2.59	1.98	1.47
有限元	8.49	5.49	8.17	10.63	9.91	7.51	5.53	4.36	3.34	2.76	2.33	1.77	1.31

表3-4 最大应力偏向卷边侧卷边翼缘板件屈曲系数对比（$a/b=0.2$, $\alpha=0.5$, $b/t=50$）

λ/b	0.5	1	2	3	4	5	6	7	8	9	10	12	15
规范	1.05	1.05	1.05	1.05	1.05	1.05	1.05	1.05	1.05	1.05	1.05	1.05	1.05
本书	8.33	5.29	7.60	9.58	7.80	5.33	3.73	2.76	2.16	1.75	1.46	1.10	0.80
有限条	8.54	5.60	7.62	8.95	7.03	5.07	3.76	2.90	2.33	1.92	1.62	1.24	0.92
有限元	8.36	5.52	7.64	9.03	7.26	5.35	4.14	3.27	2.65	2.21	1.88	1.21	0.98

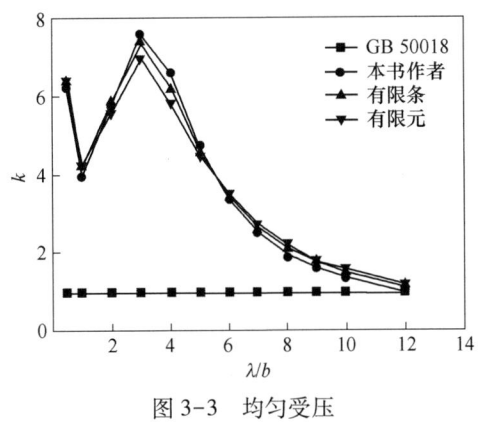

图3-3 均匀受压

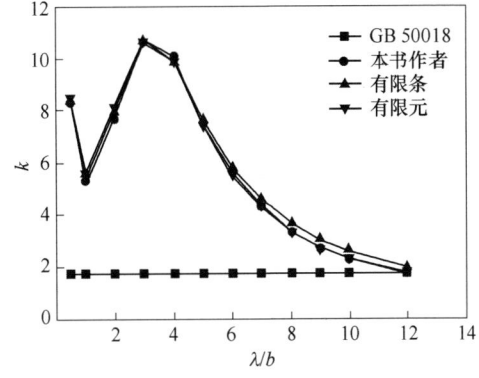

图3-4 最大应力作用于加劲边

从图3-2~图3-5和表3-2~表3-5可以看出：1）本文采用能量法计算三边简支、一边卷边加劲板件的弹性屈曲稳定系数与有限元、有限条以及经典解析解比较吻合，可用于此类板件弹性屈曲稳定系数的计算；2）我国薄钢规范对于部

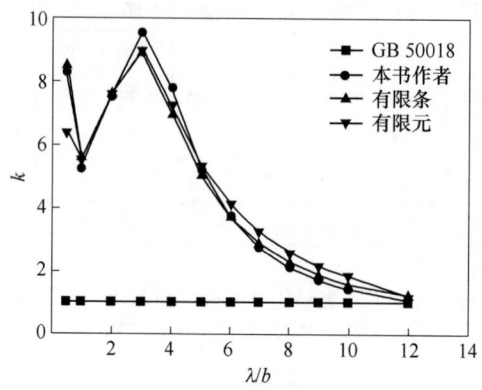

图 3-5 最大应力作用于卷边

分加劲板件的屈曲稳定系数统一按照一个固定的屈曲波长取值，不能反映卷边加劲板件受力过程中出现局部屈曲和畸变屈曲的受力问题，取一定值比较保守，规范的取值大致均为板件长宽比为 12 时的屈曲稳定系数；3）在板件长宽比等于 1 时，弹性屈曲稳定系数出现一个极值点，代表部分加劲板件发生局部屈曲，卷边不发生侧向失稳，翼缘板和卷边的交线保持直线不变，随着板件长宽比的增加，卷边支承作用会相对减弱而发生侧向失稳，屈曲系数降低，翼缘板和卷边的交线不再保持直线而偏离原来位置，代表部分加劲板件发生畸变屈曲，且同三边简支板的屈曲系数类似逐渐趋于一个较小的值。4）北美规范计算的均布压力下的屈曲稳定系数与板件长宽比为 6~7 时的数值计算结果比较接近，最大压应力作用于加劲边时的屈曲稳定系数和板件长宽比为 6~7 时的数值计算结果比较接近，最大压应力作用于部分加劲边时的屈曲稳定系数和板件长宽比为 5 时的数值计算结果比较接近。

3.2.6 边缘加劲板件的弹性屈曲性能及屈曲系数

为了考察部分加劲板件的卷边尺寸、应力分布状态对板件弹性屈曲稳定系数的影响，采用能量法对宽厚比为 50 的部分加劲板件变换截面和应力参数进行分析，卷边与部分加劲板件的宽度比取 0、0.1、0.15、0.2、0.3 五种、应力分布包括轴压、最大应力偏向腹板和最大应力偏向卷边的不同应力比共 9 种，分析所得部分加劲板件的弹性屈曲稳定系数如图 3-6~图 3-15 所示。

从图 3-6~图 3-15 可以看出：1）对于轴压构件，当卷边达到宽度 $a/b>0.15$ 时，屈曲系数会出现一个极值点，说明卷边足够加劲使边缘加劲板件在较短的屈曲半波长时出现局部屈曲，当卷边宽度 $a/b<0.15$ 时，边缘加劲板件屈曲系数没有极值点，说明板件仅发生畸变屈曲，且随着板件长度的增加，屈曲稳定系数逐

渐降低；2）当最大应力作用于腹板侧，当卷边达到宽度 $a/b>0.15$ 时，屈曲系数会出现一个极值点，说明卷边足够加劲使边缘加劲板件在较短的屈曲半波长时出现局部屈曲，同时可以看到，当应力不均匀系数达到 1.5 和 2 的时候，卷边出现一个极值点，随后屈曲稳定系数一直上升，说明边缘加劲板件即使没有卷边的支承也会发生类似加劲板件的局部屈曲，而不会出现畸变屈曲模式；当卷边宽度 $a/b<0.1$ 时，边缘加劲板件屈曲系数没有极值点，说明板件仅发生畸变屈曲，随着板件长度的增加，屈曲稳定系数逐渐降低，但随着应力不均匀系数的增大，达到 1.5 和 2 的时候，卷边出现一个极值点，随后屈曲稳定系数一直上升，说明边缘加劲板件即使没有卷边的支承也会发生类似加劲板件的局部屈曲，而不会出现畸变屈曲模式；3）当最大应力作用于卷边侧，当卷边达到宽度 $a/b>0.10$ 时，屈曲系数会出现一个极值点，说明卷边足够加劲使边缘加劲板件在波长较短时出现局部屈曲，当卷边宽度 $a/b<0.1$ 时，边缘加劲板件屈曲系数没有极值点，说明板件仅发生畸变屈曲，随着板件长度的增加，屈曲稳定系数逐渐降低。

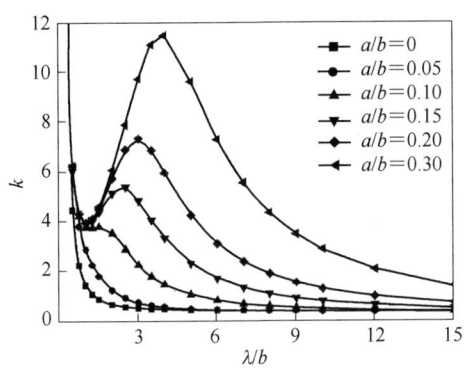

图 3-6　均布压力作用（$\alpha = 0$）

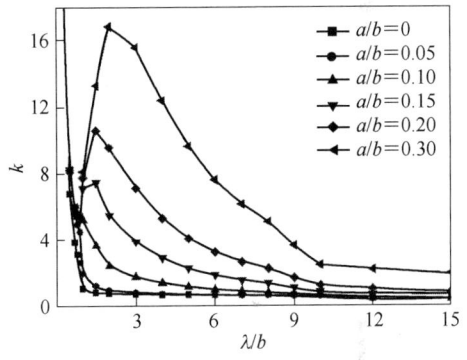

图 3-7　最大压应力偏向腹板（$\alpha = 0.5$）

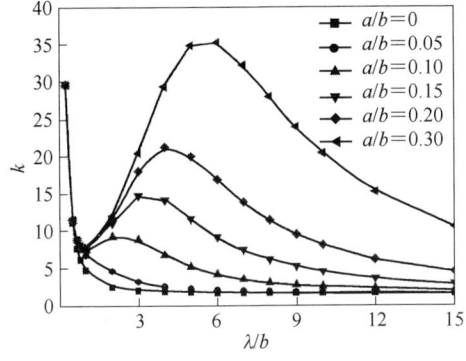

图 3-8　最大压应力偏向腹板（$\alpha = 1$）

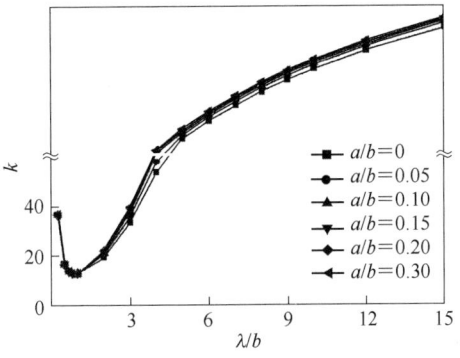

图 3-9　最大压应力偏向腹板（$\alpha = 1.5$）

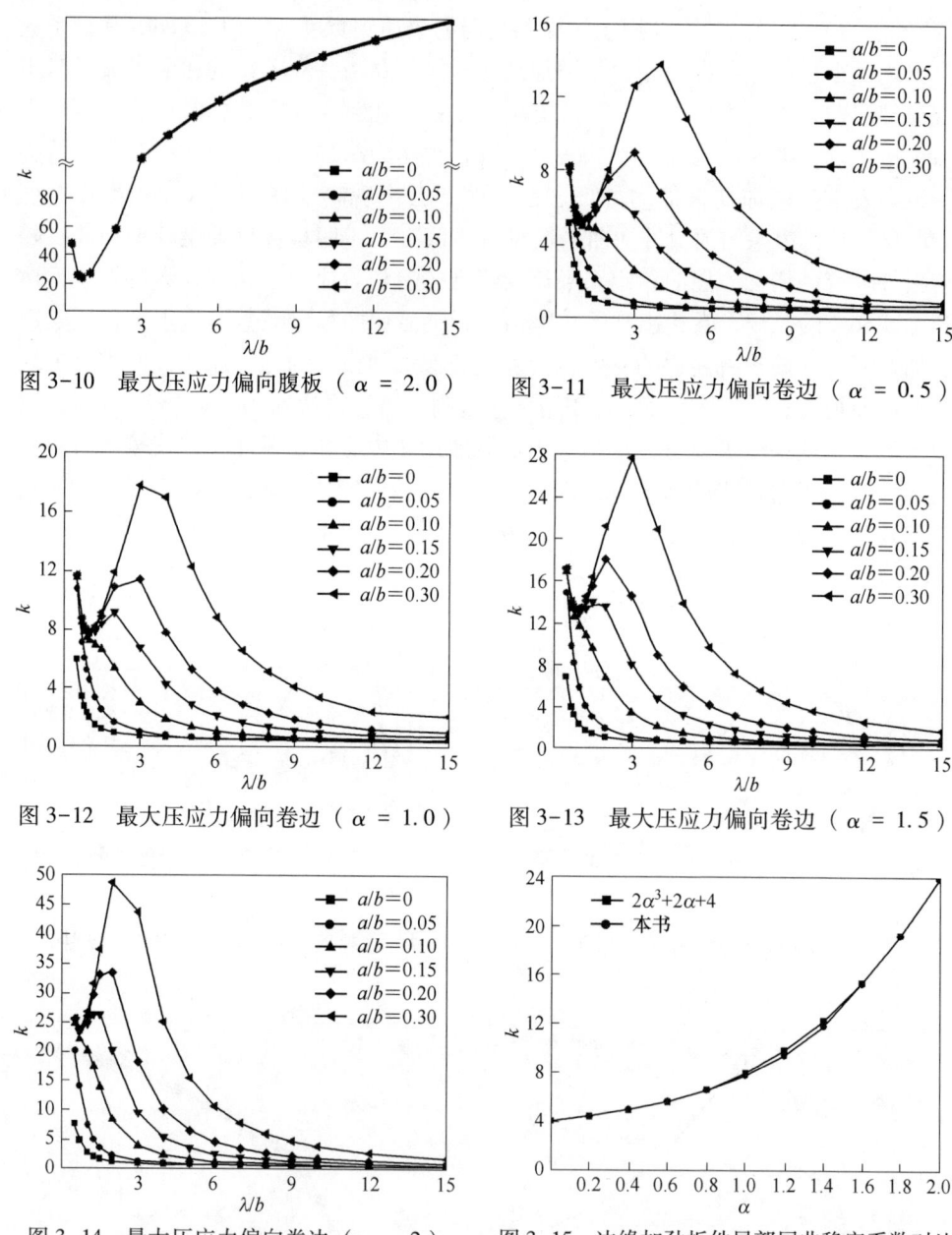

图 3-10　最大压应力偏向腹板（α = 2.0）　　图 3-11　最大压应力偏向卷边（α = 0.5）

图 3-12　最大压应力偏向卷边（α = 1.0）　　图 3-13　最大压应力偏向卷边（α = 1.5）

图 3-14　最大压应力偏向卷边（α = 2）　　图 3-15　边缘加劲板件局部屈曲稳定系数对比

3.3　边缘加劲板件局部屈曲稳定系数

从上节分析可以看出，当卷边充分加劲时，边缘加劲板件的屈曲系数会出现一个极值点，即局部屈曲稳定系数，此时边缘加劲板件类似一个四边简支板，对于有应力梯度的四边简支板的局部屈曲稳定系数，Timoshenko[107]采用能量法利用三级近似给出了其屈曲稳定系数计算公式，其近似计算公式为式（3-17）：

$$k = 2\alpha^3 + 2\alpha + 4 \tag{3-17}$$

采用本文能量法计算方法计算不同应力梯度的边缘加劲板件局部屈曲稳定系数与上式计算结果对比见表3-5，其中边缘加劲板件宽度为50mm、厚度为1mm，卷边保证充分加劲。

从表3-5可知，对于边缘加劲板件当卷边能保证其在较短半波长时发生局部屈曲时，简化公式（3-17）计算的屈曲稳定系数与本文计算结果吻合较好，因此可以采用式（3-17）计算边缘加劲板件的局部屈曲稳定系数。

表3-5 边缘加劲板件局部屈曲稳定系数对比 ($a/b = 0.25$，$b/t = 50$)

α	0	0.2	0.4	0.6	0.8	1.0	1.2	1.4	1.6	1.8	2.0
$k = 2\alpha^3 + 2\alpha + 4$	4.00	4.416	4.928	5.632	6.624	8.00	9.856	12.288	15.392	19.264	24.00
本书	4.012	4.417	4.983	5.679	6.586	7.802	9.484	11.863	15.335	19.253	23.921

3.4 边缘加劲板件畸变屈曲稳定系数

3.4.1 边缘加劲板件多波长屈曲稳定系数

从上节分析可以看出，当卷边不能充分加劲，边缘加劲板件没有极值点，板件可能不发生局部屈曲，而发生畸变屈曲。同时可以看到，对于在较短半波长时发生局部屈曲的板件，当屈曲半波长大于局部屈曲半波长时，板件发生局部屈曲和畸变屈曲的相关屈曲，随着屈曲半波长的增大，屈曲稳定系数降低，此时主要表现为畸变屈曲，畸变屈曲稳定系数随着半波长的增大而降低。

上述的分析是建立在一个半波长的基础上的，我们可以通过建立多波长基础上的屈曲系数更加方便的理解这种局部和畸变屈曲稳定系数的关系，取边缘加劲板件的宽度50mm，厚度1mm，不同的卷边宽度以及不同的应力分布不均匀系数来考虑边缘加劲板件的屈曲稳定系数，计算所得的边缘加劲板件多个半波长的屈曲稳定系数以及相应的最小屈曲稳定系数如图3-16所示。

从图3-16多个半波的屈曲稳定系数可以清楚地看到，屈曲系数的极值点对应的屈曲稳定系数相同，最小屈曲稳定系数在第一个半波长对应屈曲稳定系数大于最小极值点时，三个半波长对应的屈曲稳定系数最小值包络值比较接近极值点，表现为局部屈曲稳定系数，当第一个半波长对应的屈曲稳定系数小于极值点时，最小屈曲稳定系数表现为第一个半波长对应的屈曲稳定系数，此时随着半波长的增大，屈曲稳定系数迅速降低，主要表现为畸变屈曲变形模式。因此可以认为，对应边缘加劲板件的屈曲稳定系数，应该是局部屈曲稳定系数和畸变屈曲稳定系数的最小值。

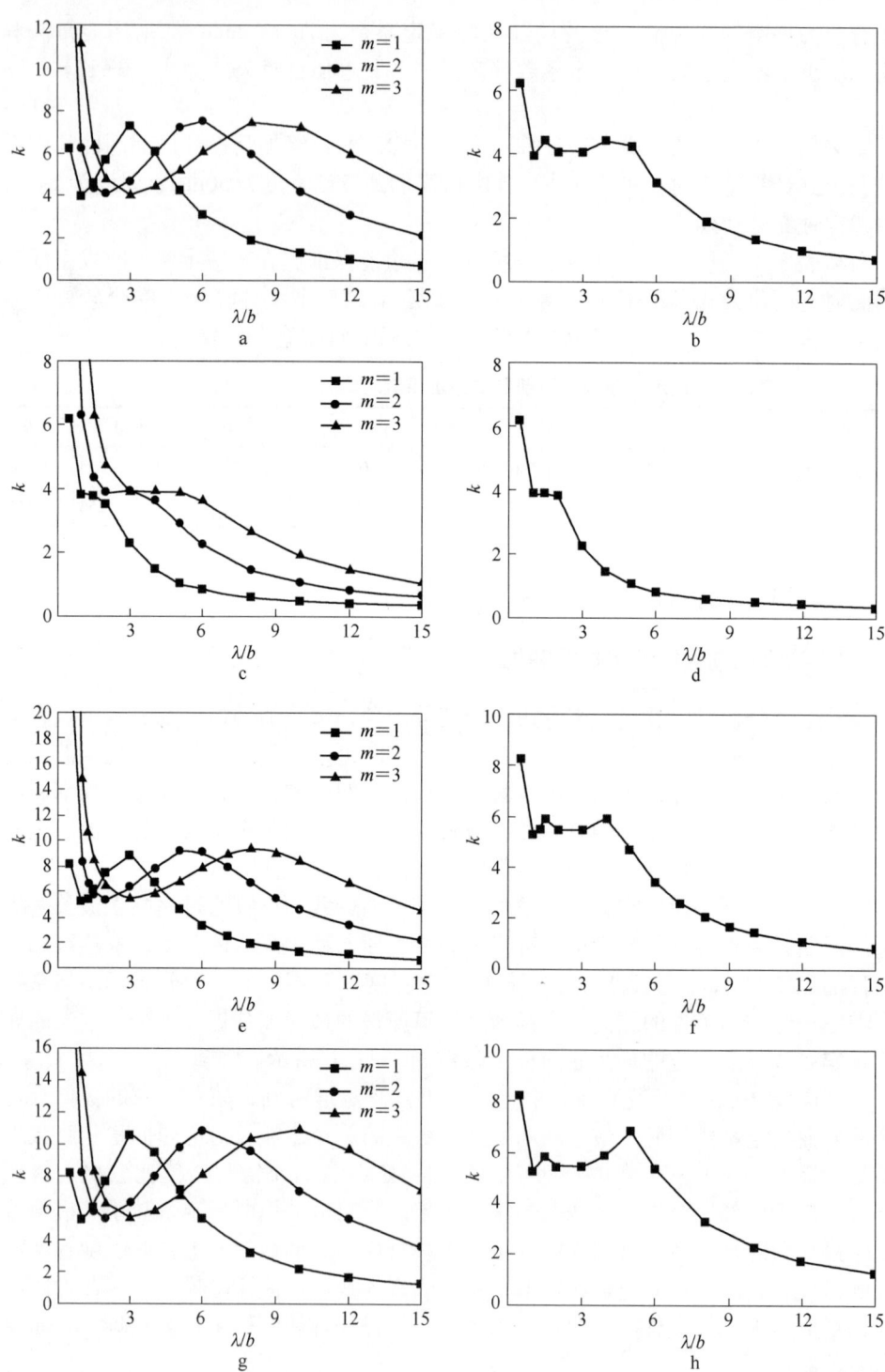

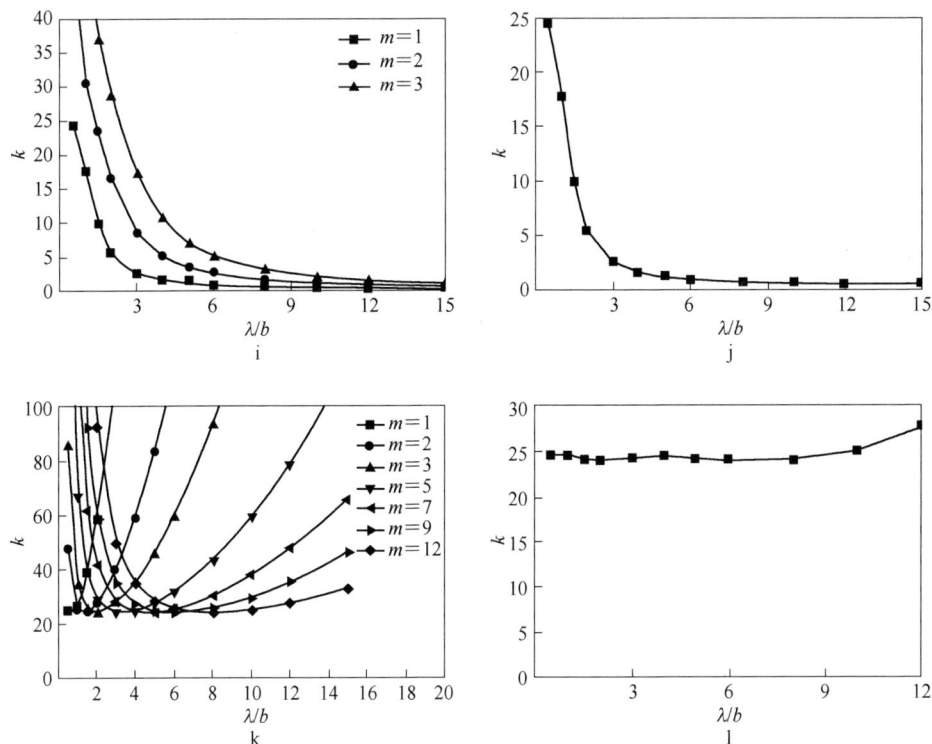

图 3-16　边缘加劲板件多波长屈曲稳定系数及相应最小屈曲稳定系数

a—多波长（均布压力，$a=0.2b$）；b—最小值（均布压力，$a=0.2b$）；c—多波长（均布压力，$a=0.1b$）；

d—最小值（均布压力，$a=0.1b$）；e—多波长（偏卷边，$\alpha=0.5$，$a=0.2b$）；

f—最小值（偏卷边，$\alpha=0.5$，$a=0.2b$）；g—多波长（偏腹板，$\alpha=0.5$，$a=0.2b$）；

h—最小值（偏腹板，$\alpha=0.5$，$a=0.2b$）；i—多波长（偏卷边，$\alpha=2$，$a=0.2b$）；

j—最小值（偏卷边，$\alpha=2$，$a=0.2b$）；k—多波长（偏腹板，$\alpha=2$，$a=0.2b$）；

l—最小值（偏腹板，$\alpha=2$，$a=0.2b$）

　　从图 3-16a 和图 3-16b 可以看出，对于均布轴压边缘加劲板件，卷边宽度由 $0.2b$ 减小到 $0.1b$ 后，在波长较短时，由局部屈曲模式变化到畸变屈曲模式，说明卷边对于翼缘的支承作用强弱显著影响边缘加劲板件的屈曲模式；同时可以发现，在波长较长时，虽然都表现为畸变屈曲模式，但是卷边较小的边缘加劲板件其畸变屈曲稳定系数也小于卷边较大的边缘加劲板件。从图 3-16a、图 3-16e 和图 3-16i 可以看出，对于压应力由均布变化到腹板侧受拉的受弯边缘加劲板件，随着压应力的增大，局部屈曲稳定系数逐渐增大，但是畸变屈曲也更容易发生，当压应力不均匀系数达到 2 时，所有波长均表现为畸变屈曲模式，说明随着压应力的增加，卷边的支承作用逐渐减弱。从图 3-16a、图 3-16g 和图 3-16k 可以看出，对于压应力由均布变化到卷边侧受拉的受弯边缘加劲板件，随着压应力的增大，局部屈曲稳定系数逐渐增大，畸变屈曲也更不易发生，当压应力不均匀系数达到 2 时，所有波长均表现为局部屈曲模式。从图 3-16e 和图 3-16g 以及图 3-16i 和图 3-16k 可以看出，对于压应力分布不均的边缘加劲板件，偏向卷边比偏向腹板的屈曲稳定系数小，说明偏向卷边比偏向腹板更加不利。

由于畸变屈曲稳定系数与板件屈曲的半波长有关，因此求解畸变屈曲稳定系数的关键就是求解畸变屈曲半波长。

3.4.2 腹板的转动约束刚度

3.4.2.1 绕弱轴弯曲的偏压构件

对于发生畸变屈曲的边缘加劲板件，其畸变屈曲半波长与其相连板件的约束作用有关，因此要求畸变屈曲半波长，需先导出相连板件对其转动约束作用，姚谏、滕锦光[72]采用图 3-17 所示简化模型在 Timoshenko 和 Hancock 研究成果的基础上推导得到绕卷边槽形截面构件弱轴弯曲的偏压构件腹板对翼缘的转动约束刚度。

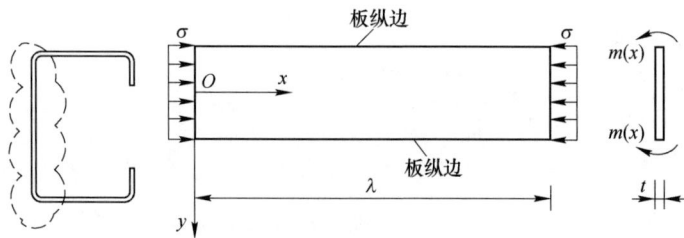

图 3-17 转动约束刚度计算简图

板段的长、厚度分别为 λ、t，λ 是畸变屈曲在构件纵向形成的一个半波的长度；板段宽度取为 h，板段四边简支，其中两对边承受沿 x 方向的均布正应力 σ（压应力为正，拉应力为负）、两纵边承受分布弯矩 $m(x)$。设 $m(x)$ 沿纵边的分布为正弦曲线，即：

$$m(x) = m_0 \sin \frac{\pi x}{\lambda} \tag{3-18}$$

式中，m_0 是常数。

图 3-17 所示矩形薄板在微曲状态下的平衡微分方程为[107]：

$$\frac{\partial^4 w}{\partial^4 x} + 2\frac{\partial^4 w}{\partial^2 x \partial^2 y} + \frac{\partial^4 w}{\partial^4 y} = -\frac{\sigma t}{D}\frac{\partial^2 w}{\partial^2 x} \tag{3-19a}$$

或[7]：

$$\frac{\partial^4 w}{\partial^4 x} + 2\frac{\partial^4 w}{\partial^2 x \partial^2 y} + \frac{\partial^4 w}{\partial^4 y} + K\frac{\pi^2}{b_w^2}\frac{\partial^2 w}{\partial^2 x} = 0 \tag{3-19b}$$

边界条件为：

$$\left[w \right]_{y = \pm b_w/2} = 0 \tag{3-20a}$$

$$\left[-D\left(\frac{\partial^2 w}{\partial y^2} + \nu \frac{\partial^2 w}{\partial x^2} \right) \right]_{y = \pm b_w/2} = m(x) = m_0 \sin \frac{\pi x}{\lambda} \tag{3-20b}$$

式(3-19)和式(3-20)中，w 是垂直于板中面的挠度；D 是单位宽度板的抗弯刚度；K 是与抗弯刚度 D 和板承受正应力 σ 有关的无量纲参数：

$$K = \frac{h^2 t}{\pi^2 D} \sigma \tag{3-21}$$

取微分方程式(3-19)的解为[5]：

$$w = f(y) \sin \frac{\pi x}{\lambda} \tag{3-22}$$

式中，$f(y)$ 是一个关于 y 的待定函数。

利用边界条件并考虑式 $m(x) = k_\phi \left[\frac{\partial w}{\partial y} \right]_{y = \pm h/2}$，经计算得到腹板的转动约束刚度计算公式如式(3-23)所示。

(1) $K \geq \left(\frac{h}{\lambda} \right)^2$ 时，有：

$$k_\phi = \frac{D}{b_w} \cdot \frac{\alpha_c^2 + \beta_c^2}{\alpha_c \tanh(\alpha_c/2) + \beta_c \tan(\beta_c/2)} \tag{3-23a}$$

(2) $0 < K < \left(\frac{h}{\lambda} \right)^2$ 时，有：

$$k_\phi = \frac{D}{b_w} \cdot \frac{\alpha_c^2 - \bar{\beta}_c^2}{\alpha_c \tanh(\alpha_c/2) - \bar{\beta}_c \tanh(\bar{\beta}_c/2)} \tag{3-23b}$$

(3) $K = 0$ 时，有：

$$k_\phi = \frac{D}{b_w} \cdot \frac{4}{1 + \alpha_0^{-1} \tanh\alpha_0 - \tanh^2\alpha_0} \tag{3-23c}$$

(4) $K < 0$ 时，有：

$$k_\phi = \frac{D}{b_w} \cdot \frac{2\alpha_t \beta_t \left[1 + \tanh^2(\alpha_t/2) \cdot \tan^2(\beta_t/2) \right]}{\alpha_t \left[1 - \tanh^2(\alpha_t/2) \right] \cdot \tan(\beta_t/2) + \beta_t \left[1 + \tan^2(\beta_t/2) \right] \cdot \tanh(\alpha_t/2)} \tag{3-23d}$$

其中，$\alpha_c = \pi \sqrt{\frac{h}{\lambda}} \sqrt{\frac{h}{\lambda} + \sqrt{K}}$，$\beta_c = \pi \sqrt{\frac{h}{\lambda}} \sqrt{-\frac{h}{\lambda} + \sqrt{K}}$，$\bar{\beta}_c = \pi \sqrt{\frac{h}{\lambda}} \sqrt{\frac{h}{\lambda} - \sqrt{K}}$，

$\alpha_0 = \frac{\pi}{2} \frac{h}{\lambda}$，$\alpha_t = \frac{\pi}{\sqrt{2}} \frac{h}{\lambda} \sqrt{1 + \sqrt{1 - \left(\frac{\lambda}{h} \right)^2 K}}$，$\beta_t = \frac{\pi}{\sqrt{2}} \sqrt{-K} \left[\sqrt{1 + \sqrt{1 - \left(\frac{\lambda}{h} \right)^2 K}} \right]^{-1}$。

从式(3-23)可以看出，对于给截面尺寸的板件，其转动约束刚度仅与板件

的半波长和外加应力有关，为此选取板件宽度为 25mm、50mm、100mm、150mm、200mm 和 250mm，板件厚度为 1mm 的板件进行其转动约束刚度分析，外加应力变化从-550~550MPa 变化，在不同半波长和外加应力条件下的转动约束刚度如图 3-18 所示。

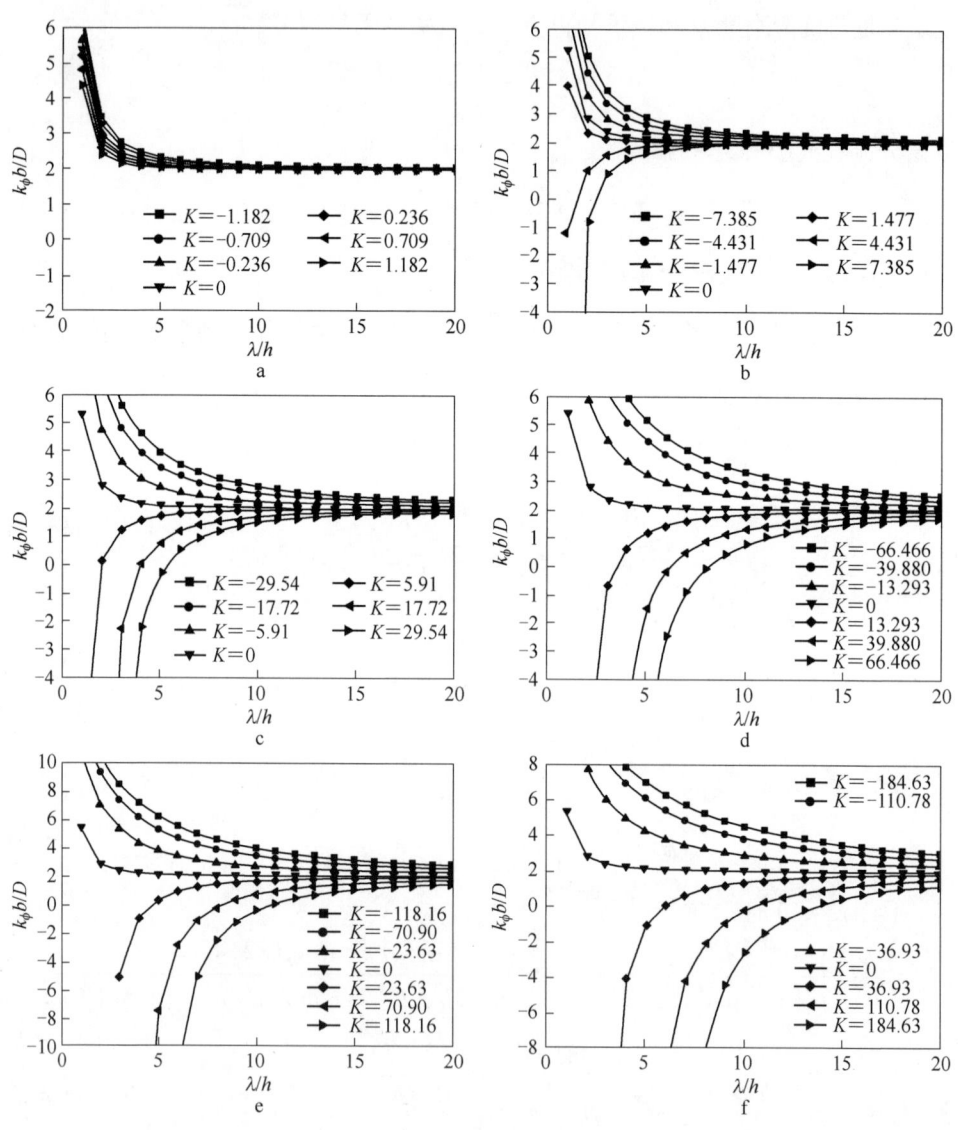

图 3-18   腹板转动约束刚度（均压）

a—h/t=25mm；b—h/t=50mm；c—h/t=100mm；d—h/t=150mm；e—h/t=200mm；f—h/t=250mm

从图 3-18 可以看出，腹板对于翼缘的转动刚度仅与半波长 λ 和无量纲参数 K 有关，因此只要找出腹板转动刚度与半波长和参数 K 的关系，就可以简化转动约束刚度的计算，采用较为简单的表示式进行计算。为此，对于不同半波长的构件在不同板件无量纲参数 K 下的转动刚度进行计算得到对应的转动刚度如图 3-19 所示。

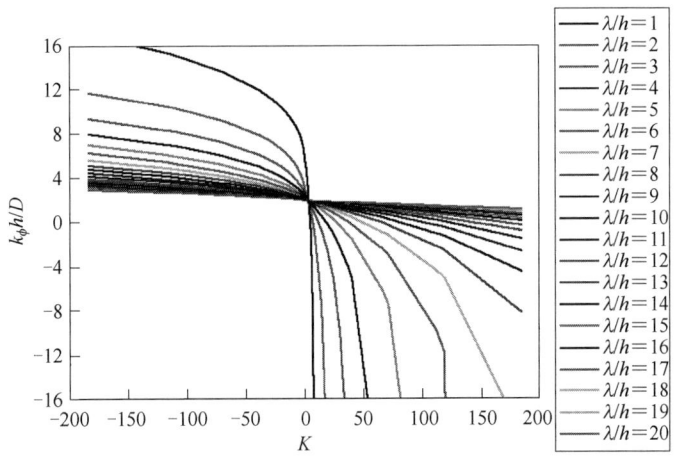

图 3-19 不同半波长和不同 K 值条件下的转动约束刚度

从图 3-19 可以看出，当 $K=0$ 时，$k_\phi h/D=2$；当 $K>0$ 时，$k_\phi h/D<2$；当 $K<0$ 时，$k_\phi h/D>2$。同时可以发现，当半波长比较长时，$k_\phi h/D$ 与 2 比较接近。为了更好地分析 $k_\phi h/D$ 与半波长和参数 K 之间的关系，图 3-20 给出了 $K \geqslant 0$ 和 $K<0$ 两种情况下的转动约束刚度图。从图 3-20 可以看出，$k_\phi h/D$ 在不同半波长的情况下与参数 K 大致成线性关系，特别是在半波长比较大的情况下，基本是线性的，在半波长比较小的情况下，参数 K 相对比较小的时候也是线性的，为此对图 3-20 的关系进行回归得到转动约束刚度与半波长和参数 K 的关系如式（3-24a）所示。

$$k_\phi \frac{h}{D} = \begin{cases} -0.8\left(\dfrac{h}{\lambda}\right)^{1.5} K + 2 & K \geqslant 0 \\[3mm] -0.125\left(\dfrac{h}{\lambda}\right) K + 2 & K < 0 \end{cases} \tag{3-24a}$$

式（3-24a）可简化为式（3-24b）：

$$k_\phi = \begin{cases} -0.8\left(\dfrac{h}{\lambda}\right)^{1.5} \dfrac{ht\sigma}{\pi^2} + \dfrac{2D}{h} & K \geqslant 0 \\[3mm] -0.125\dfrac{h^2 t\sigma}{\pi^2 \lambda} + \dfrac{2D}{h} & K < 0 \end{cases} \tag{3-24b}$$

式中，k_ϕ 为转动约束刚度；h、t 分别为腹板的宽度和厚度；σ 为腹板的压应力，按规范 5.6.7 和 5.6.8 计算；λ 为畸变屈曲半波长；D 为腹板单位宽度的抗弯刚度。

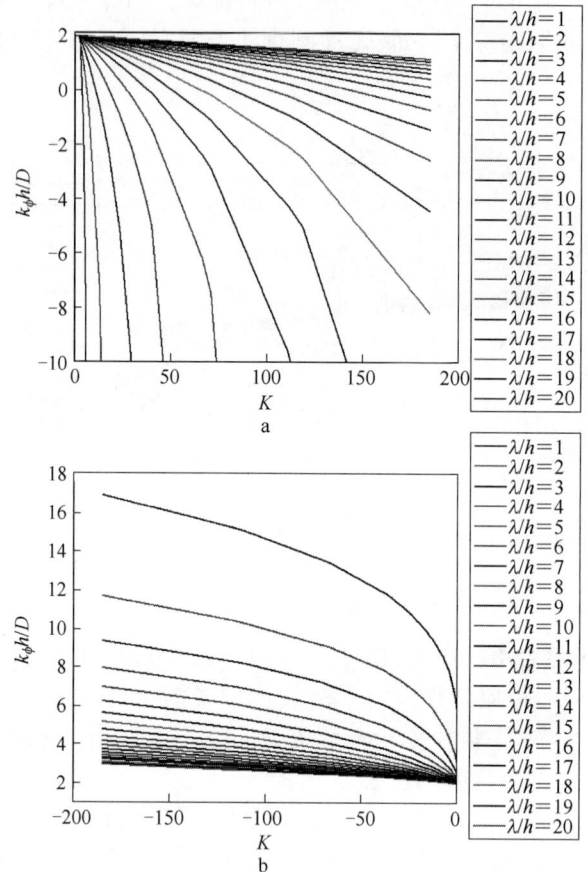

图 3-20　不同半波长和不同 K 值条件下的转动约束刚度
a—$K \geqslant 0$；b—$K < 0$

　　利用式(3-24a)计算图 3-18 一共 740 个板件的转动约束刚度，得到回归公式计算值与图 3-18 计算值之比的平均值为 0.9673，变异系数为 0.218，表明回归公式能够较好地表示板件转动约束刚度与半波长和参数 K 之间的关系，如果去掉半波长较小的以及 $K>0$ 时 K 值较大的数据外，公式的吻合效果更好。因此，式(3-24a)可以用来计算板件的转动约束刚度。

3.4.2.2　纯弯构件

　　对于轴压构件，腹板所受外加应力全截面相等，其对于翼缘的转动约束刚度计算的简化模型如图 3-17 所示，类似一个两端简支梁，相应的两端转动刚度为 $2EI/L$，如图 3-21a 所示。对于纯弯构件，腹板所受的外加应力在受压翼缘侧和受拉翼缘侧大小相等，方向相反，其对于受压翼缘的转动约束刚度可相应的看作为一端简支一端固结的梁，如图 3-21b 所示，此时其简支端的转动刚度为 $4EI/L$，因此对于纯弯构件腹板对于受压翼缘的转动约束刚度，可以简单处理为轴压腹板转动刚度的两倍，那么对于纯弯构件，腹板对于受压翼缘的转动约束刚度采用式(3-25)计算。

$$k_\phi = \begin{cases} -1.6\left(\dfrac{h}{\lambda}\right)^{1.5}\dfrac{ht\sigma}{\pi^2} + \dfrac{4D}{h} & K \geqslant 0 \\[3mm] -0.25\dfrac{h^2 t\sigma}{\pi^2 \lambda} + \dfrac{4D}{h} & K < 0 \end{cases} \qquad (3\text{-}25)$$

式中，各参数含义同式(3-24)。

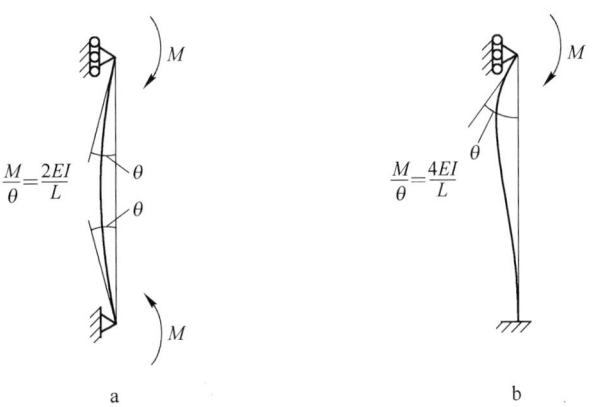

图 3-21　腹板转动约束刚度简化梁模型
a—轴压构件；b—纯弯构件

3.4.2.3　绕强轴弯曲的偏压构件

对于绕强轴弯曲的偏压构件，腹板所受外加应力成线性变化，对于受压翼缘的转动约束，随着腹板压应力不均匀系数从-1变化到1，其对于受压翼缘的约束也从纯弯构件变化到轴压构件的约束程度，简单考虑此转动约束刚度成线性变化，则对于绕强轴弯曲的偏压构件，腹板对于受压翼缘的转动约束刚度按式(3-26)计算。

$$k_\phi = \begin{cases} (1 + 0.5\alpha_w)\left[-0.8\left(\dfrac{h}{\lambda}\right)^{1.5}\dfrac{ht\sigma}{\pi^2} + \dfrac{2D}{h}\right] & K \geqslant 0 \\[3mm] (1 + 0.5\alpha_w)\left(-0.125\dfrac{h^2 t\sigma}{\pi^2 \lambda} + \dfrac{2D}{h}\right) & K < 0 \end{cases} \qquad (3\text{-}26)$$

式中，α_w 为腹板应力不均匀系数；其余各参数含义同式（3-24）。

3.4.3　畸变屈曲半波长和屈曲稳定系数

对于仅发生畸变屈曲的边缘加劲板件以及波长较长的边缘加劲板件，其屈曲系数随着半波长长度的增大而逐渐降低，因此其畸变屈曲应力是一个随半波长变化的值,无法给出像局部屈曲一样的具体值。但由于边缘加劲板件一般都和其他板件相连,比如槽形截面的腹板,腹板对于边缘加劲板件的转动约束,可以导致边缘加劲板件按照一定的半波长发生畸变屈曲,因此为了求出边缘加劲板件的畸变屈曲,必须考虑相邻板件的约束作用。因此,对于发生畸变屈曲的边缘加劲板件,其屈曲系数的计算简图可采用图 3-22 所示简化模型,由公式(3-16)可知对于发生畸变屈曲为主的边缘加劲板件,其变形函数可简化为 $w = \cos(\pi x/\lambda) fy$。

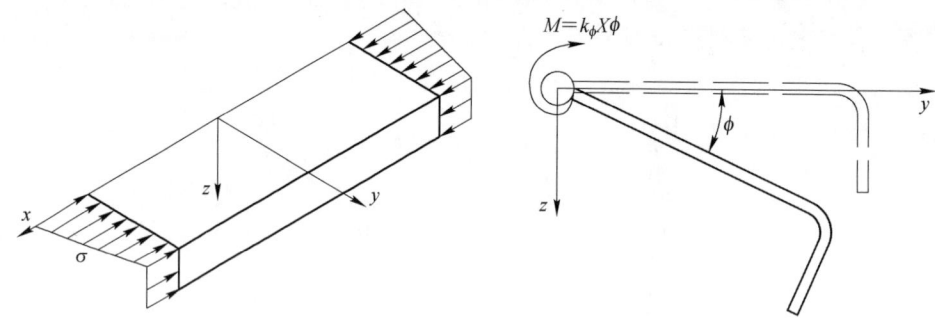

图 3-22   边缘加劲板件的畸变屈曲分析模型

翼缘的弯曲应变能按下式计算:

$$U_f = \frac{D}{2}\int_{-\lambda/2}^{\lambda/2}\int_0^b\left\{\left(\frac{\partial^2 w}{\partial x^2}+\frac{\partial^2 w}{\partial y^2}\right)^2 - 2(1-\nu)\left[\frac{\partial^2 w}{\partial x^2}\times\frac{\partial^2 w}{\partial y^2}-\left(\frac{\partial^2 w}{\partial x\partial y}\right)^2\right]\right\}\mathrm{d}y\mathrm{d}x$$

(3-27a)

把变形函数代入,得到翼缘弯曲应变能式(3-27b):

$$U_f = \frac{Db\lambda f^2}{4}\left(\frac{\pi}{\lambda}\right)^2\left[\left(\frac{\pi}{\lambda}\right)^2 b^2/3 + 2(1-\nu)\right]$$

(3-27b)

卷边的弯曲应变能按下式计算:

$$U_{lip} = \frac{EI}{2}\int_{-\lambda/2}^{\lambda/2}\left(\frac{\partial^2 w}{\partial x^2}\right)^2_{y=b}\mathrm{d}x$$

(3-28a)

把变形函数代入,得到卷边弯曲应变能式(3-28b):

$$U_{lip} = \frac{EI}{4}f^2 b^2\left(\frac{\pi}{\lambda}\right)^4\lambda$$

(3-28b)

腹板的扭转应变能按式(3-29)计算:

$$U_w = \frac{k_\phi}{2}\int_{-\lambda/2}^{\lambda/2}\left(\frac{\partial w}{\partial x}\right)^2_{y=0}\mathrm{d}x$$

(3-29)

把变形函数代入,得到腹板扭转应变能式(3-30):

$$U_w = \frac{k_\phi}{4}f^2\lambda$$

(3-30)

3.4.3.1 最大应力作用于腹板侧

翼缘的外力势能按下式计算：

$$V_f = -\frac{1}{2}\int_{-\lambda/2}^{\lambda/2}\int_0^b \sigma_x\left(\frac{\partial w}{\partial x}\right)^2 t\mathrm{d}y\mathrm{d}x = -\frac{1}{2}\int_{-\lambda/2}^{\lambda/2}\int_0^b \sigma_w(1-\alpha y/b)\left(\frac{\partial w}{\partial x}\right)^2 t\mathrm{d}y\mathrm{d}x$$

(3-31a)

把变形函数代入，得到翼缘外力势能式(3-31b)：

$$V_f = -\frac{1}{4}f^2 b^3 t\lambda\left(\frac{\pi}{\lambda}\right)^2 \sigma_{lip}(1/3 - \alpha/4)$$

(3-31b)

卷边的外力势能按下式计算：

$$V_{lip} = -\frac{1}{2}at\int_{-\lambda/2}^{\lambda/2}\sigma_{lip}\left(\frac{\partial w}{\partial x}\right)^2_{y=b}\mathrm{d}x = -\frac{1}{2}at\int_{-\lambda/2}^{\lambda/2}\sigma_w(1-\alpha)\left(\frac{\partial w}{\partial x}\right)^2_{y=b}\mathrm{d}x$$

(3-32a)

把变形函数代入，得到卷边外力势能式(3-32b)：

$$V_{lip} = -\frac{1}{4}atf^2 b^2\lambda\left(\frac{\pi}{\lambda}\right)^2 \sigma_w(1-\alpha)$$

(3-32b)

边缘加劲板件的总势能为式(3-33)：

$$\Pi = V_{lip} + V_f + U_f + U_{lip} + U_w$$

(3-33)

把式(3-27)、式(3-28)、式(3-30)、式(3-31) 以及式(3-32)代入式(3-33)化简，并令 $\partial\Pi/\partial f = 0$ 得到边缘加劲板件的畸变屈曲应力，如式(3-34)所示。

$$\sigma_w = \frac{k_\phi/(\pi/\lambda)^2 + Db[(\pi b/\lambda)^2/3 + 2(1-\nu)] + EI(\pi b/\lambda)^2}{tb^3(1/3 - \alpha/4) + atb^2(1-\alpha)}$$

(3-34)

若忽略半波长对于腹板转动刚度的影响，并令 $\dfrac{\partial \sigma_w}{\partial \lambda} = 0$ 得到畸变屈曲的半波长计算公式为式(3-35)：

$$\lambda = \pi\sqrt[4]{\frac{b^3 D/3 + EIb^2}{k_\phi}}$$

(3-35)

3.4.3.2 最大应力作用于卷边侧

翼缘的外力势能按下式计算：

$$V_f = -\frac{1}{2}\int_{-\lambda/2}^{\lambda/2}\int_0^b \sigma_x\left(\frac{\partial w}{\partial x}\right)^2 t\mathrm{d}y\mathrm{d}x = -\frac{1}{2}\int_{-\lambda/2}^{\lambda/2}\int_0^b \sigma_{lip}(1-\alpha+\alpha y/b)\left(\frac{\partial w}{\partial x}\right)^2 t\mathrm{d}y\mathrm{d}x$$

(3-36a)

把变形函数代入，得到翼缘外力势能式(3-36b)：

$$V_f = -\frac{1}{4}f^2 b^3 t\lambda\left(\frac{\pi}{\lambda}\right)^2 \sigma_{lip}(1/3 - \alpha/12)$$

(3-36b)

卷边的外力势能按下式计算：

$$V_{lip} = -\frac{1}{2}at\int_{-\lambda/2}^{\lambda/2}\sigma_{lip}\left(\frac{\partial w}{\partial x}\right)_{y=b}^2 \mathrm{d}x \tag{3-37a}$$

把变形函数代入，得到卷边外力势能式(3-37b)：

$$V_{lip} = -\frac{1}{4}atf^2b^2\lambda\left(\frac{\pi}{\lambda}\right)^2\sigma_{lip} \tag{3-37b}$$

把式(3-27)、式(3-28)、式(3-30)、式(3-36)以及式(3-37)代入式(3-33)化简，并令$\partial\Pi/\partial f = 0$得到边缘加劲板件的畸变屈曲应力，如式(3-38)所示。

$$\sigma_{lip} = \frac{k_\phi/(\pi/\lambda)^2 + Db[(\pi b/\lambda)^2/3 + 2(1-\nu)] + EI(\pi b/\lambda)^2}{tb^3(1/3 - \alpha/12) + atb^2} \tag{3-38}$$

若忽略半波长对于腹板转动刚度的影响，并令$\dfrac{\partial\sigma_{lip}}{\partial\lambda} = 0$得到畸变屈曲的半波长计算公式为式(3-39)：

$$\lambda = \pi\sqrt[4]{\frac{b^3D/3 + EIb^2}{k_\phi}} \tag{3-39}$$

3.4.4 边缘加劲板件屈曲稳定系数计算简化计算公式

对于边缘加劲板件的畸变屈曲半波长计算公式(3-35)和式(3-39)中，半波长和腹板转动约束刚度有关。但从图3-18可以看出，对于半波长较长的轴压构件，其转动约束刚度k_ϕ近似等于$2D/h$，那么半波长的计算可以近似按$k_\phi = 2D/h$。对于受弯构件由3.4.2节分析可知，转动约束刚度可以近似按$k_\phi = 4D/h$计算。对于介于轴压和受弯间的偏压应力作用下，可近似按线性插值计算，取$k_\phi = (2 + \alpha_w)D/h$。那么考虑应力不均匀系数，代入式(3-39)计算得到：

$$\lambda = \pi\sqrt[4]{\frac{b^2h}{6(1 + 0.5\alpha_w)}(b + 3EI/D)} \tag{3-40}$$

这样把式(3-40)代入式(3-34)和式(3-38)就可得到边缘加劲板件的畸变屈曲系数，为了与局部屈曲稳定系数不考虑板组相关相一致，在式(3-34)和式(3-38)的转动约束刚度k_ϕ取为0，并把板件屈曲稳定系数与屈曲稳定应力的换算公式$\sigma = kE\pi^2/[12(1-\nu^2)](t/b)^2$代入，那么就可得到不考虑腹板相关作用的边缘加劲板件的畸变屈曲稳定系数。

当最大应力作用于卷边侧：

$$k = \frac{b[(b/\lambda)^2/3 + 2(1-\nu)/\pi^2] + 12(1-\nu^2)I(b/\lambda)^2/t^3}{b(1/3 - \alpha/12) + a} \tag{3-41a}$$

当最大应力作用于腹板侧：

$$k = \frac{b[(b/\lambda)^2/3 + 2(1-\nu)/\pi^2] + 12(1-\nu^2)I(b/\lambda)^2/t^3}{b(1/3 - \alpha/4) + a(1-\alpha)} \tag{3-41b}$$

对于公式（3-41b），当 $\alpha \geqslant \dfrac{b/3+a}{b/4+a}$，屈曲稳定系数 k 趋近于无穷大并转化为负值，也就是说在这个范围内，对于畸变屈曲不可能发生，仅发生局部屈曲。

为此，对于边缘加劲板件的屈曲稳定系数可采用下列方法进行计算，把泊松比 $\nu=0.3$ 以及 π 代入式（3-41），并考虑局部屈曲稳定系数，不考虑腹板相关作用。

当最大应力作用于卷边侧：

$$k = \min\left\{2\alpha^3 + 2\alpha + 4, \ \frac{b\left[(b/\lambda)^2/3 + 0.142\right] + 10.92I(b/\lambda)^2/t^3}{b(1/3 - \alpha/12) + a}\right\} \qquad (3\text{-}42a)$$

当最大应力作用于腹板侧：

$$k = \begin{cases} \min\left\{2\alpha^3 + 2\alpha + 4, \ \dfrac{b\left[(b/\lambda)^2/3 + 0.142\right] + 10.92I(b/\lambda)^2/t^3}{b(1/3 - \alpha/4) + a(1-\alpha)}\right\} & \alpha < \dfrac{b/3+a}{b/4+a} \\[4mm] 2\alpha^3 + 2\alpha + 4 & \alpha \geqslant \dfrac{b/3+a}{b/4+a} \end{cases}$$

$$(3\text{-}42b)$$

在计算中需注意公式中的半波长应取畸变屈曲半波长和构件计算长度的最小值。

3.5　小结

本章首先采用局部和畸变屈曲混合变形函数利用能量法分析了冷弯薄壁型钢开口截面构件中的边缘加劲板件的屈曲应力，有限条和有限元分析表明该能量法具有较高的精度。通过对比分析，表明对于边缘加劲板件局部和畸变屈曲可以采用各自的变形函数分别分析，为此采用畸变屈曲变形函数对畸变屈曲应力和半波长进行了推导分析，考虑了板件上的应力不均匀分布，得到了边缘加劲板件畸变屈曲简化计算公式，建立了局部和畸变屈曲统一屈曲稳定系数计算方法。同时通过拟合分析，给出了腹板在不同受力情况下对于边缘加劲板件的约束刚度计算的简化公式。

4 冷弯薄壁型钢开口截面构件畸变屈曲非线性分析

4.1 概述

冷弯开口截面构件畸变屈曲主要是由于卷边和翼缘组成的边缘加劲板件绕翼缘腹板的交线发生转动，边缘加劲板件的受力性能较好地反映了开口截面构件畸变屈曲的受力性能。由上章分析可以看出，对于边缘加劲板件的屈曲分析，可以分为两个部分，即波长较短的局部屈曲和波长较长的畸变屈曲，因此对其分析完全可以分成两部分来分别考虑。对于局部屈曲的分析已经相当成熟，本章主要针对畸变屈曲进行非线性分析。非线性主要包括材料非线性和几何非线性，本章先从理论分析入手分别考虑材料和几何非线性，然后按照目前通用的冷弯薄壁型钢截面构件非线性分析方法分别考虑材料和几何非线性，并与有限元分析进行对比分析，验证本书分析理论的正确性，同时验证采用局部屈曲的有效宽度法计算畸变屈曲强度时的可行性，然后在大量参数分析的基础上，提出边缘加劲板件发生畸变屈曲的有效宽度法计算方法。比较建议的边缘加劲板件强度计算的有效宽度法公式和现有规范的计算方法，给出与现有规范计算体系相一致的有效宽度法计算公式。

对于材料非线性和几何非线性对于冷弯薄壁型钢板件强度的影响可以从图4-1的板件屈曲应力与板件相对宽厚比的对比示意图中得到比较直观的理解。

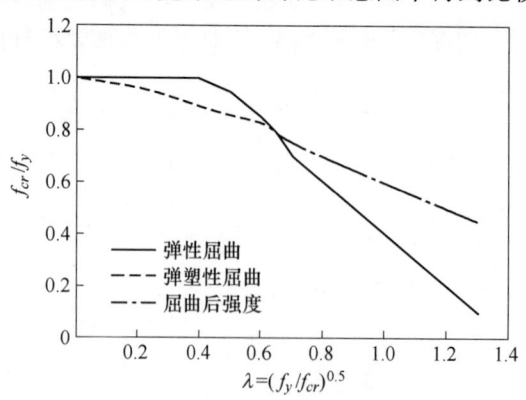

图 4-1　板件屈曲应力与板件相对宽厚比的对比示意曲线

从图 4-1 可以看到：第 3 章计算所得板件弹性畸变屈曲应力如图中实线所示，考虑到材料的屈服强度，在板件宽厚比较小时有一段水平段，代表板件进行塑性；如果考虑材料的弹塑性性能对其屈曲应力的影响，则在弹塑性阶段的屈曲应力应如图中短虚线所示，屈曲应力在弹塑性阶段有所下降；如果考虑几何非线性对于板件屈曲应力的影响，则为板件的屈曲后强度，为图中点划线所示，其屈曲应力相对弹性屈曲应力有所提高。冷弯薄壁型钢畸变屈曲强度的非线性分析需要考虑材料非线性和几何非线性对于板件畸变屈曲强度的影响。

4.2 边缘加劲板件弹塑性屈曲

4.2.1 边缘加劲板件弹塑性屈曲应力计算公式

对于不太宽的板，当按照弹性屈曲的计算公式得到的屈曲应力超过材料的比例极限时，板将在弹塑性阶段屈曲。而钢材的应力-应变曲线可以划分为四个阶段，弹性阶段、弹塑性阶段、塑性阶段和强化阶段，在弹塑性阶段，应力变化范围不大，但切线模量变动较大，为此需考虑钢材弹塑性阶段对于屈曲荷载的影响，比较弹塑性屈曲荷载与弹性屈曲荷载的差别。由于弹塑性阶段屈曲的理论分析非常复杂，为此采用近似方法进行分析，并首先对于均布轴压的边缘加劲板件进行分析。如果引进参数 $\alpha_x = \sigma_x/\sigma_i$、$\alpha_y = \sigma_y/\sigma_i$、$\alpha_{xy} = \tau_{xy}/\sigma_i$ 以及系数 $\eta_s = 0.75(1 - E_t/E_s)$，单位宽度板的塑性抗弯刚度取 $D_s = E_s t^3/9$，其中 E_t、E_s 分别为切线和割线模量。根据板微小挠曲后的平衡条件可以得到板的平衡偏微分方程为式（4-1）[105]：

$$(1 - \eta_s\alpha_x^2)\frac{\partial^4 w}{\partial x^4} + 2[1 - \eta_s(\alpha_x\alpha_y + 2\alpha_{xy}^2)]\frac{\partial^4 w}{\partial x^2\partial y^2} + (1 - \eta_s\alpha_y^2)\frac{\partial^4 w}{\partial y^4} - 4\eta_s\alpha_{xy}$$

$$\left(\alpha_x\frac{\partial^4 w}{\partial x^3\partial y} + \alpha_y\frac{\partial^4 w}{\partial x\partial y^3}\right) - \frac{t\sigma_i}{D_s}\left(\alpha_x\frac{\partial^2 w}{\partial x^2} + 2\alpha_x\alpha_y\frac{\partial^2 w}{\partial x\partial y} + \alpha_y\frac{\partial^2 w}{\partial y^2}\right) = 0 \qquad (4-1)$$

对于单向均匀受压的四边简支板，$\sigma_i = \sigma_x = -p_x/t$、$p_y = 0$、$p_{xy} = 0$、$\sigma_y = 0$、$\tau_y = 0$，这样就可得到 $\alpha_x = 1$、$\alpha_y = 0$、$\alpha_{xy} = 0$，式（4-1）可化简为式（4-2）：

$$D_s\left[(1 - \eta_s)\frac{\partial^4 w}{\partial x^4} + 2\frac{\partial^4 w}{\partial x^2\partial y^2} + \frac{\partial^4 w}{\partial y^4}\right] + p_x\frac{\partial^2 w}{\partial x^2} = 0 \qquad (4-2)$$

利用上式求解弹塑性屈曲荷载需要反复迭代和试算，非常费事。为此需寻求更为简单的简化方法，F. 柏拉希[105]首先建议将弹塑性板看做是双向正交异性板，在弹性板的平衡方程中引进与比值 $\tau = E_t/E$ 有关的弹性模量折减系数，假定板在主要受力方向抗弯刚度按照 τ 折减，而在非加载方向抗弯刚度不折减，而对于主方向对于次方向的抗扭刚度按照 $\sqrt{\tau}$ 折减，这样板的弹塑性屈曲微分方程可由弹性板的微分方程改写为式（4-3）：

$$D\left(\tau \frac{\partial^4 w}{\partial x^4} + 2\sqrt{\tau}\, \frac{\partial^4 w}{\partial x^2 \partial y^2} + \frac{\partial^4 w}{\partial y^4}\right) + p_x \frac{\partial^2 w}{\partial x^2} = 0 \tag{4-3}$$

对于畸变屈曲，仍取变形函数为式（4-4）：

$$w = f_y \cos \frac{m\pi x}{\lambda} \tag{4-4}$$

这样沿板的厚度方向形成的力矩和扭矩为式（4-5）~式（4-7）：

$$M_x = - D\left(\tau \frac{\partial^2 w}{\partial x^2} + \nu\sqrt{\tau}\, \frac{\partial^2 w}{\partial y^2}\right) \tag{4-5}$$

$$M_y = - D\left(\nu\sqrt{\tau}\, \frac{\partial^2 w}{\partial x^2} + \frac{\partial^2 w}{\partial y^2}\right) \tag{4-6}$$

$$M_{xy} = - M_{yx} = D\sqrt{\tau}\,(1 - \nu)\, \frac{\partial^2 w}{\partial x \partial y} \tag{4-7}$$

那么可以得到板微弯时的应变能表达式为式（4-8）：

$$U = \frac{1}{2} \int_{-\lambda/2}^{\lambda/2} \int_0^b \left(M_x \frac{\partial^2 w}{\partial x^2} + M_y \frac{\partial^2 w}{\partial y^2} + 2M_{xy} \frac{\partial^2 w}{\partial x \partial y}\right) \mathrm{d}y \mathrm{d}x$$

$$= \frac{D}{2} \int_{-\lambda/2}^{\lambda/2} \int_0^b \left\{\left(\sqrt{\tau}\, \frac{\partial^2 w}{\partial x^2} + \frac{\partial^2 w}{\partial y^2}\right)^2 - 2(1 - \nu)\,\sqrt{\tau} \left[\frac{\partial^2 w}{\partial x^2} \times \frac{\partial^2 w}{\partial y^2} - \left(\frac{\partial^2 w}{\partial x \partial y}\right)^2\right]\right\} \mathrm{d}y \mathrm{d}x \tag{4-8}$$

把变形函数式（4-4）代入式（4-8），可得到翼缘弯曲应变能式（4-9）：

$$U_f = \frac{Db\lambda f^2}{4}\left(\frac{\pi}{\lambda}\right)^2 \left[\tau\left(\frac{\pi}{\lambda}\right)^2 b^2/3 + 2(1 - \nu)\,\sqrt{\tau}\right] \tag{4-9}$$

卷边的弯曲应变能按式（4-10）计算：

$$U_{lip} = \frac{EI}{2} \int_{-\lambda/2}^{\lambda/2} \left(\sqrt{\tau}\, \frac{\partial^2 w}{\partial x^2}\right)_{y=b}^2 \mathrm{d}x \tag{4-10}$$

把变形函数式（4-4）代入式（4-10），可得到卷边弯曲应变能为式（4-11）：

$$U_{lip} = \frac{EI}{4} f^2 b^2 \left(\frac{\pi}{\lambda}\right)^4 \lambda\tau \tag{4-11}$$

腹板的扭转应变能按式（4-12）计算：

$$U_w = \frac{k_\phi}{2} \int_{-\lambda/2}^{\lambda/2} \left(\frac{\partial w}{\partial x}\right)_{y=0}^2 \mathrm{d}x \tag{4-12}$$

把变形函数式（4-4）代入式（4-10），得到腹板的扭转应变能为式（4-13）：

$$U_w = \frac{k_\phi}{4} f^2 \lambda \tag{4-13}$$

翼缘的外力势能按式（4-14）计算：

$$V_f = -\frac{1}{2}\int_{-\lambda/2}^{\lambda/2}\int_0^b \sigma_x \left(\frac{\partial w}{\partial x}\right)^2 t\,\mathrm{d}y\mathrm{d}x = -\frac{1}{2}\int_{-\lambda/2}^{\lambda/2}\int_0^b \sigma_x \left(\frac{\partial w}{\partial x}\right)^2 t\,\mathrm{d}y\mathrm{d}x \qquad (4\text{-}14)$$

把变形函数式(4-4)代入式(4-14)，得到翼缘外力势能为式(4-15)：

$$V_f = -\frac{1}{12}f^2 b^3 t\lambda\left(\frac{\pi}{\lambda}\right)^2 \sigma_x \qquad (4\text{-}15)$$

卷边的外力势能按式(4-16)计算：

$$V_{lip} = -\frac{1}{2}at\int_{-\lambda/2}^{\lambda/2}\sigma_x\left(\frac{\partial w}{\partial x}\right)_{y=b}^2 \mathrm{d}x = -\frac{1}{2}at\int_{-\lambda/2}^{\lambda/2}\sigma_x\left(\frac{\partial w}{\partial x}\right)_{y=b}^2 \mathrm{d}x \qquad (4\text{-}16)$$

把变形函数式(4-4)代入式(4-16)，得到卷边外力势能为式(4-17)：

$$V_{lip} = -\frac{1}{4}atf^2 b^2 \lambda\left(\frac{\pi}{\lambda}\right)^2 \sigma_x \qquad (4\text{-}17)$$

则边缘加劲板件的总势能为式(4-18)：

$$\Pi = V_{lip} + V_f + U_f + U_{lip} + U_w \qquad (4\text{-}18)$$

把式(4-9)、式(4-11)、式(4-13)、式(4-15)以及式(4-17)代入式(4-18)化简，并令 $\frac{\partial \Pi}{\partial f} = 0$ 得到边缘加劲板件的畸变屈曲应力，如式(4-19)所示。

$$\sigma_x = \frac{k_\phi/(\pi/\lambda)^2 + Db[\tau(\pi b/\lambda)^2/3 + 2\sqrt{\tau}(1-\nu)] + EI\tau(\pi b/\lambda)^2}{tb^3/3 + atb^2} \qquad (4\text{-}19)$$

对于非均布受压板件，沿纵向应力发生变化，无法得到解析解，只能通过数值法求解，为简化起见可以采用和均布压力作用下同样的折减方法进行保守计算，其畸变屈曲应力对于最大应力分别作用于腹板侧和卷边侧计算公式分别为式(4-20)和式(4-21)。

$$\sigma_w = \frac{k_\phi/(\pi/\lambda)^2 + Db[\tau(\pi b/\lambda)^2/3 + 2\sqrt{\tau}(1-\nu)] + EI\tau(\pi b/\lambda)^2}{tb^3(1/3 - \alpha/4) + atb^2(1-\alpha)} \qquad (4\text{-}20)$$

$$\sigma_{lip} = \frac{k_\phi/(\pi/\lambda)^2 + Db[\tau(\pi b/\lambda)^2/3 + 2\sqrt{\tau}(1-\nu)] + EI\tau(\pi b/\lambda)^2}{tb^3(1/3 - \alpha/12) + atb^2} \qquad (4\text{-}21)$$

对于切线模量，可参照 Bleich 建议的切线模量公式(4-22)进行计算：

$$E_t = \frac{\sigma(\sigma_y - \sigma)E}{\sigma_p(\sigma_y - \sigma_p)} \qquad (4\text{-}22)$$

式中，σ_y、σ、σ_p 分别为钢材的屈服应力、计算应力和比例极限。

4.2.2 边缘加劲板件弹塑性屈曲应力

4.2.2.1 轴压构件弹塑性屈曲应力

选取翼缘宽厚比为40，即宽度40mm、厚度1mm的卷边槽形截面构件分析边缘加劲板件的弹塑性屈曲应力。不考虑腹板对于边缘加劲板件屈曲应力的影响，仅考虑其对于畸变屈曲半波长的影响。腹板高度从 40～200mm 变化，卷边从 0～16mm 变化，即 $b/t=40$，$a/b=0\sim0.4$，$h/b=1\sim5$，钢材取 Q235 钢材，屈服强度 f_y 为 235MPa，而比例极限取 $0.8f_y$。计算得到弹塑性屈曲应力值及对比见表4-1 和图4-2，图4-2 中的 E 和 P 分别代表理想弹塑性和本文弹塑性屈曲应力与屈服强度的比值，其中，表4-1 粗线包括所示的屈曲应力处于比例极限与屈服强度之间，对于弹性屈曲应力超过屈服强度的结果表中没有列出。

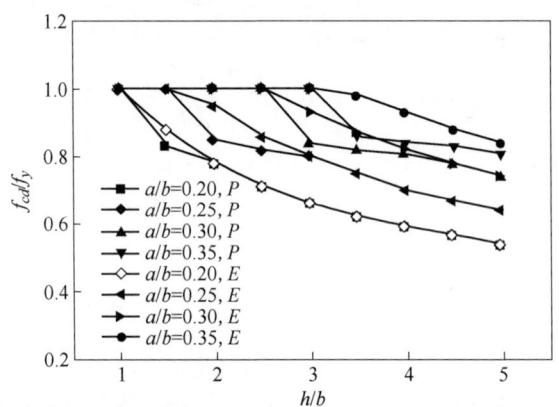

图4-2 轴压构件弹塑性屈曲应力对比

表4-1 轴压构件弹性和弹塑性屈曲应力对比

性能	h	$a=0$	$a=2$	$a=4$	$a=6$	$a=8$	$a=10$	$a=12$	$a=14$	$a=16$
	40	107.28	105.51	141.03	192.20					
	60	96.68	94.05	122.14	163.20	207.67				
	80	90.36	87.22	110.88	145.91	183.99	222.51			
	100	86.05	82.56	103.20	134.11	167.83	202.01			
弹性	120	82.87	79.12	97.53	125.40	155.91	186.87	217.48		
	140	80.39	76.44	93.12	118.63	146.64	175.11	203.28	230.81	
	160	78.40	74.29	89.56	113.18	139.17	165.63	191.83	217.46	
	180	76.75	72.50	86.62	108.66	132.98	157.77	182.35	206.41	229.81
	200	75.35	70.99	84.13	104.83	127.74	151.13	174.33	197.05	219.17
	40	107.28	105.51	141.03	189.64					
弹塑性	60	96.68	94.05	122.14	163.20	195.04				
	80	90.36	87.22	110.88	145.91	183.99	199.41			
	100	86.05	82.56	103.20	134.11	167.83	193.17			

性能	h	$a=0$	$a=2$	$a=4$	$a=6$	$a=8$	$a=10$	$a=12$	$a=14$	$a=16$
弹塑性	120	82.87	79.12	97.53	125.40	155.91	186.87	198.01		
	140	80.39	76.44	93.12	118.63	146.64	175.11	193.60	201.57	
	160	78.40	74.29	89.56	113.18	139.17	165.63	189.50	198.00	
	180	76.75	72.50	86.62	108.66	132.98	157.77	182.35	194.63	201.32
	200	75.35	70.99	84.13	104.83	127.74	151.13	174.33	191.44	198.49
弹塑性/弹性	40	1.00	1.00	1.00	0.99					
	60	1.00	1.00	1.00	1.00	0.94				
	80	1.00	1.00	1.00	1.00	1.00	0.90			
	100	1.00	1.00	1.00	1.00	1.00	0.96			
	120	1.00	1.00	1.00	1.00	1.00	1.00	0.91		
	140	1.00	1.00	1.00	1.00	1.00	1.00	0.95	0.87	
	160	1.00	1.00	1.00	1.00	1.00	1.00	0.99	0.91	
	180	1.00	1.00	1.00	1.00	1.00	1.00	1.00	0.94	0.88
	200	1.00	1.00	1.00	1.00	1.00	1.00	1.00	0.97	0.91

由表 4-1 和图 4-2 可以看出，对于轴压构件，当构件的弹性畸变屈曲应力超过钢材的比例极限后，构件在弹塑性阶段屈曲，此时其弹塑性屈曲应力小于弹性屈曲应力。考虑到材料的屈服强度，在比例极限与屈服强度之间的弹塑性屈曲应力与理想弹塑性屈曲应力之间相差幅度不大，均在 10% 以内，如表 4-1 中粗线所包括范围内应力值。

4.2.2.2 强轴受弯构件弹塑性屈曲应力

选取翼缘宽厚比为 50，即宽度 50mm、厚度 1mm 的卷边槽形截面构件分析边缘加劲板件的弹塑性屈曲应力。不考虑腹板对于边缘加劲板件屈曲应力的影响，仅考虑其对于畸变屈曲半波长的影响。腹板高度从 50~250mm 变化，卷边从 0~20mm 变化，即 $b/t=50$，$a/b=0~0.4$，$h/b=1~5$，腹板压应力不均匀系数为 2，钢材取 Q235 钢材，屈服强度 f_y 为 235MPa，而比例极限取 $0.8f_y$。计算得到弹塑性屈曲应力值及对比见表 4-2 和图 4-3，图 4-3 中的 E 和 P 分别代表理想弹塑性和本文弹塑性屈曲应力与屈服强度的比值，其中，表 4-2 粗线包括所示的屈曲应力处于比例极限与屈服强度之间，对于弹性屈曲应力超过屈服强度的结果表中没有列出。

表 4-2　受弯构件弹性与弹塑性屈曲应力对比

性能	h	a=0	a=2.5	a=5	a=7.5	a=10	a=12.5	a=15	a=17.5
弹性	50	83.97	89.44	136.87	198.61				
	75	74.38	78.09	116.23	166.18	218.74			
	100	68.66	71.32	103.92	146.84	192.08			
	125	64.76	66.70	95.53	133.65	173.90	214.13		
	150	61.88	63.29	89.33	123.91	160.47	197.05	232.91	
	175	59.64	60.64	84.51	116.34	150.04	183.78	216.87	
	200	57.83	58.50	80.63	110.23	141.63	173.08	203.94	
	225	56.34	56.73	77.41	105.18	134.66	164.22	193.23	221.46
	250	55.07	55.23	74.69	100.90	128.77	156.72	184.17	210.88
弹塑性	50	83.97	89.44	136.87	191.99				
	75	74.38	78.09	116.23	166.18	198.37			
	100	68.66	71.32	103.92	146.84	189.60			
	125	64.76	66.70	95.53	133.65	173.90	197.03		
	150	61.88	63.29	89.33	123.91	160.47	191.44	202.08	
	175	59.64	60.64	84.51	116.34	150.04	183.78	197.83	
	200	57.83	58.50	80.63	110.23	141.63	173.08	193.82	202.34
	225	56.34	56.73	77.41	105.18	134.66	164.22	190.03	199.12
	250	55.07	55.23	74.69	100.90	128.77	156.72	184.17	196.05
弹性/弹塑性	50	1.00	1.00	1.00	0.99				
	75	1.00	1.00	1.00	1.00	0.94			
	100	1.00	1.00	1.00	1.00	1.00			
	125	1.00	1.00	1.00	1.00	1.00	0.96		
	150	1.00	1.00	1.00	1.00	1.00	1.00	0.91	
	175	1.00	1.00	1.00	1.00	1.00	1.00	0.95	
	200	1.00	1.00	1.00	1.00	1.00	1.00	0.99	0.91
	225	1.00	1.00	1.00	1.00	1.00	1.00	1.00	0.94
	250	1.00	1.00	1.00	1.00	1.00	1.00	1.00	0.97

　　由表 4-2 和图 4-3 可以看出，对于受弯构件，当构件的弹性畸变屈曲应力超过钢材的比例极限后，构件在弹塑性阶段屈曲，此时其弹塑性屈曲应力小于弹性屈曲应力。考虑到材料的屈服强度，在比例极限与屈服强度之间的弹塑性屈曲应力与理想弹塑性屈曲应力之间相差幅度不大，均在 10% 以内，如表 4-2 中粗线所包括范围内应力值。

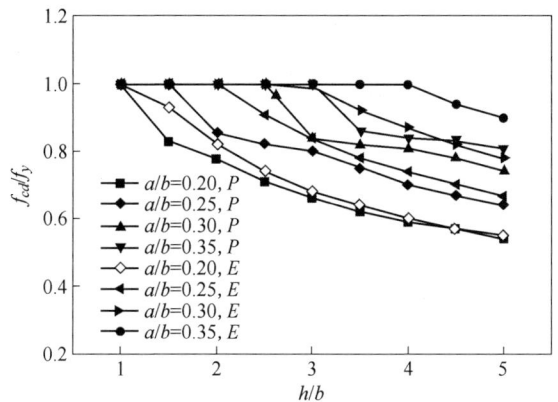

图 4-3 受弯构件弹塑性屈曲应力对比

4.2.2.3 弱轴偏压构件弹塑性屈曲应力

选取翼缘宽厚比为 50，即宽度 50mm、厚度 1mm 的卷边槽形截面构件分析边缘加劲板件的弹塑性屈曲应力。不考虑腹板对于边缘加劲板件屈曲应力的影响，仅考虑其对于畸变屈曲半波长的影响。腹板高度从 50~250mm 变化，卷边从 0~20mm 变化，即 $b/t = 50$，$a/b = 0 \sim 0.4$，$h/b = 1 \sim 5$，翼缘压应力不均匀系数为 1，最大应力作用于卷边侧，钢材取 Q235 钢材，屈服强度 f_y 为 235MPa，而比例极限取 $0.8f_y$。计算得到弹塑性屈曲应力值及对比见表 4-3 和图 4-4，图 4-4 中的 E 和 P 分别代表理想弹塑性和本文弹塑性屈曲应力与屈服强度的比值，其中，表 4-3 粗线包括所示的屈曲应力处于比例极限与屈服强度之间，对于弹性屈曲应力超过屈服强度的结果表中没有列出。

表 4-3 弱轴偏压构件弹性与弹塑性屈曲应力对比

性能	h	$a=0$	$a=2.5$	$a=5$	$a=7.5$	$a=10$	$a=12.5$	$a=15$	$a=17.5$	$a=20$
弹 性	50	91.55	91.13	128.67	177.43	227.66				
	75	82.50	80.87	110.59	149.72	190.19	229.89			
	100	77.11	74.75	99.82	133.20	167.85	201.93	234.84		
	125	73.43	70.58	92.47	121.93	152.61	182.84	212.08		
	150	70.71	67.50	87.04	113.60	141.36	168.75	195.27	220.78	
	175	68.60	65.10	82.83	107.14	132.61	157.80	182.21	205.71	228.27
	200	66.90	63.17	79.43	101.92	125.57	148.97	171.68	193.56	214.58
	225	65.49	61.57	76.61	97.60	119.73	141.66	162.96	183.50	203.24
	250	64.30	60.22	74.23	93.95	114.79	135.47	155.59	174.99	193.64

续表 4-3

性能	h	$a=0$	$a=2.5$	$a=5$	$a=7.5$	$a=10$	$a=12.5$	$a=15$	$a=17.5$	$a=20$
弹塑性	50	91.55	91.13	128.67	177.43	200.77				
	75	82.50	80.87	110.59	149.72	188.86	201.34			
	100	77.11	74.75	99.82	133.20	167.85	193.14	202.55		
	125	73.43	70.58	92.47	121.93	152.61	182.84	196.41		
	150	70.71	67.50	87.04	113.60	141.36	168.75	190.79	198.94	
	175	68.60	65.10	82.83	107.14	132.61	157.80	182.21	194.41	200.93
	200	66.90	63.17	79.43	101.92	125.57	148.97	171.68	190.15	197.16
	225	65.49	61.57	76.61	97.60	119.73	141.66	162.96	183.50	193.59
	250	64.30	60.22	74.23	93.95	114.79	135.47	155.59	174.99	190.18
弹塑性/弹性	50	1.00	1.00	1.00	1.00	0.88				
	75	1.00	1.00	1.00	1.00	0.99	0.88			
	100	1.00	1.00	1.00	1.00	1.00	0.96	0.86		
	125	1.00	1.00	1.00	1.00	1.00	1.00	0.93		
	150	1.00	1.00	1.00	1.00	1.00	1.00	0.98	0.90	
	175	1.00	1.00	1.00	1.00	1.00	1.00	1.00	0.95	0.88
	200	1.00	1.00	1.00	1.00	1.00	1.00	1.00	0.98	0.92
	225	1.00	1.00	1.00	1.00	1.00	1.00	1.00	1.00	0.95
	250	1.00	1.00	1.00	1.00	1.00	1.00	1.00	1.00	0.98

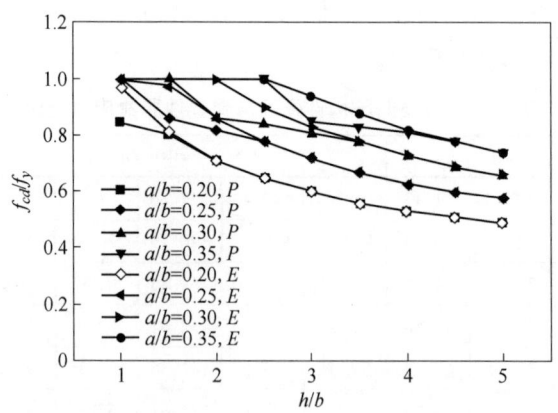

图 4-4 偏向卷边偏压构件弹塑性屈曲应力对比

由表 4-3 和图 4-4 可以看出，对于偏向卷边的偏压构件，当构件的弹性畸变屈曲应力超过钢材的比例极限后，构件在弹塑性阶段屈曲，此时其弹塑性屈曲应力小于弹性屈曲应力。考虑到材料的屈服强度，在比例极限与屈服强度之间的弹塑性屈曲应力与理想弹塑性屈曲应力之间相差幅度不大，均在 10%以内，如表 4-3中粗线所包括范围内应力值。

　　综上所述，当构件的弹性畸变屈曲应力超过钢材的比例极限后，构件在弹塑性阶段屈曲，此时其弹塑性屈曲应力小于弹性屈曲应力。考虑到材料的屈服强度，在比例极限与屈服强度之间的弹塑性屈曲应力与理想弹塑性屈曲应力之间相差幅度不大，均在 10%以内，同时从上述分析也可以看出，对于冷弯薄壁型钢构件畸变屈曲应力达到屈服应力 235MPa 的截面形式也较少，若钢材屈服强度为345MPa 或 550MPa，则超过屈服应力的截面形式更少了，那么在进行畸变屈曲应力的计算中，可以近似采用理想弹塑性屈曲应力代替一般弹塑性屈曲应力进行分析计算，即采用边缘屈服准则。上述的弹塑性屈曲应力的近似简化方法能够较为直观、简洁地计算边缘加劲板件的弹塑性屈曲应力。

4.2.3　边缘加劲板件弹塑性屈曲承载力有限元分析

　　从上节可以看出，当边缘加劲板件的屈曲应力超过钢材的比例极限后，构件在弹塑性阶段屈曲，此时可采用弹塑性方法进行分析，钢材弹塑性对于边缘加劲板件的屈曲应力有一定的影响，但影响不大，那么材料的弹塑性对于边缘加劲板件的极限强度是否也有一定的影响呢，下面采用 ANSYS 有限元程序对材料弹塑性对于构件极限承载力的影响进行分析。

　　边缘加劲板件极限承载力分析的有限元模型、边界约束及加载如图 4-5 所示，理想弹塑性和考虑弹塑性的三线性材料应力-应变关系对比如图 4-6 所示，

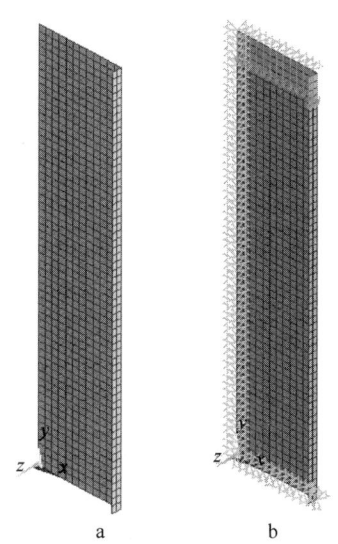

图 4-5　有限元分析模型（一）

a—边缘加劲板件网格划分；b—边缘加劲板件边界约束和加载

对于边缘加劲板件的理想弹塑性和三线性本构关系得到的构件极限承载力对比见表4-4，表中 b、a、t、L、W_0、f_y、P_{an}、P_{ao} 分别为边缘加劲板件的翼缘宽度、卷边宽度、板件厚度、构件长度、初始缺陷、屈服强度以及理想弹塑性和三线性本构关系的有限元分析极限承载力，同时对于翼缘宽厚比 $b/t = 60$ 和 40、卷边翼缘宽度比 $a/b = 0.2$、屈服强度为 550MPa 的构件压缩位移-承载力曲线对比如图4-7所示。

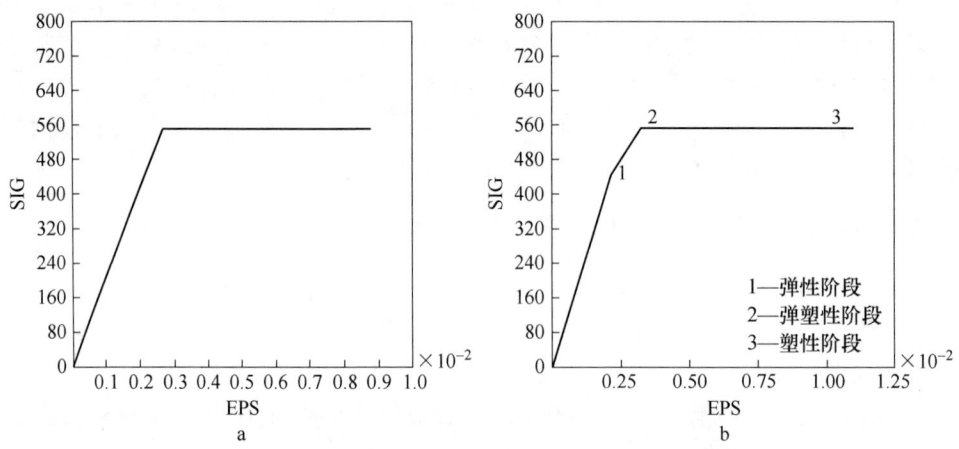

图 4-6　有限元分析模型（二）

a—理想弹塑性应力-应变关系；b—三线性应力-应变关系

表 4-4　理想弹塑性和三线性本构关系的构件有限元极限承载力对比

b/mm	a/mm	t/mm	L/mm	W_0/mm	f_y/MPa	P_{an}/N	P_{ao}/N	P_{an}/P_{ao}
60	6	1	300	0.6	235	6991	6765	1.033
60	6	1	300	0.6	550	12899	12666	1.018
60	6	1	600	1.2	235	5979	5884	1.016
60	6	1	600	1.2	550	11237	10977	1.024
60	12	1	600	1.2	235	7161	6820	1.050
60	12	1	600	1.2	550	12499	11891	1.051
40	4	1	200	0.4	235	5284	5190	1.018
40	4	1	200	0.4	550	9924	9695	1.024
40	8	1	200	0.4	235	7747	7350	1.054
40	8	1	200	0.4	550	12026	11849	1.015
40	4	1	400	0.8	235	4944	4789	1.032
40	4	1	400	0.8	550	8979	8908	1.008
40	8	1	400	0.8	235	5010	4780	1.048

续表4-4

b/mm	a/mm	t/mm	L/mm	W_0/mm	f_y/MPa	P_{an}/N	P_{ao}/N	P_{an}/P_{ao}
40	8	1	400	0.8	550	8569	8452	1.014
均　值								1.0290
方　差								0.0159
变异系数								0.0154

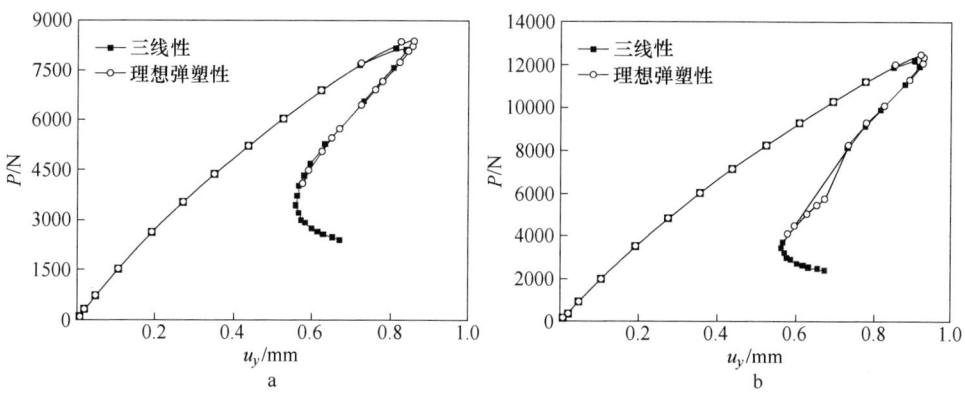

图4-7 理想弹塑性和三线性本构关系的极限承载力对比

$a—b/t=40$; $b—b/t=60$

从表4-4和图4-7可以看出,对于考虑比例极限后的弹塑性的三线性本构关系计算的极限承载力与理想弹塑性本构关系计算的极限承载力相差很小,最大不超过5%,均值只有1.029,也就是采用理想弹塑性本构关系代替超过比例极限考虑弹塑性本构关系,构件极限强度误差可以忽略。

从本节分析可以看出,考虑比例极限后的弹塑性对于边缘加劲板件的屈曲应力有一定的影响,但影响不大,对于考虑初始缺陷的构件极限承载力的影响更小,在分析中可以忽略,这与作者在文献[65]中的结论类似。为此,采用边缘屈服准则计算冷弯薄壁型钢构件边缘加劲板件的畸变屈曲强度是完全可行的。

4.3 边缘加劲板件畸变屈曲的屈曲后强度

4.3.1 边缘加劲板件大挠度屈曲后强度

对于冷弯薄壁型钢,由于板件宽厚比较大,板件屈曲后由于薄膜应力的存在并不发生破坏,而能够继续承载,即有屈曲后强度,冷弯薄壁型钢构件的承载力利用这个屈曲后强度,同时冷弯薄壁型钢由于板件较薄,在加工和运输的过程中会产生不同程度的初始缺陷,为此本节对于卷边槽形截面构件的边缘加劲板件考虑初始缺陷的屈曲后强度进行分析。

对于边缘加劲板件的弹性屈曲分析可采用同第 3 章一样的基本假定[104]：（1）视卷边为弹性支承梁，且忽略卷边对翼缘的嵌固作用；（2）板件周边剪应力为零，非加载边正应力为零。

由基本假定（2）可得到下列应力边界条件为：

$$\tau_{xy}\big|_{x=\pm\lambda/2} = -\frac{\partial^2 F}{\partial x \partial y}\bigg|_{x=\pm\lambda/2} = 0 \tag{4-23}$$

$$\tau_{xy}\big|_{y=0} = -\frac{\partial^2 F}{\partial x \partial y}\bigg|_{y=0} = 0 \tag{4-24}$$

$$\tau_{xy}\big|_{y=b} = -\frac{\partial^2 F}{\partial x \partial y}\bigg|_{y=b} = 0 \tag{4-25}$$

$$\sigma_y\big|_{y=0} = -\frac{\partial F^2}{\partial x^2}\bigg|_{y=0} = 0 \tag{4-26}$$

$$\sigma_y\big|_{y=b} = -\frac{\partial F^2}{\partial x^2}\bigg|_{y=b} = 0 \tag{4-27}$$

对于具有初弯曲板，由大挠度理论得到的基本微分方程组为平衡方程(4-28)和协调方程(4-29)：

$$\frac{\partial^4 w}{\partial x^4} + 2\frac{\partial^4 w}{\partial x^2 \partial y^2} + \frac{\partial^4 w}{\partial y^4} = \frac{t}{D}\left[\frac{\partial^2 F}{\partial y^2}\frac{\partial^2(w+w_0)}{\partial x^2} + \frac{\partial^2 F}{\partial x^2}\frac{\partial^2(w+w_0)}{\partial y^2} - 2\frac{\partial^2 F}{\partial x \partial y}\frac{\partial^2(w+w_0)}{\partial x \partial y}\right] \tag{4-28}$$

$$\frac{\partial^4 F}{\partial x^4} + 2\frac{\partial^4 F}{\partial x^2 \partial y^2} + \frac{\partial^4 F}{\partial y^4} = E\left\{\left[\frac{\partial^2(w+w_0)}{\partial x \partial y}\right]^2 - \frac{\partial^2(w+w_0)}{\partial x^2}\frac{\partial^2(w+w_0)}{\partial y^2} - \left[\left(\frac{\partial^2 w_0}{\partial x \partial y}\right)^2 - \frac{\partial^2 w_0}{\partial x^2}\frac{\partial^2 w_0}{\partial y^2}\right]\right\} \tag{4-29}$$

对于发生畸变屈曲的边缘加劲板件，其计算简图仍取第 3 章图 3-1，变形函数取畸变屈曲变形函数式（4-30）：

$$w = fy\cos\frac{\pi x}{\lambda} \tag{4-30}$$

边缘加劲板件畸变屈曲的初始变形函数取式（4-31）：

$$w = \beta y\cos\frac{\pi x}{\lambda} \tag{4-31}$$

把变形函数和初始变形函数代入变形协调方程得：

$$\frac{\partial^4 F}{\partial x^4} + 2\frac{\partial^4 F}{\partial x^2 \partial y^2} + \frac{\partial^4 F}{\partial y^4} = Ef(f+2\beta)(\pi/\lambda)^2\sin^2(\pi x/\lambda) \tag{4-32a}$$

化简得：

$$\frac{\partial^4 F}{\partial x^4} + 2\frac{\partial^4 F}{\partial x^2 \partial y^2} + \frac{\partial^4 F}{\partial y^4} = \frac{E}{2}(f+2\beta)(\pi/\lambda)^2 f - \frac{E}{2}(f+2\beta)(\pi/\lambda)^2 f\cos(2\pi x/\lambda)$$

(4-32b)

式（4-32b）的解为：

$$F(y) = F_1(y) - F_2(y)\cos(2\pi x/\lambda)$$ (4-33)

把式（4-33）代入协调方程式（4-32b）得：

$$F_1^{(4)}(y) - \left[F_2^{(4)}(y) - 2\left(\frac{2\pi}{\lambda}\right)^2 F_2^{(2)}(y) + F_2(y)\left(\frac{2\pi}{\lambda}\right)^4\right]\cos(2\pi x/\lambda)$$

$$= \frac{E}{2}(f+2\beta)(\pi/\lambda)^2 f - \frac{E}{2}(f+2\beta)(\pi/\lambda)^2 f\cos(2\pi x/\lambda)$$ (4-34)

比较等式（4-34）等号两边，可得到式（4-35）和式（4-36）：

$$F_1^{(4)}(y) = \frac{E}{2}(f+2\beta)(\pi/\lambda)^2 f$$ (4-35)

$$F_2^{(4)}(y) - 2\left(\frac{2\pi}{\lambda}\right)^2 F_2^{(2)}(y) + F_2(y)\left(\frac{2\pi}{\lambda}\right)^4 = \frac{E}{2}(f+2\beta)(\pi/\lambda)^2 f$$ (4-36)

对式（4-35）积分两次，可得到 $F_1(y)$ 的二阶导数为式（4-37），由于后面的计算只需要用到 $F_1(y)$ 的二阶导数，不需要求出 $F_1(y)$ 的表达式，因此仅给出二阶导数的形式。

$$F_1''(y) = E(f+2\beta)(\pi/\lambda)^2 fy^2/4 + B_1 y + B_2$$ (4-37)

式（4-37）中积分常数 B_1、B_2 可由板件端部中面的位移条件确定，显然端部剪应力条件式（4-23）自然满足。

在加载边的中面位移为式（4-38）：

$$u(y)\Big|_{x=\pm\lambda/2} = \int_0^{\lambda/2} \frac{\partial u}{\partial x}dx$$ (4-38)

根据大挠度理论可得到中面位移的 u 的一阶导数为：

$$\frac{\partial u}{\partial x} = \frac{1}{E}\left(\frac{\partial^2 F}{\partial y^2} - \nu\frac{\partial^2 F}{\partial x^2}\right) - \frac{1}{2}\left[\frac{\partial(w+w_0)}{\partial x}\right]^2 + \frac{1}{2}\left(\frac{\partial w_0}{\partial x}\right)^2$$ (4-39)

把上式代入式（4-38）得到：

$$u(y)\Big|_{x=\pm\lambda/2} = \frac{\lambda}{2E}(B_1 y + B_2)$$ (4-40)

考虑板端部的中面位移条件：

$$u(0) = u_w,\ u(b) = u_l$$ (4-41)

可求得 B_1、B_2 的表达式为：

$$\begin{cases} B_1 = \dfrac{2E}{\lambda b}(u_l - u_w) \\ B_2 = \dfrac{2E}{\lambda}u_w \end{cases} \tag{4-42}$$

对于式(4-36)，可令 $F_2(y)$ 的解为式(4-43)：

$$F_2(y) = \frac{E}{2}(f + 2\beta)(\pi/\lambda)^2 f\phi(y) \tag{4-43}$$

把式(4-43)代入式(4-36)得到式(4-44)：

$$\phi^{(4)}(y) - 2\left(\frac{2\pi}{\lambda}\right)^2 \phi^{(2)}(y) + \phi(y)\left(\frac{2\pi}{\lambda}\right)^4 = 1 \tag{4-44}$$

式(4-44)的通解由特解 $\phi_s(y)$ 和余解 $\phi_c(y)$ 两部分组成，即：

$$\phi(y) = \phi_s(y) + \phi_c(y) \tag{4-45}$$

对式(4-44)显然可选择特解为式(4-46)：

$$\phi_s(y) = a_1 y^4 + a_2 y^3 + a_3 y^2 + a_4 y + a_5 \tag{4-46}$$

把特解式(4-46)代入式(4-44)后比较等式两边系数得特解为：

$$\phi_s(y) = \left(\frac{\lambda}{2\pi}\right)^4 \tag{4-47}$$

令公式(4-44)左边部分等于0，可以得到 $F_2(y)$ 的余解为：

$$\phi_c(y) = A_1 ch\frac{2\pi}{\lambda}y + A_2 sh\frac{2\pi}{\lambda}y + A_3 \frac{y}{b} ch\frac{2\pi}{\lambda}y + A_4 \frac{y}{b} sh\frac{2\pi}{\lambda}y \tag{4-48}$$

则应力函数 F 可表示为：

$$F(y) = F_1(y) - \frac{E}{2}(f + 2\beta)(\pi/\lambda)^2 f[\phi_s(y) + \phi_c(y)]\cos(2\pi x/\lambda) \tag{4-49}$$

把式(4-49)代入应力边界条件式(4-24)~式(4-27)中得到关于参数 A_1、A_2、A_3、A_4 的方程组：

$$\begin{cases} \dfrac{2\pi}{\lambda}A_2 + \dfrac{A_3}{b} = 0 \\ A_1 sh\dfrac{2\pi b}{\lambda} + A_2 ch\dfrac{2\pi b}{\lambda} + A_3 sh\dfrac{2\pi b}{\lambda} + A_4 ch\dfrac{2\pi b}{\lambda} + \dfrac{A_3 \lambda}{2\pi b} ch\dfrac{2\pi b}{\lambda} + \dfrac{A_4 \lambda}{2\pi b} sh\dfrac{2\pi b}{\lambda} = 0 \\ A_1 + \left(\dfrac{\lambda}{2\pi}\right)^4 = 0 \\ A_1 ch\dfrac{2\pi b}{\lambda} + A_2 sh\dfrac{2\pi b}{\lambda} + A_3 ch\dfrac{2\pi b}{\lambda} + A_4 sh\dfrac{2\pi b}{\lambda} + \left(\dfrac{\lambda}{2\pi}\right)^4 = 0 \end{cases} \tag{4-50}$$

求解方程组(4-50)得到参数 A_1、A_2、A_3、A_4 的解为式(4-51)：

$$
\begin{cases}
A_1 = -\left(\dfrac{\lambda}{2\pi}\right)^4 \\[3mm]
A_2 = -\dfrac{\lambda^5\left[-2\pi bch\dfrac{2\pi b}{\lambda} + \lambda ch\dfrac{2\pi b}{\lambda}sh\dfrac{2\pi b}{\lambda} - \lambda sh\dfrac{2\pi b}{\lambda} - 2\pi b\left(sh\dfrac{2\pi b}{\lambda}\right)^2 + 2\pi b\left(ch\dfrac{2\pi b}{\lambda}\right)^2\right]}{16\pi^4\left[-4\pi^2 b^2\left(sh\dfrac{2\pi b}{\lambda}\right)^2 - \lambda^2\left(sh\dfrac{2\pi b}{\lambda}\right)^2 + 4\pi^2 b^2\left(ch\dfrac{2\pi b}{\lambda}\right)^2\right]} \\[7mm]
A_3 = \dfrac{\lambda^4 b\left[-2\pi bch\dfrac{2\pi b}{\lambda} + \lambda ch\dfrac{2\pi b}{\lambda}sh\dfrac{2\pi b}{\lambda} - \lambda sh\dfrac{2\pi b}{\lambda} - 2\pi b\left(sh\dfrac{2\pi b}{\lambda}\right)^2 + 2\pi b\left(ch\dfrac{2\pi b}{\lambda}\right)^2\right]}{8\pi^3\left[-4\pi^2 b^2\left(sh\dfrac{2\pi b}{\lambda}\right)^2 - \lambda^2\left(sh\dfrac{2\pi b}{\lambda}\right)^2 + 4\pi^2 b^2\left(ch\dfrac{2\pi b}{\lambda}\right)^2\right]} \\[7mm]
A_4 = \dfrac{\lambda^4 b sh\dfrac{2\pi b}{\lambda}\left(2\pi b - \lambda sh\dfrac{2\pi b}{\lambda}\right)}{8\pi^3\left[-4\pi^2 b^2\left(sh\dfrac{2\pi b}{\lambda}\right)^2 - \lambda^2\left(sh\dfrac{2\pi b}{\lambda}\right)^2 + 4\pi^2 b^2\left(ch\dfrac{2\pi b}{\lambda}\right)^2\right]}
\end{cases}
\tag{4-51}
$$

到此应力函数 F 的解就完全确定了，下面根据能量法求解边缘加劲板件的屈曲后强度并跟踪其屈曲路径。边缘加劲板件的总能量包括翼缘和卷边的应变能和势能、腹板的约束应变能、翼缘的中面应变能以及卷边的压缩应变能。其中翼缘和卷边的应变能和势能以及腹板的约束应变能在第 3 章中也求出，可直接应用。本章仅需求解翼缘的中面应变能和卷边的压缩应变能。

对于翼缘的中面应变能，按式(4-52)计算：

$$
U_{fm} = \frac{t}{2E}\int_{-\lambda/2}^{\lambda/2}\int_0^b\left\{\left(\frac{\partial^2 F}{\partial x^2} + \frac{\partial^2 F}{\partial y^2}\right)^2 - 2(1+\nu)\left[\frac{\partial^2 F}{\partial x^2}\times\frac{\partial^2 F}{\partial y^2} - \left(\frac{\partial^2 F}{\partial x\partial y}\right)^2\right]\right\}\mathrm{d}y\mathrm{d}x
\tag{4-52}
$$

根据应力边界条件以及格林公式，可知式(4-52)的第二项为 0，因此式(4-52)可简化为式(4-53)：

$$
U_{fm} = \frac{t}{2E}\int_{-\lambda/2}^{\lambda/2}\int_0^b\left(\frac{\partial^2 F}{\partial x^2} + \frac{\partial^2 F}{\partial y^2}\right)^2\mathrm{d}y\mathrm{d}x
\tag{4-53}
$$

把 F 的表达式代入上式，就可求得翼缘的中面应变能。

卷边的压缩应变能按式(4-54)计算：

$$
U_{lipc} = \frac{at}{2}\int_{-\lambda/2}^{\lambda/2}\sigma_l\varepsilon_l\mathrm{d}x = \frac{Eat}{2}\int_{-\lambda/2}^{\lambda/2}\varepsilon_l^2\mathrm{d}x
\tag{4-54}
$$

而考虑卷边的端部位移条件 $u(b) = u_l$，由于压缩而引起的卷边应变为：

$$
\varepsilon_l = \frac{2}{l}\left\{u_l + \frac{1}{4}\int_{-l/2}^{l/2}\left\{\left[\frac{\partial(w+w_0)}{\partial x}\right]^2 - \left(\frac{\partial w_0}{\partial x}\right)^2\right\}_{y=b}\mathrm{d}x\right\}
\tag{4-55}
$$

将此式代入压缩应变能公式(4-54)并忽略高阶项得：

$$U_{lipc} = \frac{2Eat}{l^2} \int_{-\lambda/2}^{\lambda/2} \left\{ u_l^2 + \frac{1}{2} u_l \int_{-l/2}^{l/2} \left\{ \left[\frac{\partial(w + w_0)}{\partial x} \right]^2 - \left(\frac{\partial w_0}{\partial x} \right)^2 \right\}_{y=b} dx \right\} dx \quad (4\text{-}56)$$

把变形函数和初始变形函数代入上式得卷边压缩应变能为：

$$U_{lipc} = \frac{2Eat}{\lambda^2} \left[u_l^2 \lambda + \frac{1}{4} u_l(f + 2\beta) \pi^2 f b^2 / \lambda \right] \quad (4\text{-}57)$$

到此可得到边缘加劲板件的屈曲总势能为式（4-58），包括翼缘和卷边的弯曲应变能和外力势能、腹板约束应变能、翼缘中面应变能以及卷边压缩应变能。

$$\Pi = V_{lip} + V_f + U_f + U_{lip} + U_w + U_{lipc} + U_{fm} \quad (4\text{-}58)$$

令总势能 Π 对于变形函数系数 f 的一阶变分为 0，可求得边缘加劲板件的屈曲荷载与系数 f 之间的对应关系，形如式（4-59）的关系：

$$\sigma_x = \sigma_{crx} + \eta f^2 \quad (4\text{-}59)$$

式中，η 为系数。可以得到边缘加劲板件屈曲后荷载与板屈曲后挠度 w 之间的关系，也可得到边缘加劲板件屈曲后的强度的提高程度，编写 Matlab 程序可计算边缘加劲板件的屈曲后强度及屈曲路径。

对于冷弯薄壁型钢截面构件，边缘纤维屈服荷载和极限荷载非常接近，而且初始缺陷对于边缘纤维屈服荷载影响较小，因此可把无缺陷的边缘纤维屈服荷载看作极限荷载。

式（4-59）变形后可得到参数 f 和屈曲应力 σ_x 之间的关系式为：

$$f = \sqrt{(\sigma_x - \sigma_{crx})/\eta} \quad (4\text{-}60)$$

边缘加劲板件的中面应力为：

$$N_x = F_1''(y) + F_2''(y) = F(f) = F\sqrt{(\sigma_x - \sigma_{crx})/\eta} \quad (4\text{-}61)$$

由于边缘纤维屈服荷载看作极限荷载，所以极限荷载时边缘纤维的中面应力应等于屈服荷载 f_y，即：

$$N_x = f_y = F\sqrt{(\sigma_x - \sigma_{crx})/\eta} \quad (4\text{-}62)$$

由式（4-62）可以求得边缘加劲构件的中面平均应力 σ_x，这样就可求得翼缘所受到的合力为 $P_f = \sigma_x \times b$。

到此我们可以编写相关计算程序，计算边缘加劲板件的屈曲后强度并跟踪屈曲全过程以及计算极限荷载。

在弹塑性阶段，应力变化范围不大，但切线模量变动较大，它对于理想构件的分岔屈曲应力超过比例极限后的弹塑性屈曲荷载影响很大，可按照 4.2.1 节的简化近似处理方法进行计算，但是对于存在缺陷的实际构件，切线模量的变动对构件极限荷载的影响不大，因此对于冷弯薄壁型钢截面构件，钢材材料均采用理想弹塑性应力-应变关系，在之后的有限元和能量法分析中可采用简化的理想弹塑性应力-应变关系，采用边缘屈服准则。

4.3.2 槽形截面边缘加劲构件大挠度屈曲后强度分析结果

（1）能量法大挠度屈曲后过程与有限元分析屈曲后过程对比。选取翼缘宽厚比为60，即宽度60mm、厚度1mm的卷边槽形截面构件分析边缘加劲板件的屈曲后强度，卷边翼缘宽度比取 $a/b = 0.1$，构件长度取 $L/b = 5$、10，初始缺陷取 $L/10000$、$L/1000$，边缘加劲板件大挠度屈曲过程分析有限元模型、边界约束及加载与上节相同，得到有限元分析与能量法分析边缘加劲板件屈曲后强度屈曲路径对比如图4-8所示。

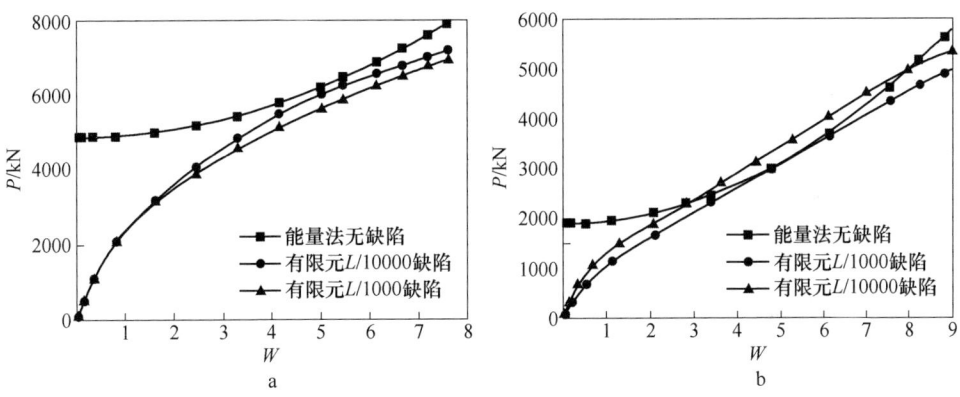

图4-8　能量法与有限元分析构件屈曲后过程对比

a—$L/b = 5$；b—$L/b = 10$

从图4-8可以看出，不考虑初始缺陷的能量法计算的边缘加劲板件屈曲后过程与有限元分析过程比较接近，说明采用本文的能量法分析边缘加劲板件的屈曲后过程是可行的，同时从图中也可以看出，初始缺陷对于边缘加劲板件的屈曲后受力过程的影响不是很大，初始缺陷为 $L/1000$ 与 $L/10000$ 时算得的承载力最大相差7%。

（2）槽形截面边缘加劲构件大挠度屈曲后强度。选取翼缘宽厚比为30、40、50、60，即宽度30mm、40mm、50mm、60mm，厚度1mm的卷边槽形截面构件分析边缘加劲板件的屈曲后强度，卷边翼缘宽度比取 $a/b = 0.1$、0.2、0.3、0.4，腹板翼缘宽度比取 $h/b = 2$，不考虑初始缺陷，对于偏压构件应力不均匀系数取1。计算得到的边缘加劲板件在翼缘宽厚比不同时轴压、受弯以及偏压时的屈曲后过程对比如图4-9~图4-11所示。

从图4-9~图4-11可以看出，随着卷边宽厚比的增加，板件临界屈曲应力增大，对于轴压、受弯、偏压构件，屈曲应力逐渐增大，板件屈曲后强度的增大幅度降低，随着翼缘宽厚比增大，屈曲应力降低。

（3）不同宽厚比板件的畸变屈曲后强度与畸变屈曲临界屈曲应力对比。图

4-12所示为卷边翼缘宽度比 $a/b = 0.1$ 的不同宽厚比板件的畸变屈曲后强度与畸变屈曲临界屈曲应力之比的对比，其中 f_{cd} 和 σ_{cd} 分别为大挠度屈曲强度和小挠度屈曲应力。

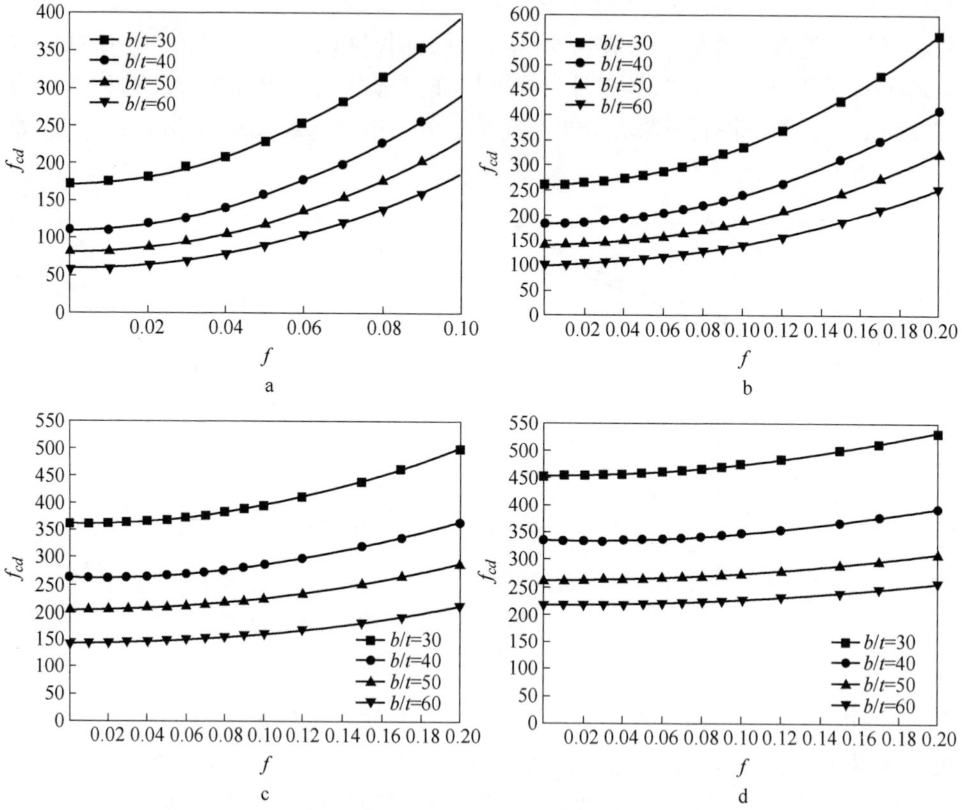

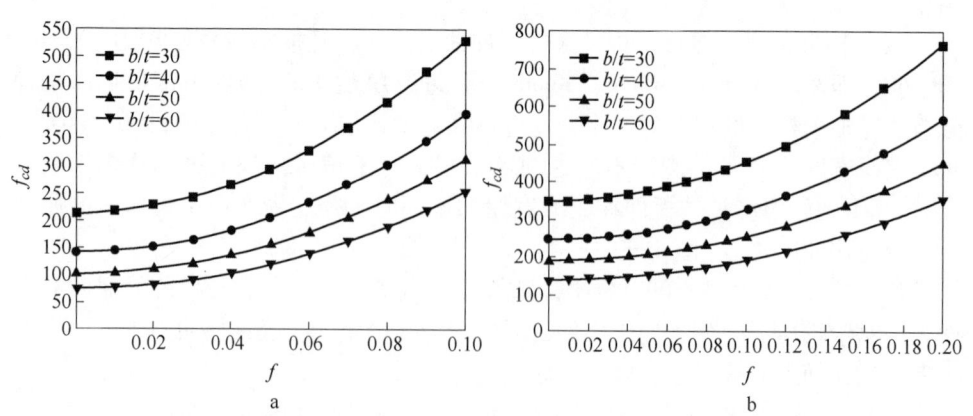

图 4-9   轴压构件大挠度屈曲后强度对比

a—$a/b = 0.1$；b—$a/b = 0.2$；c—$a/b = 0.3$；d—$a/b = 0.4$

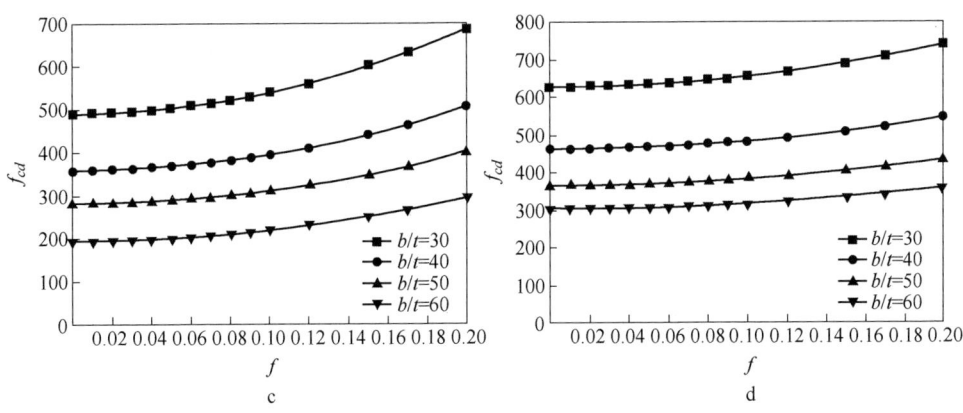

图 4-10 受弯构件大挠度屈曲后强度对比

a—a/b=0.1；b—a/b=0.2；c—a/b=0.3；d—a/b=0.4

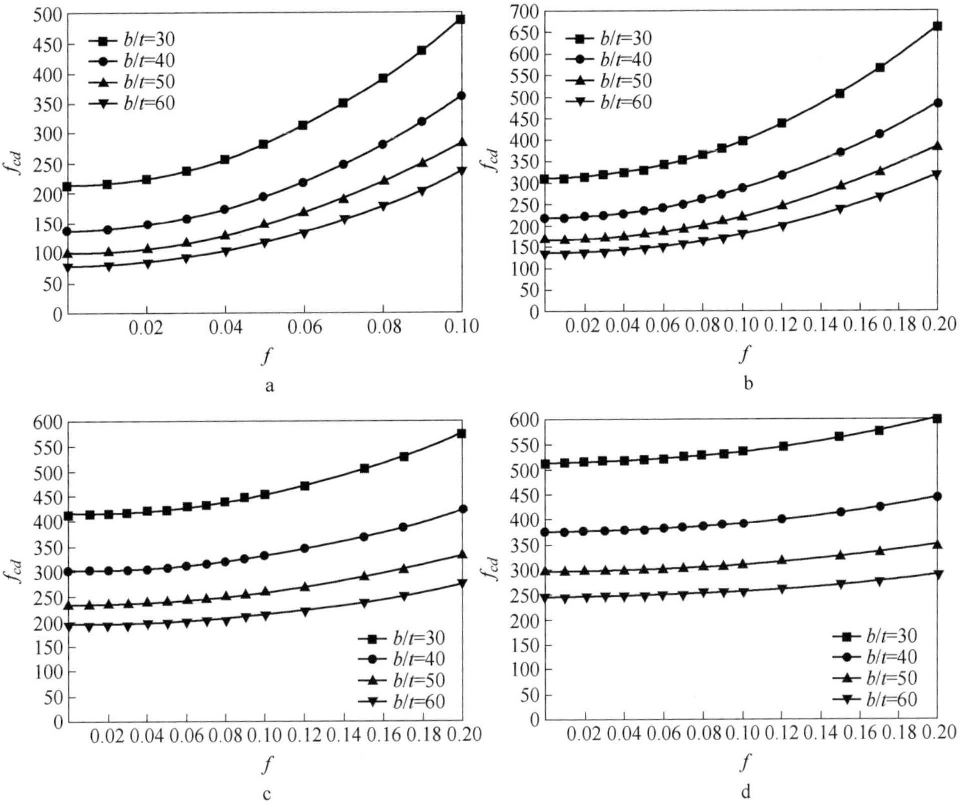

图 4-11 偏压构件大挠度屈曲后强度对比

a—a/b=0.1；b—a/b=0.2；c—a/b=0.3；d—a/b=0.4

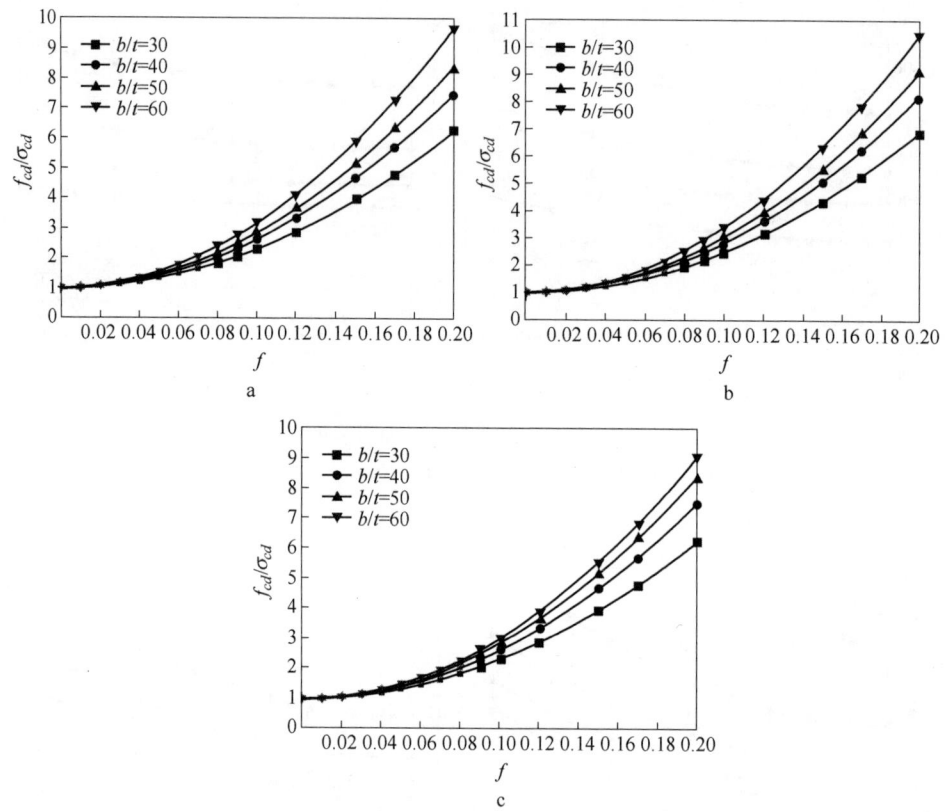

图 4-12 a/b = 0.1 时不同宽厚比板件的畸变屈曲后强度与畸变屈曲临界屈曲应力之比的对比
a—轴压；b—受弯；c—偏压（卷边）

从图 4-12 可以看出，随着翼缘宽厚比增大，屈曲后强度的提高幅度降低。

（4）卷边宽度不同板件畸变屈曲后强度与畸变屈曲临界屈曲应力对比。图 4-13 为卷边翼缘宽厚比 $b/t = 60$ 的不同宽厚比板件的畸变屈曲后强度与畸变屈曲临界屈曲应力之比的对比，其中 f_{cd} 和 σ_{cd} 分别为大挠度屈曲强度和小挠度屈曲应力。

从图 4-13 可以看出，随着卷边翼缘宽度比增大，弹性畸变屈曲应力增大，其屈曲后强度的提高幅度降低。

4.4 边缘加劲板件的强度计算以及简化方法

4.4.1 强度计算方法对比

对于边缘加劲板件的强度计算主要有两种方法，一种为先计算板件强度，然后考虑和整体稳定的相关作用计算承载力，我国《冷弯薄壁型钢结构技术规范》

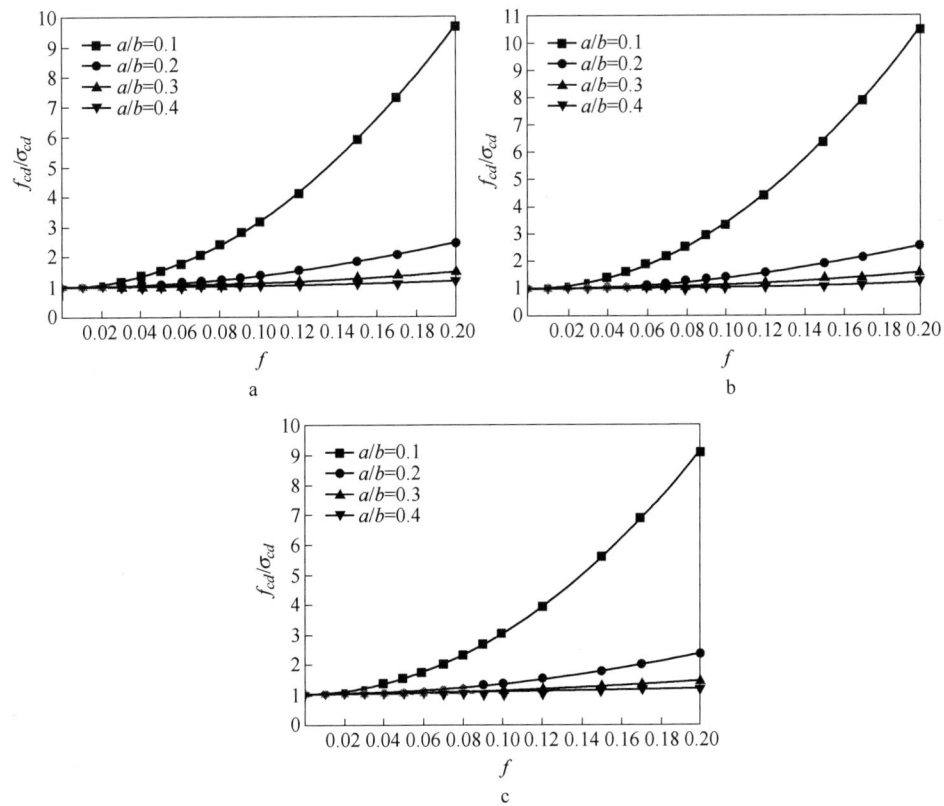

图 4-13　$b/t = 60$ 时不同宽厚比板件的畸变屈曲后强度与畸变屈曲临界屈曲应力之比的对比
a—轴压；b—受弯；c—偏压（卷边）

（GB 50018—2002）[1]、北美规范的有效宽度法[18]以及北美规范直接强度法的局部屈曲相关承载力[18]采用此种方法；另外一种方法是直接计算板件或者构件横截面的强度，不考虑整体稳定，北美规范直接强度法的畸变屈曲承载力[18]采用此种方法。

（1）《冷弯薄壁型钢结构技术规范》（GB 50018—2002）。我国规范采用有效宽度法考虑板件局部屈曲对于构件承载力的影响，有效宽度的计算是在试验的基础上总结出来的经验公式，其计算雏形为：

$$b_e = \left[\left(\frac{0.6\sigma_{cr}}{f_y} \right)^{1/4} - 0.1 \right] b \tag{4-63}$$

转化为强度表示为：

$$\frac{P_c}{P_y} = \frac{A_e f_y}{A f_y} = \frac{b_e t}{bt} = \left[\left(\frac{0.6\sigma_{cr}}{f_y} \right)^{1/4} - 0.1 \right] \tag{4-64}$$

在式(4-63)中引入弹性模量 $E = 206000\text{N}/\text{mm}^2$ 和泊松比 $\nu = 0.3$，以及参数 $\rho = \sqrt{235k_1 k / \sigma_1}$ 就可得到我国现行冷弯薄壁型钢结构技术规范（GB 50018—2002）[3] 关于考虑局部屈曲影响的有效宽度法计算公式：

$$b_e = (\sqrt{21.8\rho t / b} - 0.1)b \tag{4-65}$$

（2）北美规范有效宽度法。北美规范采用公式(4-66)计算板件有效宽度：

$$b_e = w(1 - 0.22/\lambda)/\lambda \tag{4-66}$$

其中，$\lambda = \sqrt{f_y / f_{cr}}$。

转化为强度计算公式为式(4-67)：

$$\frac{P_e}{P_y} = \frac{A_e f_y}{A f_y} = \frac{b_e t}{wt} = \left[1 - 0.22 \left/ \left(\frac{f_y}{\sigma_{cr}} \right)^{1/2} \right. \right] \left/ \left(\frac{f_y}{\sigma_{cr}} \right)^{1/2} \right. \tag{4-67}$$

（3）北美规范直接强度法——局部屈曲。北美规范直接强度法中局部屈曲强度公式为式(4-68)：

$$\frac{P_{nl}}{P_{ne}} = \left[1 - 0.15 \left(\frac{P_{crl}}{P_{ne}} \right)^{0.4} \right] \left(\frac{P_{crl}}{P_{ne}} \right)^{0.4} \tag{4-68}$$

其中，P_{nl}、P_{ne}、P_{crl}分别为直接强度法的考虑局部屈曲影响的构件承载力、整体稳定承载力以及弹性局部屈曲强度，若在公式(4-68)中把整体稳定承载力用截面屈服强度代替并引入弹性局部屈曲强度和截面屈服强度的计算公式，就转化为强度计算公式(4-69)：

$$\frac{P_{nl}}{P_y} = \left[1 - 0.15 \left(\frac{A\sigma_{crl}}{A f_y} \right)^{0.4} \right] \left(\frac{A\sigma_{crl}}{A f_y} \right)^{0.4} = \left[1 - 0.15 \left(\frac{\sigma_{crl}}{f_y} \right)^{0.4} \right] \left(\frac{\sigma_{crl}}{f_y} \right)^{0.4} \tag{4-69}$$

（4）北美规范直接强度法——畸变屈曲。北美规范直接强度法中畸变屈曲强度公式为式(4-70)：

$$\frac{P_{nd}}{P_y} = \left[1 - 0.25 \left(\frac{P_{crd}}{P_y} \right)^{0.6} \right] \left(\frac{P_{crd}}{P_y} \right)^{0.6} \tag{4-70}$$

其中，P_{nd}、P_y、P_{crd}分别为直接强度法的畸变屈曲承载力、构件横截面屈服强度以及弹性畸变屈曲强度，若在公式(4-70)引入弹性畸变屈曲强度和截面屈服强度的计算公式，就转化为强度计算公式(4-71)：

$$\frac{P_{nd}}{P_y} = \left[1 - 0.25 \left(\frac{A\sigma_{crd}}{A f_y} \right)^{0.6} \right] \left(\frac{A\sigma_{crd}}{A f_y} \right)^{0.6} = \left[1 - 0.25 \left(\frac{\sigma_{crd}}{f_y} \right)^{0.6} \right] \left(\frac{\sigma_{crd}}{f_y} \right)^{0.6} \tag{4-71}$$

采用上面四种方法，即公式(4-64)、式(4-67)、式(4-69)、式(4-71) 分别计算不同应力条件下屈服强度分别为 235MPa 和 550MPa 的构件强度对比，如图 4-14 所示。

从图 4-14 可以看出：（1）我国规范的有效宽度法和北美有效宽度法计算强度曲线基本吻合；（2）我国和北美规范的有效宽度法计算公式位于直接强度法

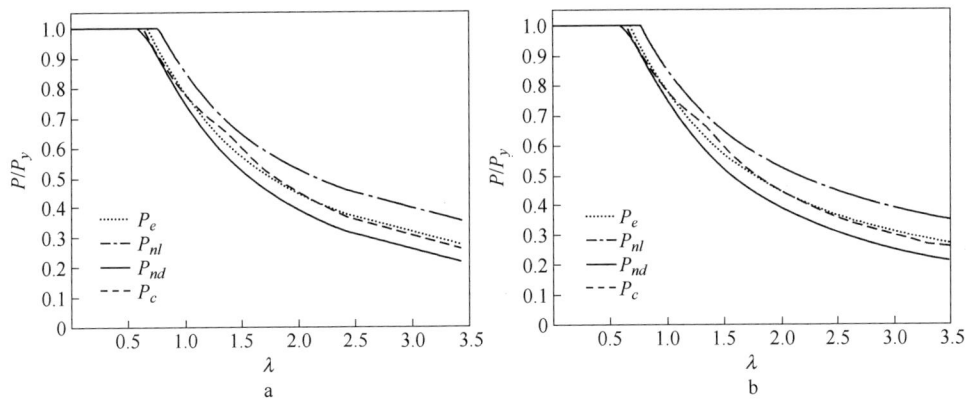

图 4-14　不同计算方法计算构件屈曲强度对比
a—Q235；b—LQ550

的局部屈曲和畸变屈曲之间，由于有效宽度法和局部屈曲均考虑了整体稳定，那么表明有效宽度法比直接强度法的局部屈曲计算强度偏低；（3）对于不考虑整体稳定的局部屈曲强度计算公式均高于畸变屈曲，局部屈曲和畸变屈曲的曲线在趋势上比较接近，若考虑整体稳定对于局部强度的折减作用，那么局部屈曲强度计算曲线将降低，而且对于畸变屈曲应力较小的构件一般半波长较长，整体稳定承载力折减系数增加，这样和不考虑整体稳定的畸变屈曲强度计算公式计算的强度将会相差较小。

4.4.2　畸变屈曲强度计算方法验证

　　前面对于边缘加劲板件的弹塑性屈曲和屈曲后强度进行了理论和有限元分析，要分析边缘加劲板件的强度就得考虑弹塑性性能和屈曲后强度。而 4.2 节和 4.3 节分析结果表明：畸变屈曲的弹塑性屈曲在分析过程中需要考虑切线模量，计算比较复杂，但是分析表明对板件的屈曲应力影响较小，且对于冷弯薄壁型钢截面构件其宽厚比较大，发生弹塑性屈曲的板件较少，这样在进行冷弯薄壁型钢边缘加劲板件的畸变屈曲强度计算分析时可采用理想弹塑性的屈曲应力曲线，当畸变屈曲应力大于屈服强度时采用屈服强度，在比例极限和屈服强度间不考虑塑性的影响，即采用边缘屈服准则。畸变屈曲的屈曲后强度，利用 4.3 节的能量法进行计算。这样采用上述处理方法计算板件的屈曲强度，计算中考虑屈曲后强度和弹塑性性能。

　　对于冷弯薄壁型钢板件的局部屈曲强度，采用半理论半经验的有效宽度法进行计算。有效宽度法公式考虑了板件的屈曲后强度、弹塑性性能、初始缺陷等相关影响因素。我国规范[3]在设计中采用的三段式设计公式，如式(4-72)所示。

　　那么对于畸变屈曲强度计算，考虑整体稳定的影响，是否可以完全采用和局部屈曲相同的三段式有效宽度法计算公式呢？需要进行验证。

　　选取翼缘宽厚比为60，即宽度60mm、厚度1mm的卷边槽形截面构件分析边缘加劲板件的屈曲后强度，卷边翼缘宽度比取 $a/b=0.05\sim0.4$，腹板翼缘宽度比为 $h/b=1\sim4$，对于偏压构件压应力不均匀系数取1，最大压应力作用于卷边。采用能量法以及公式(4-63)计算所得的边缘加劲板件的强度对比见表4-5~表4-7，其中表4-5~表4-7分别代表轴压、受弯以及偏压构件，表中 b、a、t、L、f_y、P_a、P_n、P_c 分别为边缘加劲板件的翼缘宽度、卷边宽度、板件厚度、构件长度、屈服强度、有限元计算强度、能量法计算强度以及公式(4-63)计算强度，其他宽厚比的边缘加劲板件的畸变屈曲强度同样可以求出，限于篇幅，不一一列出。对于不同构件受力形式、不同材料强度的承载力对比统计分析见表4-8。

表 4-5　能量法与公式(4-63)计算轴压构件承载力对比

b/mm	a/mm	t/mm	h/mm	f_y/MPa	P_n/N	P_c/N	P_n/P_c
60	3	1	1	235	7061.57	6342.84	1.113
60	6	1	1	235	7454.39	6992.75	1.066
60	9	1	1	235	7980.50	7654.56	1.043
60	12	1	1	235	8489.94	8222.24	1.033
60	15	1	1	235	9120.26	8705.74	1.048
60	18	1	1	235	9596.99	9119.36	1.052
60	21	1	1	235	10188.95	9480.70	1.075
60	24	1	1	235	10655.20	9799.26	1.087
60	3	1	2	235	6693.75	6063.94	1.104
60	6	1	2	235	7197.64	6555.87	1.098
60	9	1	2	235	7481.32	7091.77	1.055
60	12	1	2	235	7697.59	7567.61	1.017
60	15	1	2	235	8043.09	7981.90	1.008
60	18	1	2	235	8451.56	8338.68	1.014
60	21	1	2	235	8908.26	8655.15	1.029
60	24	1	2	235	9352.87	8923.79	1.048
60	3	1	3	235	6511.68	5929.85	1.098
60	6	1	3	235	6809.69	6336.33	1.075
60	9	1	3	235	7017.85	6801.33	1.032
60	12	1	3	235	7308.67	7225.31	1.012
60	15	1	3	235	7514.50	7597.10	0.989

b/mm	a/mm	t/mm	h/mm	f_y/MPa	P_n/N	P_c/N	P_n/P_c
60	18	1	3	235	7796.84	7924.74	0.984
60	21	1	3	235	8121.46	8213.76	0.989
60	24	1	3	235	8478.89	8473.38	1.001
60	3	1	4	235	6394.27	5846.12	1.094
60	6	1	4	235	6687.39	6196.35	1.079
60	9	1	4	235	6939.60	6612.66	1.049
60	12	1	4	235	7066.84	6999.13	1.010
60	15	1	4	235	7190.35	7343.16	0.979
60	18	1	4	235	7390.27	7647.77	0.966
60	21	1	4	235	7639.89	7919.46	0.965
60	24	1	4	235	7920.06	8162.97	0.970
60	3	1	1	345	9532.47	8270.09	1.153
60	6	1	1	345	9802.73	9136.89	1.073
60	9	1	1	345	10719.02	10019.54	1.070
60	12	1	1	345	11116.51	10776.67	1.032
60	15	1	1	345	11597.83	11421.52	1.015
60	18	1	1	345	12182.48	11973.17	1.017
60	21	1	1	345	12832.26	12455.10	1.030
60	24	1	1	345	13516.02	12879.97	1.049
60	3	1	2	345	9106.23	7898.12	1.153
60	6	1	2	345	9102.09	8554.21	1.064
60	9	1	2	345	9736.59	9268.95	1.050
60	12	1	2	345	9703.09	9903.59	0.980
60	15	1	2	345	10152.33	10456.13	0.971
60	18	1	2	345	10520.29	10931.97	0.962
60	21	1	2	345	10871.63	11354.05	0.958
60	24	1	2	345	11230.69	11712.34	0.959
60	3	1	3	345	8675.09	7719.28	1.124
60	6	1	3	345	8766.25	8261.41	1.061
60	9	1	3	345	9233.05	8881.59	1.040
60	12	1	3	345	9420.47	9447.05	0.997
60	15	1	3	345	9433.10	9942.92	0.949

b/mm	a/mm	t/mm	h/mm	f_y/MPa	P_n/N	P_c/N	P_n/P_c
60	18	1	3	345	9564.30	10379.89	0.921
60	21	1	3	345	9953.11	10765.36	0.925
60	24	1	3	345	10216.58	11111.62	0.919
60	3	1	4	345	8641.60	7607.61	1.136
60	6	1	4	345	8556.54	8074.71	1.060
60	9	1	4	345	8923.62	8629.95	1.034
60	12	1	4	345	9013.28	9145.39	0.986
60	15	1	4	345	8942.15	9604.23	0.931
60	18	1	4	345	8986.93	10010.50	0.898
60	21	1	4	345	9110.09	10372.85	0.878
60	24	1	4	345	9285.01	10697.63	0.868
60	3	1	1	550	13626.33	11370.06	1.198
60	6	1	1	550	14024.84	12599.84	1.113
60	9	1	1	550	14703.16	13852.11	1.061
60	12	1	1	550	15230.64	14926.29	1.020
60	15	1	1	550	15337.32	15841.17	0.968
60	18	1	1	550	15630.95	16623.83	0.940
60	21	1	1	550	16049.00	17307.57	0.927
60	24	1	1	550	16544.34	17910.36	0.924
60	3	1	2	550	13110.56	10842.33	1.209
60	6	1	2	550	13070.85	11773.16	1.110
60	9	1	2	550	13522.71	12787.21	1.058
60	12	1	2	550	13671.65	13687.60	0.999
60	15	1	2	550	13454.28	14471.52	0.930
60	18	1	2	550	13676.71	15146.62	0.903
60	21	1	2	550	13782.08	15745.45	0.875
60	24	1	2	550	13934.32	16253.78	0.857
60	3	1	3	550	12678.34	10588.59	1.197
60	6	1	3	550	12676.75	11357.75	1.116
60	9	1	3	550	12967.48	12237.63	1.060
60	12	1	3	550	13202.26	13039.88	1.012
60	15	1	3	550	12836.73	13743.40	0.934

b/mm	a/mm	t/mm	h/mm	f_y/MPa	P_n/N	P_c/N	P_n/P_c
60	18	1	3	550	13022.79	14363.36	0.907
60	21	1	3	550	12978.67	14910.25	0.870
60	24	1	3	550	13035.96	15401.50	0.846
60	3	1	4	550	12498.74	10430.16	1.198
60	6	1	4	550	12426.64	11092.87	1.120
60	9	1	4	550	13883.85	11880.62	1.169
60	12	1	4	550	12156.57	12611.90	0.964
60	15	1	4	550	12653.16	13262.88	0.954
60	18	1	4	550	12393.43	13839.28	0.896
60	21	1	4	550	12270.86	14353.37	0.855
60	24	1	4	550	12243.39	14814.15	0.826

表4-6 能量法与公式(4-63)计算受弯构件承载力对比

b/mm	a/mm	t/mm	h/mm	f_y/MPa	P_n/N	P_c/N	P_n/P_c
60	3	1	1	235	7526.41	6692.09	1.125
60	6	1	1	235	8349.40	7544.16	1.107
60	9	1	1	235	8990.66	8307.49	1.082
60	12	1	1	235	9362.15	8968.99	1.044
60	15	1	1	235	10338.86	9522.06	1.086
60	18	1	1	235	11093.76	9992.33	1.110
60	21	1	1	235	11670.46	10399.23	1.122
60	24	1	1	235	12641.42	10754.80	1.175
60	3	1	2	235	7061.57	6342.84	1.113
60	6	1	2	235	7455.47	6993.61	1.066
60	9	1	2	235	7724.15	7655.23	1.009
60	12	1	2	235	8218.23	8223.37	0.999
60	15	1	2	235	8826.06	8705.74	1.014
60	18	1	2	235	9493.33	9120.00	1.041
60	21	1	2	235	9963.06	9480.89	1.051
60	24	1	2	235	10654.51	9799.26	1.087
60	3	1	3	235	6836.49	6171.58	1.108
60	6	1	3	235	7296.33	6727.43	1.085

续表4-6

b/mm	a/mm	t/mm	h/mm	f_y/MPa	P_n/N	P_c/N	P_n/P_c
60	9	1	3	235	7388.11	7315.19	1.010
60	12	1	3	235	7704.69	7828.98	0.984
60	15	1	3	235	8140.81	8270.43	0.984
60	18	1	3	235	8641.48	8652.67	0.999
60	21	1	3	235	9178.14	8987.22	1.021
60	24	1	3	235	9416.65	9283.41	1.014
60	3	1	4	235	6693.75	6063.94	1.104
60	6	1	4	235	7197.64	6555.87	1.098
60	9	1	4	235	7179.05	7091.77	1.012
60	12	1	4	235	7386.77	7567.61	0.976
60	15	1	4	235	7715.84	7980.68	0.967
60	18	1	4	235	8112.55	8340.04	0.973
60	21	1	4	235	8547.98	8655.64	0.988
60	24	1	4	235	9007.62	8936.34	1.008
60	3	1	1	345	10054.05	8735.89	1.151
60	6	1	1	345	10647.52	9872.31	1.079
60	9	1	1	345	11574.81	10890.37	1.063
60	12	1	1	345	12293.39	11772.62	1.044
60	15	1	1	345	13187.88	12510.27	1.054
60	18	1	1	345	13426.32	13137.47	1.022
60	21	1	1	345	14403.57	13680.16	1.053
60	24	1	1	345	15393.50	14154.39	1.088
60	3	1	2	345	9532.47	8270.09	1.153
60	6	1	2	345	10234.76	9138.02	1.120
60	9	1	2	345	10184.21	10020.45	1.016
60	12	1	2	345	10458.40	10778.18	0.970
60	15	1	2	345	10908.85	11421.52	0.955
60	18	1	2	345	11460.76	11974.04	0.957
60	21	1	2	345	12070.52	12455.36	0.969
60	24	1	2	345	12712.00	12879.97	0.987
60	3	1	3	345	9273.36	8041.67	1.153
60	6	1	3	345	9267.83	8783.03	1.055

b/mm	a/mm	t/mm	h/mm	f_y/MPa	P_n/N	P_c/N	P_n/P_c
60	9	1	3	345	9547.35	9566.92	0.998
60	12	1	3	345	10134.77	10252.18	0.989
60	15	1	3	345	10407.01	10840.95	0.960
60	18	1	3	345	10787.88	11350.75	0.950
60	21	1	3	345	11236.23	11796.94	0.952
60	24	1	3	345	11721.50	12191.97	0.961
60	3	1	4	345	9106.23	7898.12	1.153
60	6	1	4	345	9002.07	8554.21	1.052
60	9	1	4	345	9158.18	9268.95	0.988
60	12	1	4	345	9511.25	9903.59	0.960
60	15	1	4	345	9954.65	10454.51	0.952
60	18	1	4	345	10222.16	10933.79	0.935
60	21	1	4	345	10559.88	11354.71	0.930
60	24	1	4	345	10945.50	11729.08	0.933
60	3	1	1	550	14764.64	12030.91	1.227
60	6	1	1	550	14930.36	13643.22	1.094
60	9	1	1	550	16110.83	15087.60	1.068
60	12	1	1	550	16364.70	16339.30	1.002
60	15	1	1	550	16913.98	17385.84	0.973
60	18	1	1	550	17632.68	18275.69	0.965
60	21	1	1	550	18456.25	19045.64	0.969
60	24	1	1	550	19335.24	19718.45	0.981
60	3	1	2	550	14137.32	11370.06	1.243
60	6	1	2	550	13871.80	12601.45	1.101
60	9	1	2	550	14557.32	13853.39	1.051
60	12	1	2	550	14362.70	14928.43	0.962
60	15	1	2	550	15045.18	15841.17	0.950
60	18	1	2	550	15335.56	16625.06	0.922
60	21	1	2	550	15743.93	17307.94	0.910
60	24	1	2	550	16227.32	17910.36	0.906
60	3	1	3	550	13814.80	11046.00	1.251
60	6	1	3	550	13380.62	12097.79	1.106

b/mm	a/mm	t/mm	h/mm	f_y/MPa	P_n/N	P_c/N	P_n/P_c
60	9	1	3	550	13834.24	13209.95	1.047
60	12	1	3	550	14261.94	14182.17	1.006
60	15	1	3	550	14162.85	15017.49	0.943
60	18	1	3	550	14254.59	15740.77	0.906
60	21	1	3	550	14473.52	16373.80	0.884
60	24	1	3	550	14770.35	16934.25	0.872
60	3	1	4	550	13602.21	10842.33	1.255
60	6	1	4	550	13070.85	11773.16	1.110
60	9	1	4	550	14198.85	12787.21	1.110
60	12	1	4	550	13672.15	13687.60	0.999
60	15	1	4	550	13451.76	14469.22	0.930
60	18	1	4	550	13423.22	15149.20	0.886
60	21	1	4	550	13521.86	15746.39	0.859
60	24	1	4	550	13711.85	16277.53	0.842

表4-7　能量法与公式(4-63)计算偏压构件承载力对比

b/mm	a/mm	t/mm	h/mm	f_y/MPa	P_n/N	P_c/N	P_n/P_c
60	3	1	1	235	8120.621	6832.60	1.189
60	6	1	1	235	8307.302	7454.26	1.114
60	9	1	1	235	8493.684	8094.67	1.049
60	12	1	1	235	8856.68	8637.78	1.025
60	15	1	1	235	9371.074	9103.33	1.029
60	18	1	1	235	9948.554	9498.23	1.047
60	21	1	1	235	10560.75	9840.94	1.073
60	24	1	1	235	11188.78	10142.50	1.103
60	3	1	2	235	7697.818	6536.33	1.178
60	6	1	2	235	7682.471	6992.75	1.099
60	9	1	2	235	8135.829	7503.47	1.084
60	12	1	2	235	8210.482	7957.14	1.032
60	15	1	2	235	8441.417	8349.28	1.011
60	18	1	2	235	8755.235	8687.16	1.008
60	21	1	2	235	9131.211	8988.34	1.016

b/mm	a/mm	t/mm	h/mm	f_y/MPa	P_n/N	P_c/N	P_n/P_c
60	24	1	2	235	9524.428	9250.87	1.030
60	3	1	3	235	7488.495	6393.77	1.171
60	6	1	3	235	7346.368	6761.40	1.087
60	9	1	3	235	7708.88	7199.33	1.071
60	12	1	3	235	7641.28	7599.17	1.006
60	15	1	3	235	7735.229	7950.99	0.973
60	18	1	3	235	7922.042	8259.85	0.959
60	21	1	3	235	8163.478	8532.68	0.957
60	24	1	3	235	8442.577	8776.64	0.962
60	3	1	4	235	7353.471	6304.66	1.166
60	6	1	4	235	7060.782	6615.10	1.067
60	9	1	4	235	7399.156	7001.25	1.057
60	12	1	4	235	7248.482	7363.77	0.984
60	15	1	4	235	7258.95	7686.90	0.944
60	18	1	4	235	6490.042	7973.36	0.814
60	21	1	4	235	8618.367	8227.88	1.047
60	24	1	4	235	8505.251	8456.08	1.006
60	3	1	1	345	10962.16	8923.28	1.228
60	6	1	1	345	10804.05	9752.40	1.108
60	9	1	1	345	11658.58	10606.53	1.099
60	12	1	1	345	11735.37	11330.89	1.036
60	15	1	1	345	12058.18	11951.79	1.009
60	18	1	1	345	12503.5	12478.49	1.002
60	21	1	1	345	13024.04	12935.56	1.007
60	24	1	1	345	13589.33	13337.76	1.019
60	3	1	2	345	10472.15	8528.15	1.228
60	6	1	2	345	10030.78	9136.89	1.098
60	9	1	2	345	10483.69	9818.04	1.068
60	12	1	2	345	10554.5	10423.10	1.013
60	15	1	2	345	10553.16	10946.11	0.964
60	18	1	2	345	10691.17	11396.75	0.938
60	21	1	2	345	10930.88	11798.43	0.926

b/mm	a/mm	t/mm	h/mm	f_y/MPa	P_n/N	P_c/N	P_n/P_c
60	24	1	2	345	11215.16	12148.57	0.923
60	3	1	3	345	10222.75	8338.01	1.226
60	6	1	3	345	9661.528	8828.33	1.094
60	9	1	3	345	10239.47	9412.41	1.088
60	12	1	3	345	9855.033	9945.68	0.991
60	15	1	3	345	9904.312	10414.91	0.951
60	18	1	3	345	9912.281	10826.83	0.916
60	21	1	3	345	10013.74	11190.72	0.895
60	24	1	3	345	10182.28	11516.09	0.884
60	3	1	4	345	10059.14	8219.17	1.224
60	6	1	4	345	9430.848	8633.20	1.092
60	9	1	4	345	9897.138	9148.22	1.082
60	12	1	4	345	9615.004	9631.73	0.998
60	15	1	4	345	9388.561	10062.68	0.933
60	18	1	4	345	9103.423	10444.74	0.872
60	21	1	4	345	11540.48	10784.20	1.070
60	24	1	4	345	9875.891	11088.56	0.891
60	3	1	1	550	15670.12	12296.79	1.274
60	6	1	1	550	15457.07	13473.10	1.147
60	9	1	1	550	15831.35	14684.90	1.078
60	12	1	1	550	15467.78	15712.60	0.984
60	15	1	1	550	15798.91	16593.50	0.952
60	18	1	1	550	15894.25	17340.75	0.917
60	21	1	1	550	16138.23	17989.23	0.897
60	24	1	1	550	16480.82	18559.85	0.888
60	3	1	2	550	15077.1	11736.19	1.285
60	6	1	2	550	14564.52	12599.84	1.156
60	9	1	2	550	13970.78	13566.23	1.030
60	12	1	2	550	14582.43	14424.66	1.011
60	15	1	2	550	14122.04	15166.68	0.931
60	18	1	2	550	13904.63	15806.03	0.880
60	21	1	2	550	13861.28	16375.92	0.846

续表4-7

b/mm	a/mm	t/mm	h/mm	f_y/MPa	P_n/N	P_c/N	P_n/P_c
60	24	1	2	550	13913.92	16872.68	0.825
60	3	1	3	550	14395.61	11466.43	1.255
60	6	1	3	550	14126.59	12162.07	1.162
60	9	1	3	550	14101.53	12990.73	1.086
60	12	1	3	550	13816.62	13747.32	1.005
60	15	1	3	550	13225.91	14413.03	0.918
60	18	1	3	550	12883.17	14997.46	0.859
60	21	1	3	550	12701.27	15513.72	0.819
60	24	1	3	550	12637.76	15975.35	0.791
60	3	1	4	550	14191.79	11297.82	1.256
60	6	1	4	550	13847.79	11885.24	1.165
60	9	1	4	550	13726.98	12615.91	1.088
60	12	1	4	550	13349.91	13301.89	1.004
60	15	1	4	550	12680.98	13913.32	0.911
60	18	1	4	550	12999.15	14455.37	0.899
60	21	1	4	550	13981.9	14936.97	0.936
60	24	1	4	550	13560.29	15368.78	0.882

表4-8 能量法与公式(4-63)计算构件承载力对比

参数		轴 压			受 弯			偏 压		
		Q235	Q345	LQ550	Q235	Q345	LQ550	Q235	Q345	LQ550
不同受力模式、不同钢材种类构件	均值	1.0344	1.0035	0.9942	1.0464	1.0146	1.0033	1.0377	1.0208	0.9956
	方差	0.0417	0.0726	0.1134	0.0542	0.0675	0.1115	0.0730	0.0980	0.1366
	变异系数	0.0403	0.0723	0.1140	0.0518	0.0666	0.1112	0.0703	0.0960	0.1372
不同受力模式构件	均值	1.0152			1.0249			1.0229		
	方差	0.0863			0.0867			0.1119		
	变异系数	0.0850			0.0846			0.1094		
所有构件	均值	1.0220								
	方差	0.0958								
	变异系数	0.0937								

从表4-5~表4-8的计算值对比以及统计分析可以看出，采用公式(4-63)计算的板件畸变屈曲强度与能量法计算的强度比较吻合，均值与1比较接近，变异系数也相对较小，除卷边翼缘宽厚比较小和较大的板件外，误差均在8%以内，而对于超出8%以外的卷边翼缘宽厚比较小和较大的板件，其卷边翼缘宽厚比已经超出《冷弯薄壁型钢结构技术规范》的限值，为此在规范规定的范围内，可采用公式(4-63)计算板件畸变屈曲的强度，这在形式上可以与局部屈曲的有效宽度法形成统一。

同时可以发现，随着钢材屈服强度的提高，公式(4-63)计算的畸变屈曲强度安全度逐渐降低，随着卷边翼缘宽厚比的降低，公式(4-63)计算的畸变屈曲强度安全度逐渐降低，而对于轴压、受弯以及偏压构件，公式(4-63)计算的畸变屈曲强度安全度逐渐降低。

4.4.3　畸变屈曲强度计算简化公式

上节采用能量法对于公式(4-63)计算畸变屈曲强度的适用性进行了验证，表明在规范限定的截面形式下，可以采用公式(4-63)计算边缘加劲板件的畸变屈曲强度，这样就可采用与计算局部屈曲的有效宽度法相一致的畸变屈曲有效宽度法公式，那么对于边缘加劲板件可以采用统一的有效宽度法公式(4-72)计算局部和畸变屈曲强度。

$$
\begin{cases}
\dfrac{b_e}{t} = \dfrac{b_c}{t} & \dfrac{b}{t} \leqslant 18\alpha\rho \\[4mm]
\dfrac{b_e}{t} = \left(\sqrt{\dfrac{21.8\alpha\rho}{\dfrac{b}{t}}} - 0.1 \right) \dfrac{b_c}{t} & 18\alpha\rho < \dfrac{b}{t} < 38\alpha\rho \\[4mm]
\dfrac{b_e}{t} = \dfrac{25\alpha\rho}{\dfrac{b}{t}} \dfrac{b_c}{t} & \dfrac{b}{t} \geqslant 38\alpha\rho
\end{cases}
\tag{4-72}
$$

式中，b、t、b_e 分别为板件宽度、厚度及有效宽度；α 为计算系数；b_c 为板件受压区宽度；ρ 为计算系数，$\rho = \sqrt{235k_1k/\sigma_1}$，$\sigma_1$ 为板件的最大应力，k 为板件受压稳定系数，按照第3章建议的局部和畸变屈曲弹性屈曲应力统一计算公式进行计算。

4.5　小结

本章主要对边缘加劲板件畸变屈曲的非线性理论进行了研究，首先提出了畸变屈曲考虑比例极限后弹塑性的畸变屈曲临界应力的近似计算方法，利用有限元分析验证了比例极限后的弹塑性对于考虑初始缺陷的构件畸变屈曲强度影响较小，因而为避免复杂的迭代计算，可采用理想弹塑性进行近似简化分析，采用边缘屈服准则；采用能量法推导了计算边缘加劲板件畸变屈曲的大挠度理论计算方法以及强度计算方法，采用有限元法验证了本章大挠度理论的正确性；然后采用考虑材料非线性和几何非线性的能量法计算了不同截面尺寸的边缘加劲板件的畸变屈曲强度，用此强度与相应的局部屈曲有效宽度法公式计算的强度进行比较分析，表明在规范规定的截面范围内，局部和畸变屈曲可以采用统一的有效宽度法公式计算屈曲强度，也即求解边缘加劲板件的局部和畸变屈曲有效宽度。

5　冷弯薄壁型钢开口截面构件
承载力计算方法

5.1　概述

　　冷弯薄壁型钢卷边槽形截面构件受力会发生整体失稳、局部屈曲以及畸变屈曲，通常采用有效宽度法考虑局部屈曲对整体失稳的影响。在前述章节分析的基础上，可以采用局部屈曲相同的分析方法，利用有效宽度法考虑畸变屈曲对于整体失稳的影响，采用局部和畸变屈曲统一有效宽度法计算开口薄壁截面构件的承载力。本章先参照局部屈曲给出开口薄壁截面构件承载力计算方法，并采用北美规范验证采用局部屈曲相同的处理方式考虑畸变屈曲和整体屈曲相关作用的适用性。然后简单介绍开口薄壁截面构件承载力的系列相关试验，并总结了国内相关的其他学者试验数据，同时给出了国外相关的经典试验数据，初步建立了卷边槽形截面构件承载力试验的试验数据库，最后采用本文提出的统一承载力计算方法计算所有试验构件的承载力，验证本文建议方法的准确性。

5.2　开口薄壁截面构件畸变屈曲承载力建议计算方法

5.2.1　承载力计算方法

　　对于卷边槽形截面构件畸变屈曲极限承载力的计算采用有效宽度法考虑畸变屈曲的屈曲后强度，这样可利用构件整体失稳的极限承载力计算公式考虑畸变屈曲和整体屈曲的相关作用，形成与局部屈曲相同的计算模式，可以建立统一的承载力计算方法。参照《冷弯薄壁型钢结构技术规范》（GB 50018—2002）[1]对于不同受力状态和不同板件形式的卷边槽形截面构件极限承载力进行计算，其中有效宽度按照 5.2.2 节计算。

5.2.2　有效宽度计算方法

　　在前述章节中对于边缘加劲板件的屈曲后强度进行分析，建立了局部和畸变屈曲的屈曲强度计算统一方法。相应的计算方法如下，对于加劲板件、部分加劲板件和非加劲板件的有效宽度按式(5-1)计算。

$$
\begin{cases}
\dfrac{b_e}{t} = \dfrac{b_c}{t} & \dfrac{b}{t} \leqslant 18\alpha\rho \\[3mm]
\dfrac{b_e}{t} = \left(\sqrt{\dfrac{21.8\alpha\rho}{\dfrac{b}{t}}} - 0.1 \right)\dfrac{b_c}{t} & 18\alpha\rho < \dfrac{b}{t} < 38\alpha\rho \\[6mm]
\dfrac{b_e}{t} = \dfrac{25\alpha\rho}{\dfrac{b}{t}}\dfrac{b_c}{t} & \dfrac{b}{t} \geqslant 38\alpha\rho
\end{cases}
\tag{5-1}
$$

式中，b、t、b_e 分别为板件宽度、厚度及有效宽度，如图 5-1 所示；α 为计算系数，$\alpha = 1.15 - 0.15\psi$，当 $\psi < 0$ 时，取 $\alpha = 1.15$；ψ 为压应力分布不均匀系数，$\psi = \sigma_{\min}/\sigma_{\max}$；$\sigma_{\max}$、$\sigma_{\min}$ 分别为受压板件边缘的最大压应力和另外一边的应力，压应力为正，拉应力为负；b_c 为板件受压区宽度，当 $\psi \geqslant 0$ 时，$b_c = b$，当 $\psi < 0$ 时，$b_c = b/(1-\psi)$；ρ 为计算系数，$\rho = \sqrt{235k_1k/\sigma_1}$，$\sigma_1$ 为板件的最大应力，轴压构件取整体稳定应力，压弯和受弯构件取屈服强度；k 为板件受压稳定系数，按式 (5-2)~式 (5-5) 计算。

对于加劲板件：

$$
\begin{cases}
k = 7.8 - 8.15\psi + 4.35\psi^2 & 0 < \psi \leqslant 1 \\
k = 7.8 - 6.29\psi + 9.78\psi^2 & -1 < \psi \leqslant 0
\end{cases}
\tag{5-2}
$$

对于部分加劲板件：

（1）当最大应力作用于加劲边，有：

$$
k = \begin{cases}
\min\left\{ 2(1-\psi)^3 + 2(1-\psi) + 4, \dfrac{b\left[(b/\lambda)^2/3 + 0.142\right] + 10.92I(b/\lambda)^2/t^3}{b(1/12 + \psi/4) + a\psi} \right\} \\
\hspace{4cm} \psi > -\dfrac{1}{3 + 12a/b} \\[3mm]
2(1-\psi)^3 + 2(1-\psi) + 4 \hspace{1.5cm} \psi \leqslant -\dfrac{1}{3 + 12a/b}
\end{cases}
\tag{5-3a}
$$

（2）当最大应力作用于非加劲边，有：

$$
k = \min\left\{ 2(1-\psi)^3 + 2(1-\psi) + 4, \dfrac{b\left[(b/\lambda)^2/3 + 0.142\right] + 10.92I(b/\lambda)^2/t^3}{b(1/4 + \psi/12) + a} \right\}
\tag{5-3b}
$$

式中，λ 为畸变屈曲半波长和构件实际计算长度的最小值；a 为卷边宽度。

对于非加劲板件：

（1）当最大应力作用于加劲边，有：

$$
\begin{cases}
k = 1.7 - 3.025\psi + 1.75\psi^2 & 0 < \psi \leqslant 1 \\
k = 1.7 - 1.75\psi + 55\psi^2 & -0.4 < \psi \leqslant 0 \\
k = 6.07 - 9.51\psi + 8.33\psi^2 & -1 \leqslant \psi \leqslant -0.4
\end{cases}
\tag{5-4a}
$$

（2）当最大应力作用于自由边，有

$$k = 0.567 - 0.213\psi + 0.071\psi^2 \qquad \psi \geqslant -1 \qquad (5\text{-}4\text{b})$$

当 $\psi < -1$，以上各式的 k 值按照 $\psi = -1$ 采用。

k_1 为板组约束系数，按照式（5-5）计算：

$$\begin{cases} k_1 = 1/\sqrt{\xi} & \xi \leqslant 1.1 \\ k_1 = 0.11 + 0.93/(\xi - 0.05)^2 & \xi > 1.1 \end{cases} \qquad (5\text{-}5)$$

其中，$\xi = c/b\sqrt{k/k_c}$，b、c 分别为计算板件和相邻板件的宽度，k、k_c 分别为计算板件和相邻板件的受压稳定系数。

5.3 冷弯卷边槽形截面构件承载力试验

为了验证本文提出的冷弯卷边槽形截面构件考虑局部和畸变屈曲的统一设计承载力计算方法的适用性，与钢之杰钢结构建筑（上海）有限公司、博思格蓝璀建筑钢结构（上海）有限公司、上海绿筑住宅科技有限公司合作对冷弯薄壁型钢卷边槽形截面构件进行了大量的承载力试验研究，具体试验研究成果见相关研究报告[117~123]。这些试件由于截面形式以及构件长度不同在试验的过程中发生了局部屈曲、畸变屈曲以及整体屈曲，能够较好的验证本文提出的统一设计方法正确性，本章仅对相关试验进行简单介绍。

5.3.1 试验概况

对于冷弯薄壁型钢构件轴压和偏压试验[68,109~113]，短柱均采用压力机加载、中长柱及长柱采用反力架加千斤顶的方式加载，加载装置如图 5-1 所示。

a b

图 5-1 受压构件试验装置图

a—短柱试验装置；b—长柱试验装置

5.3.2 轴压试验

对于轴压构件，研究的截面形式如图 5-2 所示[69,109,110~119]，钢材材性包括 S350 和 LG550，S350 和 LG550 的材性试验结果如表 5-1 和表 5-2 所示，试件名义公称截面尺寸及实测试件截面尺寸见文献 [69，109，110]。

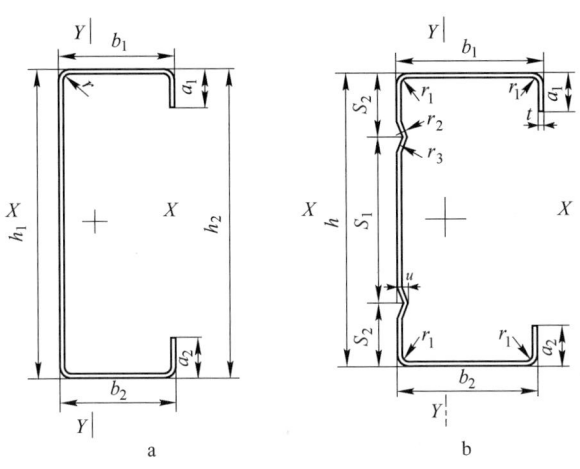

图 5-2　轴压构件截面形式

a—S350；b—LG550

表 5-1　S350 试件材性试验结果

试件编号	上屈服强度/MPa	下屈服强度/MPa	抗拉强度/MPa	断后伸长率/%	弹性模量/MPa
MS08-1	453.612	425.361	530.400	28.60	$1.945×10^5$
MS08-2	477.850	427.443	521.600	30.86	$1.852×10^5$
MS08-3	462.720	429.051	525.800	30.66	$2.201×10^5$
MS08-4	473.528	435.644	520.458	31.00	$2.107×10^5$
MS12-1	372.596	368.041	466.350	32.37	$2.089×10^5$
MS12-2	363.228	363.070	460.251	31.91	$1.987×10^5$
MS12-3	379.664	372.544	469.500	34.00	$1.824×10^5$
MS12-4	382.436	375.102	470.687	33.53	$2.158×10^5$

表 5-2　LG550 试件材性试验结果

试件类型	屈服强度 $f_{0.2}$ /MPa	抗拉强度 f_u /MPa	弹性模量 E /MPa	伸长率 $δ$/%	备注
SS1001	613	623	$2.02×10^5$	11.70	
SS1002	617	619	$2.14×10^5$	10.70	

试件类型	屈服强度 $f_{0.2}$ /MPa	抗拉强度 f_u /MPa	弹性模量 E /MPa	伸长率 δ/%	备 注
SS1003	615	618	1.98×10^5	11.10	
SS7501	667	670			断在标距外
SS7502	665	688	2.07×10^5	3.49	
SS7503	665	682	2.22×10^5	6.44	
SS7504	668	677	2.06×10^5	3.00	

试件试验承载力以及采用建议的统一设计方法计算构件承载力如表5-3和表5-4所示，其中 P_t、P_{c1}、P_{c2}、P_{cr1}、P_{cr2} 分别为试验值、冷弯薄壁型钢结构技术规范考虑板组相关和不考虑板组相关计算承载力、建议的局部和畸变统一设计方法考虑板组相关和不考虑板组相关计算承载力，P_A 为北美规范 AISI S100—2007 计算承载力。试验中各试件的屈曲模式如表5-3和图5-3所示，L、D、B 分别表示局部、畸变和整体屈曲，其中 LG550 典型轴压构件屈曲模态图如图5-3所示，分别表示短柱、中长柱、长柱以及绕强轴失稳构件的破坏模式。短柱、中长柱和绕强轴失稳构件主要发生局部和畸变屈曲，整体弯曲失稳不明显，而长柱主要发生整体弯曲失稳，畸变屈曲不明显，只在破坏时发生类似畸变的变形模式。

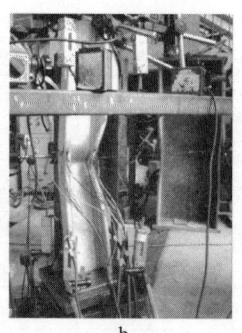

a b c d

图 5-3 典型试件破坏情况

a—短柱试件；b—$\lambda \leqslant 75$绕弱轴失稳；c—$\lambda > 75$绕弱轴失稳；d—绕强轴失稳

表 5-3 S350 卷边槽形截面试件试验值以及计算承载力对比

序号	试件编号	P_t /kN	P_{c1} /kN	P_{c2} /kN	P_{cr1} /kN	P_{cr2} /kN	P_A /kN	P_t/P_{c1}	P_t/P_{c2}	P_t/P_{cr1}	P_t/P_{cr2}	P_t/P_A	屈曲模式
1	C7012-50-AC-Y-1	45.65	41.41	42.90	43.00	44.43	43.54	1.10	1.06	1.06	1.03	1.05	L+B
2	C7012-50-AC-Y-2	46.68	41.96	43.35	43.55	44.87	43.98	1.11	1.08	1.07	1.04	1.06	L+B

续表5-3

序号	试件编号	P_t /kN	P_{c1} /kN	P_{c2} /kN	P_{cr1} /kN	P_{cr2} /kN	P_A /kN	P_t/P_{c1}	P_t/P_{c2}	P_t/P_{cr1}	P_t/P_{cr2}	P_t/P_A	屈曲模式
3	C7012-100-AC-Y-1	25.67	26.19	26.23	27.13	27.13	26.58	0.98	0.98	0.95	0.95	0.97	L+B
4	C7012-100-AC-Y-2	24.86	25.84	25.88	26.77	26.77	26.23	0.96	0.96	0.93	0.93	0.95	L+B
5	C7012-150-AC-Y-1	14.35	14.47	14.47	14.78	14.78	14.48	0.99	0.99	0.97	0.97	0.99	L+B
6	C7012-150-AC-Y-2	12.91	13.87	13.87	14.18	14.18	13.90	0.93	0.93	0.91	0.91	0.93	L+B
7	C7012-150-AC-Y-3	14.06	14.52	14.52	14.84	14.84	14.54	0.97	0.97	0.95	0.95	0.97	L+B
8	C14008-50-AC-Y-1	30.20	21.94	25.45	23.50	27.18	26.63	1.38	1.19	1.28	1.11	1.13	L+B
9	C14008-50-AC-Y-1	30.25	21.92	25.44	23.48	27.17	26.63	1.38	1.19	1.29	1.11	1.14	L+B
10	C14008-100-AC-Y-1	17.33	15.11	16.90	16.14	17.97	17.61	1.15	1.03	1.07	0.96	0.98	L+B
11	C14008-100-AC-Y-2	18.75	14.50	16.26	15.51	17.32	16.97	1.29	1.15	1.21	1.08	1.10	L+B
12	C14008-150-AC-Y-1	12.21	10.42	10.92	11.13	11.55	11.32	1.17	1.12	1.10	1.06	1.08	L+B
13	C14008-150-AC-Y-2	12.21	10.38	10.86	11.09	11.50	11.27	1.18	1.12	1.10	1.06	1.08	L+B
14	C14012-50-AC-Y-1	42.48	42.41	47.24	44.43	49.36	48.38	1.00	0.90	0.96	0.86	0.88	L+B
15	C14012-50-AC-Y-2	45.27	41.97	46.80	43.98	48.90	47.93	1.08	0.97	1.03	0.93	0.94	L+B
16	C14012-100-AC-Y-1	30.12	30.12	31.43	31.53	32.69	32.04	1.00	0.96	0.96	0.92	0.94	L+B
17	C14012-100-AC-Y-2	31.24	29.76	31.08	31.17	32.34	31.69	1.05	1.01	1.00	0.97	0.99	L+B
18	C14012-150-AC-Y-1	22.96	18.29	18.84	18.94	19.51	19.12	1.26	1.22	1.21	1.18	1.20	L+B
19	C14012-150-AC-Y-2	23.68	18.17	18.72	18.82	19.39	19.00	1.30	1.27	1.26	1.22	1.25	L+B
20	C7012-50-AC-X-1	50.004	41.68	43.10	43.52	45.12	44.22	1.20	1.16	1.15	1.11	1.13	L+B
21	C7012-50-AC-X-2	50.324	42.73	44.11	44.57	46.09	45.17	1.18	1.14	1.13	1.09	1.11	L+B
22	C7012-75-AC-X-1	38.69	34.61	35.36	36.14	37.04	36.30	1.12	1.09	1.07	1.04	1.07	L+B
23	C7012-75-AC-X-2	41.21	35.45	36.15	36.98	37.79	37.04	1.16	1.14	1.11	1.09	1.11	L+B
均 值								1.1278	1.0703	1.0769	1.0247	1.0456	
方 差								0.1328	0.1030	0.1167	0.0933	0.0952	
变异系数								0.1177	0.0963	0.1084	0.0910	0.0910	

从表5-3可以看出：采用建议的统一屈曲稳定系数的计算方法，由于较好的考虑了构件截面尺寸对于翼缘屈曲稳定系数的影响，计算承载力与试验值更加接近，同时变异系数也相对较小；构件的截面形式范围为：$0.24 < a/b < 0.34$、$1.97 < h/b < 2.85$，覆盖截面范围为卷边翼缘宽度比相对较大的截面，翼缘屈曲稳定系数提高较多，建议方法计算承载力大于规范计算承载力；不考虑板组约束的承载

力大于考虑板组约束的承载力；北美规范计算结果相对于试验值吻合较好，变异性较小。

表 5-4　LG550 卷边槽形截面试件试验值以及计算承载力对比

序号	试件编号	P_t /kN	P_{c1} /kN	P_{c2} /kN	P_{cr1} /kN	P_{cr2} /kN	P_A /kN	$P_t/$ P_{c1}	$P_t/$ P_{c2}	$P_t/$ P_{cr1}	$P_t/$ P_{cr2}	$P_t/$ P_A	屈曲模式
1	SS7510-10-AC-Y-1	68.94	59.68	59.88	75.376	67.095	51.22	1.16	1.15	0.91	1.03	1.35	D
2	SS7510-10-AC-Y-2	53.70	59.81	60.00	75.505	67.22	51.22	0.90	0.90	0.71	0.80	1.05	
3	SS7510-10-AC-Y-3	73.01	59.54	59.73	75.267	66.978	51.22	1.23	1.22	0.97	1.09	1.43	D
4	SS7510-50-AC-Y-1	43.78	45.48	45.57	49.931	48.094	49.79	0.96	0.96	0.88	0.91	0.88	D
5	SS7510-50-AC-Y-2	46.45	45.45	45.55	49.742	48.003	49.53	1.02	1.02	0.93	0.97	0.94	D
6	SS7510-100-AC-Y-1	26.57	19.18	19.14	20.333	19.653	22.40	1.39	1.39	1.31	1.35	1.19	B
7	SS7510-100-AC-Y-2	26.81	19.16	19.13	20.308	19.63	22.40	1.40	1.40	1.32	1.37	1.20	B
8	SS7510-100-AC-Y-3	24.85	19.14	19.11	20.281	19.618	22.40	1.30	1.30	1.27	1.27	1.11	B
9	SS7510-100-AC-Y-4	25.73	19.12	19.05	20.268	19.719	22.40	1.35	1.35	1.27	1.30	1.15	B
10	SS7510-100-AC-Y-5	28.43	19.19	19.12	20.391	19.772	22.40	1.48	1.49	1.39	1.44	1.27	B
11	SS7510-150-AC-Y-1	16.80	10.36	10.34	10.654	10.641	10.84	1.62	1.62	1.58	1.58	1.55	
12	SS7510-150-AC-Y-2	12.57	10.39	10.37	10.691	10.677	10.84	1.21	1.21	1.18	1.18	1.16	B+D
13	SS7510-150-AC-Y-3	12.86	10.34	10.32	10.622	10.609	10.84	1.24	1.25	1.21	1.21	1.19	D
14	SS7510-150-AC-Y-4	15.50	10.36	10.32	10.666	10.662	10.84	1.50	1.50	1.45	1.45	1.43	B
15	SS7510-45-AC-X-1	52.94	48.05	48.15	49.931	48.094	51.22	1.10	1.10	1.06	1.10	1.03	B+D
16	SS7510-45-AC-X-2	49.16	48.02	48.14	49.742	48.003	51.22	1.02	1.02	0.99	1.02	0.96	D
17	SS7510-45-AC-X-3	54.49	47.95	48.06	49.735	47.943	51.22	1.14	1.13	1.10	1.14	1.06	D
18	SS7510-70-AC-X-1	53.31	35.20	35.26	48.913	48.795	40.88	1.51	1.51	1.09	1.09	1.30	B+D
19	SS7510-70-AC-X-2	45.35	35.08	35.15	48.906	48.777	40.54	1.29	1.29	0.93	0.93	1.12	B+D
20	SS7510-70-AC-X-3	53.96	35.09	35.16	35.72	35.63	40.53	1.54	1.53	1.51	1.51	1.33	B+D
21	SS7510-70-AC-X-4	56.03	34.89	35.00	35.57	35.47	40.77	1.61	1.60	1.58	1.58	1.37	D
22	SS7510-70-AC-X-5	53.14	34.99	35.08	35.63	35.97	40.47	1.52	1.51	1.49	1.48	1.31	B+D
23	SS1010-10-AC-Y-1	68.56	62.31	62.7	81.467	72.188	59.58	1.10	1.09	0.84	0.95	1.15	D
24	SS1010-10-AC-Y-2	60.26	62.47	62.89	81.665	72.305	59.58	0.96	0.96	0.74	0.83	1.01	
25	SS1010-10-AC-Y-3	66.46	62.67	63.06	81.826	72.509	59.58	1.06	1.05	0.81	0.92	1.12	D
26	SS1010-30-AC-Y-1	63.68	56.51	56.83	64.165	61.172	59.58	1.13	1.12	0.99	1.04	1.07	D
27	SS1010-30-AC-Y-2	69.88	56.76	57.10	64.582	61.508	59.58	1.23	1.22	1.08	1.14	1.17	D

序号	试件编号	P_t /kN	P_{c1} /kN	P_{c2} /kN	P_{cr1} /kN	P_{cr2} /kN	P_A /kN	P_t/P_{c1}	P_t/P_{c2}	P_t/P_{cr1}	P_t/P_{cr2}	P_t/P_A	屈曲模式
28	SS1010-30-AC-Y-3	65.48	56.52	56.83	64.126	61.162	59.58	1.16	1.15	1.02	1.07	1.10	D
29	SS1010-50-AC-Y-1	55.24	47.29	47.40	54.03	50.649	55.35	1.17	1.17	1.02	1.09	1.00	D
30	SS1010-50-AC-Y-2	58.81	47.41	47.53	53.978	50.643	55.06	1.24	1.24	1.09	1.16	1.07	D
31	SS1010-50-AC-Y-3	55.27	47.37	47.47	53.974	50.68	55.01	1.17	1.16	1.02	1.09	1.00	D
32	SS1010-75-AC-Y-1	44.65	34.42	34.48	39.286	36.921	42.54	1.30	1.29	1.14	1.21	1.05	D
33	SS1010-75-AC-Y-2	42.38	34.37	34.43	39.198	36.92	42.16	1.23	1.23	1.08	1.15	1.01	D
34	SS1010-75-AC-Y-3	46.61	34.37	34.43	39.18	36.83	42.20	1.36	1.35	1.19	1.27	1.10	D
35	SS1010-100-AC-Y-1	35.02	25.89	25.93	33.27	32.64	32.05	1.35	1.35	1.05	1.07	1.09	B
36	SS1010-100-AC-Y-2	35.97	25.91	25.96	33.16	32.57	32.36	1.39	1.39	1.08	1.10	1.11	B+D
37	SS1010-120-AC-Y-1	29.09	19.98	20.15	28.574	27.629	24.71	1.46	1.44	1.02	1.05	1.18	B+D
38	SS1010-120-AC-Y-2	30.15	19.96	20.18	28.625	27.647	24.71	1.51	1.49	1.05	1.09	1.22	B+D
39	SS1010-120-AC-Y-3	32.02	19.98	20.17	28.621	27.658	24.71	1.60	1.59	1.12	1.16	1.30	B+D
40	SS1010-120-AC-Y-4	31.05	19.98	20.05	28.922	27.554	24.67	1.55	1.55	1.07	1.13	1.26	B
41	SS1010-150-AC-Y-1	19.43	13.59	13.57	21.982	20.885	15.54	1.43	1.43	0.88	0.93	1.25	B
42	SS1010-150-AC-Y-2	18.61	13.60	13.59	21.964	20.88	15.54	1.37	1.37	0.85	0.89	1.20	B+D
43	SS1010-45-AC-X-1	57.48	54.64	54.94	57.54	57.09	59.58	1.05	1.05	1.00	1.01	0.96	D
44	SS1010-45-AC-X-2	58.01	54.46	54.80	57.31	56.89	59.58	1.07	1.06	1.01	1.02	0.97	D
45	SS1010-45-AC-X-3	58.30	54.62	54.95	57.56	57.12	59.58	1.07	1.06	1.01	1.02	0.98	B+D
46	SS1010-70-AC-X-1	46.52	40.63	40.74	42.75	42.31	48.01	1.14	1.14	1.09	1.10	0.97	B+D
47	SS1010-70-AC-X-2	56.38	40.56	40.67	42.62	42.16	48.01	1.39	1.39	1.32	1.34	1.17	D
48	SS1010-70-AC-X-3	54.05	40.57	40.67	42.62	42.18	48.01	1.33	1.33	1.27	1.28	1.13	D
49	SS1075-10-AC-Y-1	31.62	37.01	37.24	48.194	43.346	39.23	0.85	0.85	0.66	0.73	0.81	
50	SS1075-10-AC-Y-2	40.04	37.02	37.22	48.209	43.358	39.23	1.08	1.08	0.83	0.92	1.02	D
51	SS1075-10-AC-Y-3	42.32	37.01	37.24	48.221	43.359	39.23	1.14	1.14	0.88	0.98	1.08	D
52	SS1075-50-AC-Y-1	35.50	28.00	28.21	31.813	30.612	36.89	1.27	1.26	1.12	1.16	0.96	B+D
53	SS1075-50-AC-Y-2	35.42	28.03	28.25	31.873	30.677	36.95	1.26	1.25	1.11	1.15	0.96	B+D
54	SS1075-50-AC-Y-3	34.36	28.07	28.25	31.859	30.667	36.99	1.22	1.22	1.08	1.12	0.93	B+D
55	SS1075-100-AC-Y-1	20.80	15.79	15.84	18.129	16.97	19.81	1.32	1.31	1.15	1.23	1.05	B+D
56	SS1075-100-AC-Y-2	21.44	15.78	15.82	18.114	19.959	19.87	1.36	1.36	1.18	1.07	1.08	B+D
57	SS1075-150-AC-Y-1	12.41	9.20	9.22	10.024	9.573	11.78	1.35	1.35	1.24	1.30	1.05	B+D
58	SS1075-150-AC-Y-2	14.29	9.20	9.22	10.024	9.573	11.78	1.55	1.55	1.43	1.49	1.21	B
59	SS1075-45-AC-X-1	34.29	31.96	32.18	33.42	33.39	39.23	1.07	1.07	1.03	1.03	0.87	B+D
60	SS1075-45-AC-X-2	31.08	31.96	32.19	33.43	33.37	39.23	0.97	0.97	0.93	0.93	0.79	B+D

序号	试件编号	P_t/kN	P_{c1}/kN	P_{c2}/kN	P_{cr1}/kN	P_{cr2}/kN	P_A/kN	P_t/P_{c1}	P_t/P_{c2}	P_t/P_{cr1}	P_t/P_{cr2}	P_t/P_A	屈曲模式
61	SS1075-45-AC-X-3	34.11	31.96	32.19	33.43	33.37	39.23	1.07	1.06	1.02	1.02	0.87	B+D
62	SS1075-70-AC-X-1	33.03	24.64	24.78	25.75	25.75	32.50	1.34	1.33	1.28	1.28	1.02	D
63	SS1075-70-AC-X-2	30.76	24.61	24.77	25.75	25.73	32.44	1.25	1.24	1.19	1.20	0.95	B+D
均 值								1.2605	1.2567	1.0962	1.1352	1.1057	
方 差								0.2043	0.2174	0.1526	0.1378	0.1555	
变异系数								0.1621	0.1730	0.1392	0.1214	0.1406	

从表5-4可以看出：采用建议的统一屈曲稳定系数的计算方法，由于较好的考虑了局部和畸变屈曲对构件极限承载力的影响以及构件截面形式对于翼缘屈曲稳定系数的影响，计算承载力与试验值更加接近，同时变异系数也相对较小；构件的截面形式范围为：$0.24<a/b<0.26$、$1.89<h/b<1.99$，截面的翼缘卷边宽厚比相对较大，且比较集中，翼缘屈曲稳定系数提高较多。为此，建议方法计算承载力大于规范计算承载力；不考虑板组约束的承载力大于考虑板组约束的承载力；北美规范计算结果相对于试验值稍微偏大，但变异性较小。

5.3.3 偏压试验

偏压构件研究的截面形式如图5-4所示[75,111~113]，钢材材性包括S280、S350和LG550，S280的材性试验结果见表5-5。S350和LG550试件名义公称截面尺寸及试验测量截面尺寸见文献［75，111~113］。

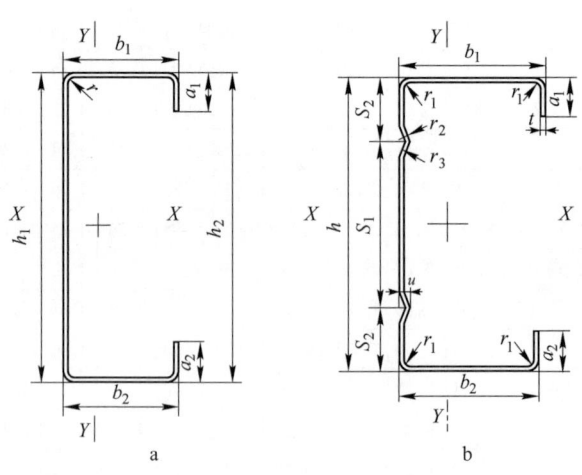

图5-4 偏压构件截面形式

a—S280/S350；b—LG550

表 5-5 S280 试件的材性试验

试件编号	上屈服强度/MPa	下屈服强度/MPa	抗拉强度/MPa	断后伸长率/%	弹性模量/MPa
第 I 组	325.101	302.604	366.053	39.28	2.002×10^5
第 II 组	329.739	319.417	370.235	39.6	1.969×10^5

　　试验承载力以及采用前述建议方法计算构件承载力如表 5-6~表 5-8 所示。试验中各试件的屈曲模式如表 5-6~表 5-8 所示，其中 LG550 典型偏压构件屈曲模态图如图 5-5 所示。大部分试件在整体失稳之前都发生了板件局部屈曲现象。宽厚比越大的试件（$b/t = 80$）局部屈曲现象出现得越早也越明显，局部屈曲对试件整体屈曲的相关影响较大。对于卷边槽形截面构件绕弱轴失稳，且荷载偏向卷边和绕强轴失稳的试件，当长细比较小时，均为畸变屈曲破坏，见图 5-5a 和图 5-5b。长细比较大时，部分试件有畸变屈曲现象，最终破坏为畸变屈曲、整体屈曲的相关作用，见图 5-5c 和图 5-5d。对于卷边槽形截面绕弱轴失稳，且荷

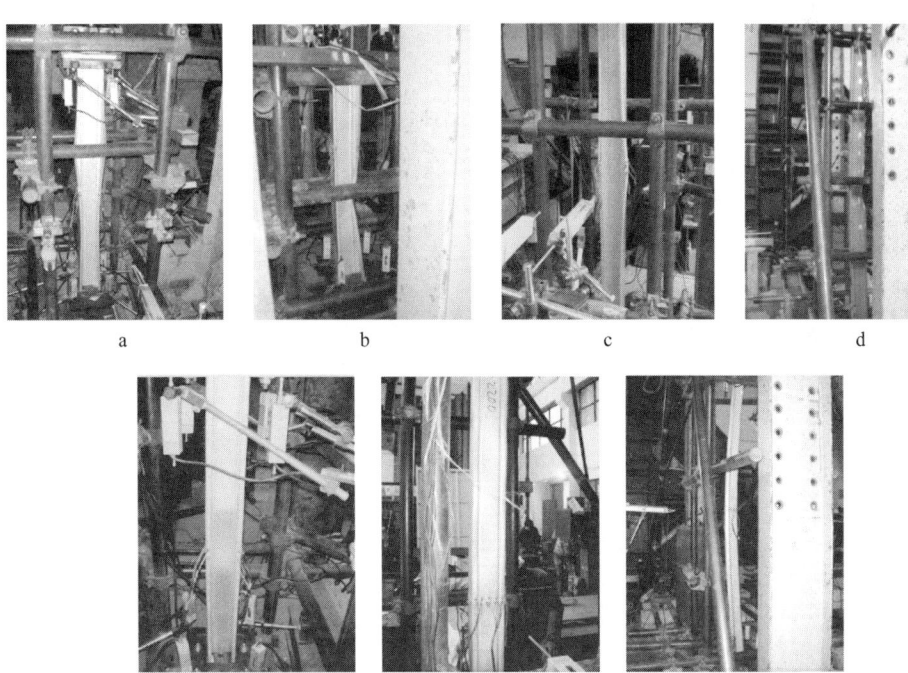

图 5-5 部分试件失稳破坏照片

a—SS1010-50-EC-Y-3；b—SS1075-25-EC-X-1；c—SS1010-100-EC-Y-3；

d—SS1075-50-EC-X-1；e—SS7510-50-EC-Y-2；

f—SS1075-120-EC-Y-1；g—SS1010-100-EC-Y-2

载偏向腹板的试件，当长细比较小时，腹板局部屈曲现象明显，见图5-5e。当长细比较大时，最终破坏主要是由于局部屈曲和整体屈曲相关作用引起的，见图5-5f和图5-5g。

表5-6 S280试件试验承载力及计算承载力

试件编号	e/mm	P_t/kN	P_{c1}/kN	P_{c2}/kN	P_{cr1}/kN	P_{cr2}/kN	P_A/kN	P_t/P_{c1}	P_t/P_{c2}	P_t/P_{cr1}	P_t/P_{cr2}	P_t/P_A	屈曲模式
A. 开口卷边槽形截面绕弱轴失稳，荷载偏向腹板												
SS89-600-EC1-Y-1	7.74	29.09	25.98	26.41	26.53	26.93	25.58	1.12	1.10	1.10	1.08	1.14	L+B
SS89-600-EC1-Y-2	7.74	29.40	25.67	26.12	26.22	26.74	25.40	1.15	1.13	1.12	1.10	1.16	L+B
SS89-1200-EC1-Y-1	7.74	22.78	21.40	21.79	21.89	22.23	21.12	1.06	1.05	1.04	1.02	1.08	L+B
SS89-1200-EC1-Y-2	7.74	22.78	20.94	21.33	21.42	21.76	20.67	1.09	1.07	1.06	1.05	1.10	L+B
SS89-1800-EC1-Y-1	7.74	16.55	14.19	14.76	14.53	15.21	14.45	1.17	1.12	1.14	1.09	1.15	L+B
SS89-1800-EC1-Y-2	7.74	16.61	14.09	14.66	14.43	15.09	14.34	1.18	1.13	1.15	1.10	1.16	L+B
SS140-1200-EC1-Y-1	7.38	19.20	19.95	21.15	20.32	21.31	20.24	0.96	0.91	0.94	0.90	0.95	L+B
SS140-1200-EC1-Y-2	7.38	22.39	22.43	23.33	22.75	23.33	22.16	1.00	0.96	0.98	0.96	1.01	L+B
SS140-1800-EC1-Y-1	7.38	15.77	12.72	13.95	12.99	14.13	13.42	1.24	1.13	1.21	1.12	1.17	L+B
SS140-1800-EC1-Y-2	7.38	16.06	13.29	14.48	13.55	14.53	13.80	1.21	1.11	1.19	1.11	1.16	L+B
SS140-1800-EC1-Y-5	7.38	15.82	13.85	15.05	14.09	15.06	14.31	1.14	1.05	1.12	1.05	1.11	L+B
B. 开口卷边槽形截面绕弱轴失稳，荷载偏向卷边												
SS89-600-EC1-Y-3	7.74	31.84	19.25	21.15	24.89	25.42	24.15	1.65	1.51	1.28	1.25	1.32	D+B
SS89-600-EC1-Y-4	7.74	32.10	20.66	22.62	26.53	27.04	25.69	1.55	1.42	1.21	1.19	1.25	D+B
SS89-1200-EC1-Y-3	7.74	27.38	16.72	18.11	20.90	21.35	20.28	1.64	1.51	1.31	1.28	1.35	D+B
SS89-1200-EC1-Y-4	7.74	26.96	16.96	18.38	21.19	21.61	20.53	1.59	1.47	1.27	1.25	1.31	D+B
SS89-1800-EC1-Y-3	7.74	19.67	11.57	12.45	13.70	14.38	13.66	1.70	1.58	1.44	1.37	1.44	D+B
SS89-1800-EC1-Y-4	7.74	19.486	12.00	12.87	14.15	14.83	14.09	1.62	1.51	1.38	1.31	1.38	D+B
SS140-1200-EC1-Y-3	7.38	26.37	16.64	18.71	20.95	21.24	20.55	1.58	1.37	1.26	1.24	1.28	D+B
SS140-1200-EC1-Y-4	7.38	25.77	16.24	18.71	20.43	21.20	20.14	1.59	1.38	1.26	1.22	1.28	D+B
SS140-1800-EC1-Y-3	7.38	20.08	9.85	11.26	11.55	12.67	12.04	2.04	1.78	1.74	1.59	1.67	D+B
SS140-1800-EC1-Y-4	7.38	20.45	10.45	11.92	12.17	13.21	12.55	1.96	1.72	1.68	1.55	1.63	D+B
C. 开口卷边槽形截面绕强轴失稳												
SS89-600-EC1-X-1	17.75	33.97	34.83	35.86	35.85	36.53	34.71	0.98	0.95	0.95	0.93	0.98	D+B
SS89-600-EC1-X-2	17.75	35.03	35.06	36.16	35.95	36.67	34.84	1.00	0.97	0.97	0.96	1.01	D+B
SS89-900-EC1-X-1	17.75	31.40	34.24	35.26	35.20	35.81	34.02	0.92	0.89	0.89	0.88	0.92	D+B
SS89-900-EC1-X-2	17.75	31.22	33.86	34.86	34.83	35.46	33.69	0.92	0.90	0.90	0.88	0.93	D+B

试件编号	e/mm	P_t /kN	P_{c1} /kN	P_{c2} /kN	P_{cr1} /kN	P_{cr2} /kN	P_A /kN	$P_t/$ P_{c1}	$P_t/$ P_{c2}	$P_t/$ P_{cr1}	$P_t/$ P_{cr2}	$P_t/$ P_A	屈曲 模式
SS89-900-EC1-X-3	17.75	31.45	24.88	25.72	27.04	27.51	26.14	1.26	1.22	1.16	1.14	1.20	D+B
SS89-1200-EC1-X-1	17.75	30.34	22.41	23.39	24.69	25.15	23.90	1.35	1.30	1.23	1.21	1.27	D+B
SS89-1200-EC1-X-2	17.75	32.36	23.62	24.53	25.79	26.26	24.95	1.37	1.32	1.25	1.23	1.30	D+B
SS89-1200-EC1-X-3	17.75	31.74	23.09	24.04	25.18	25.67	24.39	1.37	1.32	1.26	1.24	1.30	D+B
SS89-1200-EC2-X-1	17.75	31.79	22.69	23.61	24.70	25.19	23.93	1.40	1.35	1.29	1.26	1.33	D+B
SS89-1200-EC2-X-2	17.75	30.10	22.75	23.72	24.89	25.38	24.11	1.32	1.27	1.21	1.19	1.25	D+B
SS89-1500-EC1-X-1	17.75	29.95	23.07	23.83	24.77	25.25	23.98	1.30	1.26	1.21	1.19	1.25	D+B
SS89-1500-EC1-X-2	17.75	31.48	22.32	23.20	24.24	24.71	23.47	1.41	1.36	1.30	1.27	1.34	D+B
SS89-1500-EC1-X-3	17.75	31.142	23.08	23.91	24.98	25.44	24.17	1.35	1.30	1.25	1.23	1.29	D+B
SS89-1800-EC1-X-1	17.75	31.74	22.69	23.41	24.49	24.91	23.66	1.40	1.36	1.30	1.27	1.34	D+B
SS89-1800-EC1-X-2	17.75	30.99	20.77	21.67	22.81	23.23	22.07	1.49	1.43	1.36	1.33	1.40	D+B
SS89-1800-EC1-X-3	17.75	30.39	20.71	21.60	22.64	23.08	21.93	1.47	1.41	1.34	1.32	1.39	D+B
SS89-1800-EC2-X-1	17.75	29.56	21.07	21.91	22.90	23.34	22.07	1.40	1.35	1.29	1.27	1.33	D+B
SS89-1800-EC2-X-2	17.75	30.31	21.81	22.61	23.58	24.02	22.82	1.39	1.34	1.29	1.26	1.33	D+B
SS140-600-EC1-X-1	26.74	34.09	26.99	28.90	27.51	29.72	28.24	1.26	1.18	1.24	1.15	1.21	D+B
SS140-600-EC1-X-2	26.74	35.29	26.51	28.40	27.04	29.24	27.78	1.33	1.24	1.30	1.21	1.27	D+B
SS140-600-EC1-X-3	26.74	35.16	26.04	27.92	26.60	28.80	27.36	1.35	1.26	1.32	1.22	1.29	D+B
SS140-900-EC1-X-1	26.74	35.11	26.58	28.45	27.08	29.25	27.79	1.32	1.23	1.30	1.20	1.26	D+B
SS140-900-EC1-X-2	26.74	34.31	26.59	28.47	27.10	29.28	27.81	1.29	1.20	1.27	1.17	1.23	D+B
SS140-900-EC1-X-3	26.74	35.89	25.21	27.04	25.80	27.94	26.54	1.42	1.33	1.39	1.28	1.35	D+B
SS140-1200-EC1-X-1	26.74	33.79	23.46	25.23	24.10	26.18	24.87	1.44	1.34	1.40	1.29	1.36	D+B
SS140-1200-EC1-X-2	26.74	31.97	26.16	27.99	26.68	28.80	27.36	1.22	1.14	1.20	1.11	1.17	D+B
SS140-1200-EC1-X-3	26.74	31.97	25.25	27.05	25.81	27.91	26.51	1.27	1.18	1.24	1.15	1.21	D+B
SS140-1200-EC2-X-1	26.74	33.39	22.15	23.89	22.83	24.90	23.65	1.51	1.40	1.46	1.34	1.41	D+B
SS140-1200-EC2-X-2	26.74	34.13	26.16	27.98	26.66	28.78	27.34	1.30	1.22	1.28	1.19	1.25	D+B
SS140-1500-EC1-X-1	26.74	32.21	24.32	26.08	24.89	26.93	25.58	1.32	1.23	1.29	1.20	1.26	D+B
SS140-1500-EC1-X-2	26.74	31.01	24.76	26.53	25.29	27.34	25.97	1.25	1.17	1.23	1.13	1.19	D+B
SS140-1500-EC1-X-3	26.74	31.97	26.13	27.92	26.59	28.67	27.23	1.22	1.15	1.20	1.12	1.17	D+B
SS140-1800-EC1-X-1	26.74	30.99	24.24	25.96	24.75	26.75	25.41	1.28	1.19	1.25	1.16	1.22	D+B
SS140-1800-EC1-X-2	26.74	31.22	23.81	25.52	24.34	26.32	25.00	1.31	1.22	1.28	1.19	1.25	D+B
SS140-1800-EC2-X-1	26.74	31.19	24.69	26.42	25.19	27.19	25.83	1.26	1.18	1.24	1.15	1.21	D+B

试件编号	e/mm	P_t/kN	P_{c1}/kN	P_{c2}/kN	P_{cr1}/kN	P_{cr2}/kN	P_A/kN	$\dfrac{P_t}{P_{c1}}$	$\dfrac{P_t}{P_{c2}}$	$\dfrac{P_t}{P_{cr1}}$	$\dfrac{P_t}{P_{cr2}}$	$\dfrac{P_t}{P_A}$	屈曲模式
SS140-1800-EC2-X-2	26.74	30.49	24.26	25.96	24.78	26.77	25.43	1.26	1.17	1.23	1.14	1.20	D+B
SS140-2400-EC1-X-1	26.74	30.62	24.05	25.66	24.50	26.39	25.07	1.27	1.19	1.25	1.16	1.22	D+B
均 值								1.3319	1.2502	1.2363	1.1790	1.2410	
方 差								0.2251	0.1864	0.1548	0.1361	0.1433	
变异系数								0.1690	0.1491	0.1252	0.1155	0.1155	

　　从表5-6可以看出：采用建议的统一屈曲稳定系数的计算方法，由于较好的考虑了构件截面尺寸对于翼缘屈曲稳定系数的影响，计算承载力与试验值更加接近，同时变异系数也相对较小；构件的截面形式范围为：$0.35 < a/b < 0.37$、$2.08 < h/b < 3.31$，翼缘卷边的宽度比较大，翼缘的屈曲稳定系数相对我国规范提高较多，计算承载力大于规范计算承载力；不考虑板组约束的承载力大于考虑板组约束的承载力；北美规范计算结果相对于试验值比较接近，变异性较小。

表5-7　S350试件试验承载力及计算承载力

试件编号	P_t/kN	e/mm	P_{c1}/kN	P_{c2}/kN	P_{cr1}/kN	P_{cr2}/kN	P_A/kN	$\dfrac{P_t}{P_{c1}}$	$\dfrac{P_t}{P_{c2}}$	$\dfrac{P_t}{P_{cr1}}$	$\dfrac{P_t}{P_{cr2}}$	$\dfrac{P_t}{P_A}$	屈曲模式
A. 开口卷边槽形截面**绕弱轴**失稳，荷载偏向腹板													
C7012-50-EC-Y1-1	31.514	6.40	32.01	32.12	31.78	32.12	25.52	0.98	0.98	0.99	0.98	1.23	L+B
C7012-50-EC-Y1-2	29.558	6.40	31.96	32.08	31.74	32.08	25.52	0.92	0.92	0.93	0.92	1.16	L+B
C7012-100-EC-Y1-1	17.129	6.40	19.45	19.82	19.30	19.82	17.03	0.88	0.86	0.89	0.86	1.01	L+B
C7012-100-EC-Y1-2	17.209	6.40	19.08	19.45	18.94	19.45	16.72	0.90	0.88	0.91	0.88	1.03	L+B
C7012-100-EC-Y1-3	18.147	6.40	19.56	19.88	19.40	19.88	17.08	0.93	0.91	0.94	0.91	1.06	L+B
C7012-150-EC-Y1-1	9.971	6.40	11.03	11.36	10.95	11.36	9.91	0.90	0.88	0.91	0.88	1.01	L+B
C7012-150-EC-Y1-2	10.105	6.40	10.94	11.30	10.85	11.30	9.86	0.92	0.89	0.93	0.89	1.02	L+B
C14008-50-EC-Y1-1	21.925	8.70	20.80	23.95	21.29	24.67	17.98	1.05	0.92	1.03	0.89	1.22	L+B
C14008-50-EC-Y1-2	21.900	8.70	20.81	23.95	21.31	24.69	18.03	1.05	0.91	1.03	0.89	1.21	L+B
C14008-100-EC-Y1-1	14.450	8.70	11.24	13.59	11.53	14.06	13.02	1.29	1.06	1.25	1.03	1.11	L+B
C14008-100-EC-Y1-2	14.262	8.70	11.49	13.85	11.78	14.32	13.26	1.24	1.03	1.21	1.00	1.08	L+B
C14008-150-EC-Y1-1	9.355	8.70	6.65	8.11	6.88	8.52	8.71	1.41	1.15	1.36	1.10	1.07	L+B
C14008-150-EC-Y1-2	9.004	8.70	6.70	8.17	6.93	8.58	8.78	1.34	1.10	1.30	1.05	1.03	L+B
C14012-50-EC-Y1-1	32.647	8.70	40.08	41.75	40.36	42.13	28.66	0.81	0.78	0.81	0.77	1.14	L+B
C14012-50-EC-Y1-2	33.100	8.70	40.65	42.28	40.91	42.64	29.10	0.81	0.78	0.81	0.78	1.14	L+B
C14012-100-EC-Y1-1	22.251	8.70	24.61	26.45	24.77	26.68	20.99	0.90	0.84	0.90	0.83	1.06	L+B
C14012-100-EC-Y1-2	22.063	8.70	24.30	26.15	24.47	26.40	20.81	0.91	0.84	0.90	0.84	1.06	L+B

试件编号	P_t /kN	e/mm	P_{c1} /kN	P_{c2} /kN	P_{cr1} /kN	P_{cr2} /kN	P_A /kN	$P_t/$ P_{c1}	$P_t/$ P_{c2}	$P_t/$ P_{cr1}	$P_t/$ P_{cr2}	$P_t/$ P_A	屈曲模式
C14012-150-EC-Y1-1	15.708	8.70	13.54	15.01	13.66	15.19	13.66	1.16	1.05	1.15	1.03	1.15	L+B
C14012-150-EC-Y1-2	15.761	8.70	13.29	14.76	13.37	14.90	13.68	1.19	1.07	1.18	1.06	1.15	L+B
B. 开口卷边槽形截面绕弱轴失稳，荷载偏向卷边													
C14012-50-EC-Y2-1	38.968	8.70	39.97	41.66	31.98	37.28	30.10	0.97	0.94	1.22	1.05	1.29	D+B
C14012-50-EC-Y2-2	42.109	8.70	40.68	42.30	32.49	37.72	30.30	1.04	1.00	1.30	1.12	1.39	D+B
C14012-100-EC-Y2-1	29.274	8.70	23.04	24.89	20.13	23.58	21.96	1.27	1.18	1.45	1.24	1.33	D+B
C14012-100-EC-Y2-2	28.578	8.70	22.62	24.49	19.82	23.23	21.63	1.26	1.17	1.44	1.23	1.32	D+B
C14012-100-EC-Y2-3	29.232	8.70	22.33	24.29	19.64	23.03	21.48	1.31	1.20	1.49	1.27	1.36	D+B
C14012-150-EC-Y2-1	17.501	8.70	11.85	13.13	11.42	13.08	13.41	1.48	1.33	1.53	1.34	1.31	D+B
C14012-150-EC-Y2-3	16.869	8.70	11.79	13.05	11.37	13.01	13.32	1.43	1.29	1.48	1.30	1.29	D+B
C. 开口卷边槽形截面绕强轴失稳													
C7012-50-EC-X-1	30.031	13.90	28.73	29.69	28.58	29.61	30.71	1.05	1.01	1.05	1.01	0.98	D+B
C7012-50-EC-X-2	29.104	13.90	28.50	29.47	28.40	29.42	30.46	1.02	0.99	1.02	0.99	0.96	D+B
C7012-75-EC-X-1	25.405	13.90	23.71	24.49	23.61	24.43	24.55	1.07	1.04	1.08	1.04	1.03	D+B
C7012-75-EC-X-2	26.912	13.90	23.69	24.47	23.59	24.41	24.55	1.10	1.10	1.11	1.07	1.06	D+B
C7012-75-EC-X-3	26.242	13.90	23.90	24.67	23.74	24.59	24.84	1.10	1.06	1.11	1.07	1.06	D+B
C7012-100-EC-X-1	22.950	13.90	18.11	18.75	18.02	18.71	18.85	1.27	1.22	1.27	1.23	1.22	D+B
C7012-100-EC-X-2	23.472	13.90	18.10	18.75	18.00	18.71	18.84	1.30	1.25	1.30	1.25	1.25	D+B
均　值								1.1004	1.0199	1.1307	1.0251	1.1453	
方　差								0.1888	0.1472	0.1733	0.1065	0.1211	
变异系数								0.1716	0.1443	0.1533	0.1039	0.1057	

从表5-7可以看出：采用建议的统一屈曲稳定系数的计算方法，考虑了构件截面形式对于翼缘屈曲稳定系数的影响，计算承载力与试验值比较接近，变异性较小；构件的截面形式范围为：$0.21 < a/b < 0.33$、$1.96 < h/b < 2.86$，覆盖截面范围相对较大，能够较好的说明修正方法的精确性；不考虑板组约束的承载力大于考虑板组约束的承载力；北美规范计算结果相对于试验值偏大，但变异性较小。

表5-8　LG550试件试验承载力及计算承载力

试件编号	e/mm	P_t /kN	P_{c1} /kN	P_{c2} /kN	P_{cr1} /kN	P_{cr2} /kN	P_A /kN	$P_t/$ P_{c1}	$P_t/$ P_{c2}	$P_t/$ P_{cr1}	$P_t/$ P_{cr2}	$P_t/$ P_A	屈曲模式
A. 开口卷边槽形截面绕弱轴失稳，荷载偏向腹板													
SS7510-50-EC1-Y-1	6.96	40.7	39.99	40.88	40.27	41.10	36.5	1.02	1.00	1.01	0.99	1.12	L+B
SS7510-50-EC1-Y-2	6.96	41.0	40.04	40.90	40.44	41.20	36.6	1.02	1.00	1.01	1.00	1.12	L+B

试件编号	e/mm	P_t/kN	P_{c1}/kN	P_{c2}/kN	P_{cr1}/kN	P_{cr2}/kN	P_A/kN	P_t/P_{c1}	P_t/P_{c2}	P_t/P_{cr1}	P_t/P_{cr2}	P_t/P_A	屈曲模式
SS7510-120-EC1-Y-1	6.96	17.9	12.36	12.85	12.52	12.98	12.9	1.45	1.39	1.43	1.38	1.39	B
SS7510-120-EC1-Y-2	6.96	18.0	12.36	12.85	12.54	13.00	12.9	1.46	1.40	1.44	1.38	1.40	B
SS1010-50-EC1-Y-1	9.13	45.9	44.81	45.35	45.91	46.21	40.9	1.02	1.01	1.00	0.99	1.12	B
SS1010-50-EC1-Y-2	9.13	45.5	44.94	45.35	45.94	46.13	40.3	1.01	1.00	0.99	0.99	1.13	B
SS1010-100-EC1-Y-1	9.13	26.3	22.44	22.88	23.18	23.47	24.3	1.17	1.15	1.13	1.12	1.08	B
SS1010-100-EC1-Y-2	9.13	26.8	22.38	22.81	23.18	23.45	24.3	1.20	1.17	1.16	1.14	1.10	B
SS1010-150-EC1-Y-1	9.13	16.4	10.78	11.04	11.22	11.40	12.7	1.52	1.49	1.46	1.44	1.29	B
SS1010-150-EC1-Y-2	9.13	16.1	10.78	11.04	11.22	11.40	12.7	1.49	1.46	1.43	1.41	1.27	B
SS1075-50-EC1-Y-1	9.18	29.7	29.73	29.34	31.27	30.13	28.6	1.00	1.01	0.95	0.99	1.04	L+B
SS1075-50-EC1-Y-2	9.18	30.3	29.75	29.40	31.30	30.19	28.8	1.02	1.03	0.97	1.00	1.05	L+B
SS1075-120-EC1-Y-1	9.18	15.3	10.18	10.28	10.89	10.66	12.6	1.50	1.49	1.40	1.44	1.21	B
SS1075-120-EC1-Y-2	9.18	15.0	10.16	10.29	10.89	10.68	12.7	1.48	1.46	1.38	1.40	1.18	B

B. 开口卷边槽形截面绕弱轴失稳，荷载偏向卷边

试件编号	e/mm	P_t/kN	P_{c1}/kN	P_{c2}/kN	P_{cr1}/kN	P_{cr2}/kN	P_A/kN	P_t/P_{c1}	P_t/P_{c2}	P_t/P_{cr1}	P_t/P_{cr2}	P_t/P_A	屈曲模式
SS7510-50-EC1-Y-3	6.96	23.5	29.76	32.04	30.11	32.42	30.4	0.79	0.73	0.78	0.72	0.77	D
SS7510-50-EC1-Y-4	6.96	24.4	29.77	32.06	30.10	32.41	30.4	0.82	0.76	0.81	0.75	0.80	D
SS7510-120-EC1-Y-3	6.96	13.1	10.31	11.19	10.46	11.37	11.3	1.27	1.17	1.25	1.15	1.16	D+B
SS7510-120-EC1-Y-4	6.96	13.6	10.28	11.19	10.42	11.35	11.3	1.32	1.22	1.31	1.20	1.20	D+B
SS1010-50-EC1-Y-3	9.13	31.1	33.78	36.84	35.03	38.17	35.8	0.92	0.84	0.89	0.81	0.87	D
SS1010-50-EC1-Y-4	9.13	26.8	33.79	36.84	35.04	38.18	35.8	0.79	0.73	0.76	0.70	0.75	D
SS1010-50-EC1-Y-5	9.13	28.8	33.80	36.86	35.05	38.19	35.8	0.85	0.78	0.82	0.75	0.80	D
SS1010-100-EC1-Y-3	9.13	21.5	18.05	19.85	18.75	20.64	21.6	1.19	1.08	1.15	1.04	1.00	D
SS1010-100-EC1-Y-4	9.13	20.1	17.99	19.79	18.66	20.54	21.4	1.12	1.02	1.08	0.98	0.94	D
SS1010-150-EC1-Y-3	9.13	14.3	8.97	8.97	9.31	10.28	11.4	1.59	1.59	1.54	1.39	1.25	D+B
SS1010-150-EC1-Y-4	9.13	14.6	8.99	8.99	9.34	10.31	11.4	1.62	1.62	1.56	1.42	1.28	D+B
SS1075-50-EC1-Y-3	9.18	20.1	23.55	23.55	25.00	26.42	25.8	0.85	0.85	0.80	0.76	0.78	D
SS1075-50-EC1-Y-4	9.18	15.0	23.53	23.53	24.98	26.40	25.8	0.64	0.64	0.60	0.57	0.58	D
SS1075-50-EC1-Y-5	9.18	16.1	23.55	23.55	24.95	26.40	25.8	0.68	0.68	0.65	0.61	0.62	D
SS1075-120-EC1-Y-3	9.18	12.3	8.93	9.31	9.46	9.96	11.5	1.38	1.32	1.30	1.23	1.07	D
SS1075-120-EC1-Y-4	9.18	12.0	8.93	9.31	9.46	9.96	11.4	1.34	1.29	1.27	1.20	1.05	D

C. 开口卷边槽形截面绕强轴失稳

试件编号	e/mm	P_t/kN	P_{c1}/kN	P_{c2}/kN	P_{cr1}/kN	P_{cr2}/kN	P_A/kN	P_t/P_{c1}	P_t/P_{c2}	P_t/P_{cr1}	P_t/P_{cr2}	P_t/P_A	屈曲模式
SS7510-25-EC1-X-1	15.15	40.2	40.49	43.64	40.96	44.13	40.2	0.99	0.92	0.98	0.91	1.00	D
SS7510-25-EC1-X-2	15.15	45.0	40.63	43.79	41.27	44.47	40.4	1.11	1.03	1.09	1.01	1.11	D
SS7510-60-EC1-X-1	15.15	31.9	29.41	31.56	29.75	31.91	29.7	1.08	1.01	1.07	1.00	1.07	B

试件编号	e/mm	P_t /kN	P_{c1} /kN	P_{c2} /kN	P_{cr1} /kN	P_{cr2} /kN	P_A /kN	$P_t/$ P_{c1}	$P_t/$ P_{c2}	$P_t/$ P_{cr1}	$P_t/$ P_{cr2}	$P_t/$ P_A	屈曲 模式
SS7510-60-EC1-X-2	15.15	29.0	29.43	31.58	29.81	31.97	29.7	0.99	0.92	0.97	0.91	0.98	B
SS7510-60-EC1-X-3	15.15	36.1	29.51	31.64	29.93	32.09	29.9	1.22	1.14	1.21	1.12	1.21	D
SS1010-15-EC1-X-1	20.50	53.0	50.16	52.18	52.57	54.89	49.9	1.06	1.02	1.01	0.97	1.06	D+L
SS1010-15-EC1-X-2	20.50	51.1	50.13	52.18	52.47	54.78	49.8	1.02	0.98	0.97	0.93	1.03	D+L
SS1010-25-EC1-X-1	20.50	46.5	47.50	49.45	49.73	51.73	47.9	0.98	0.94	0.94	0.90	0.97	D
SS1010-25-EC1-X-2	20.50	45.1	47.46	49.37	49.61	51.73	47.7	0.95	0.91	0.91	0.87	0.95	D
SS1010-25-EC1-X-3	20.50	47.4	47.48	49.40	49.66	51.80	47.8	1.00	0.96	0.95	0.92	0.99	D
SS1010-45-EC1-X-1	20.50	43.2	41.62	43.35	43.47	45.37	42.5	1.04	1.00	0.99	0.95	1.02	L+B
SS1010-45-EC1-X-2	20.50	42.7	41.60	43.21	43.39	45.20	42.3	1.03	0.99	0.98	0.94	1.01	L+B
SS1010-70-EC1-X-1	20.50	38.3	30.89	32.13	32.11	33.48	33.1	1.24	1.19	1.19	1.14	1.16	B
SS1010-70-EC1-X-2	20.50	37.0	30.91	32.20	32.14	33.52	33.1	1.20	1.15	1.15	1.10	1.12	B
SS1075-25-EC1-X-1	20.56	26.5	32.32	33.37	35.29	36.65	34.5	0.82	0.79	0.75	0.72	0.77	D+L
SS1075-25-EC1-X-2	20.56	26.6	32.32	33.38	35.24	36.62	34.4	0.82	0.80	0.75	0.73	0.77	D
SS1075-50-EC1-X-1	20.56	22.4	25.23	26.06	27.29	28.36	27.6	0.89	0.86	0.82	0.79	0.81	D+L
SS1075-50-EC1-X-2	20.56	23.4	25.19	26.01	27.33	28.39	27.6	0.93	0.90	0.86	0.82	0.85	D+L
均 值								1.1024	1.0605	1.0613	1.0151	1.0272	
方 差								0.2466	0.2461	0.2404	0.2339	0.1877	
变异系数								0.2237	0.2321	0.2265	0.2304	0.1828	

从表5-8可以看出：采用建议的统一屈曲稳定系数的计算方法，由于较好的考虑了构件截面尺寸对于翼缘屈曲稳定系数的影响，计算承载力与试验值更加接近；构件的截面形式范围为：$0.23<a/b<0.26$、$1.89<h/b<2.03$，翼缘卷边的宽度比较大，翼缘的屈曲稳定系数相对我国规范提高较多，计算承载力大于规范计算承载力；不考虑板组约束的承载力大于考虑板组约束的承载力；北美规范计算结果相对于试验值比较接近，变异性较小。

从表5-6~表5-8可以看出：随着卷边翼缘宽度比的增大，翼缘屈曲稳定系数提高增大，计算承载力相对我国规范承载力提高增大，更接近于试验值。

5.4 冷弯卷边槽形截面构件其他国内外试验

通过上节试验验证，表明本文给出的卷边槽形截面构件局部和畸变屈曲统一设计方法对于计算冷弯卷边槽形截面构件的承载力具有较高的精度，为了验证该设计方法的通用性，收集国内外其他学者的卷边槽形截面构件极限承载力的相关代表性试验数据，利用本文统一方法进行设计计算。

5.4.1 轴压构件

卷边槽形截面轴压构件极限承载力的试验是冷弯薄壁型钢构件的基本试验，相对偏压和受弯构件数量较多。本节给出了目前国内所进行的冷弯薄壁型钢轴压试验，这些试验包括：张宜涛、何保康对于壁厚小于 2mm 以下轴压构件的极限承载力试验[114]，构件屈曲模式为局部和整体的相关屈曲；王群、周天华为研究开口双肢冷弯薄壁型钢承载力计算方法所做的卷边槽形截面轴压构件承载力对比试验[115]，构件的屈曲模式为局部、畸变和整体的相关屈曲；石宇、周绪红等人[116]冷弯薄壁型钢轴压构件承载力的折减强度法以及周绪红[117]的开口薄壁型钢屈曲后强度分析方法的验证性试验，构件出现了局部屈曲、畸变屈曲和整体屈曲，但文献没对各试件的屈曲模式做具体说明，文献［117］也是冷弯薄壁型钢结构技术规范 2002 版的主要验证性试验；王小平等人[118]为验切割对于卷边槽形截面短柱承载力影响的试验，构件的屈曲模式为畸变屈曲。试验承载力、规范计算承载力以及建议方法计算承载力对比如表 5-9 所示。

表 5-9　国内卷边槽形截面轴压试验承载力与计算承载力对比

文献	截面形式	p_t/kN	P_{c1}/kN	P_{c2}/kN	P_{cr1}/kN	P_{cr2}/kN	P_A/kN	p_t/P_{c1}	p_t/P_{c2}	p_t/P_{cr1}	p_t/P_{cr2}	p_t/P_A
[114]	LCC89-1a	29.82	27.51	29.01	28.21	30.08	28.49	1.08	1.03	1.06	0.99	1.05
	LCC89-1c	30.36	27.51	29.01	28.21	30.08	28.49	1.10	1.05	1.08	1.01	1.07
	LCC89-2a	29.36	26.19	27.59	26.86	28.37	30.70	1.12	1.06	1.09	1.03	0.96
	LCC89-2b	27.59	26.19	27.59	26.86	28.37	30.70	1.05	1.00	1.03	0.97	0.90
	LCC89-3a	24.75	23.88	24.88	24.30	25.53	27.91	1.04	0.99	1.02	0.97	0.89
	LCC89-3b	23.46	23.88	24.88	24.30	25.53	27.91	0.98	0.94	0.97	0.92	0.84
	LCC89-4a	22.89	19.98	20.62	20.32	21.16	23.48	1.15	1.11	1.13	1.08	0.97
	LCC89-4b	21.87	19.98	20.62	20.32	21.16	23.48	1.09	1.06	1.08	1.03	0.93
	LCC89-5a	17.96	16.44	16.76	16.72	17.19	19.03	1.09	1.07	1.07	1.04	0.94
	LCC89-5b	20.91	16.44	16.76	16.72	17.19	19.03	1.27	1.25	1.25	1.22	1.10
	LCC140-1a	27.86	25.22	28.89	25.34	29.10	28.90	1.10	0.96	1.10	0.96	0.96
	LCC140-1c	26.84	25.22	28.89	25.34	29.10	28.90	1.06	0.93	1.06	0.92	0.93
	LCC140-2a	24.41	23.85	27.30	23.97	27.43	31.31	1.02	0.89	1.02	0.89	0.78
	LCC140-2b	24.41	23.85	27.30	23.97	27.43	31.31	1.02	0.89	1.02	0.89	0.78
	LCC140-3a	22.37	21.68	24.20	21.78	24.31	27.68	1.03	0.92	1.03	0.92	0.81
	LCC140-3b	22.4	21.68	24.20	21.78	24.31	27.68	1.03	0.93	1.03	0.92	0.81

文献	截面形式	p_t /kN	P_{c1} /kN	P_{c2} /kN	P_{cr1} /kN	P_{cr2} /kN	P_A /kN	$p_t/$ P_{c1}	$p_t/$ P_{c2}	$p_t/$ P_{cr1}	$p_t/$ P_{cr2}	$p_t/$ P_A
[114]	LCC140-4a	18.95	18.70	20.09	18.79	20.18	22.96	1.01	0.94	1.01	0.94	0.83
	LCC140-4b	18.94	18.70	20.09	18.79	20.18	22.96	1.01	0.94	1.01	0.94	0.82
	LCC140-5a	16.29	16.10	16.66	16.17	16.73	18.36	1.01	0.98	1.01	0.97	0.89
	LCC140-5b	16.79	16.10	16.66	16.17	16.73	18.36	1.04	1.01	1.04	1.00	0.91
[115]	C450-1	75	71.00	74.70	68.48	72.47	82.55	1.06	1.00	1.10	1.03	0.91
	C450-2	77	71.00	74.70	68.48	72.47	82.55	1.08	1.03	1.12	1.06	0.93
	C450-3	60	71.00	74.70	68.48	72.47	82.55	0.85	0.80	0.88	0.83	0.73
	C1200-1	46	53.56	55.72	52.30	54.12	57.40	0.86	0.83	0.88	0.85	0.80
	C1200-2	44	53.56	55.72	52.30	54.12	57.40	0.82	0.79	0.84	0.81	0.77
	C1200-3	40	53.56	55.72	52.30	54.12	57.40	0.75	0.72	0.76	0.74	0.70
	C3000-1	32.6	15.56	15.56	15.56	15.56	15.38	2.10	2.10	1.12	1.12	1.14
	C3000-2	29.7	15.56	15.56	15.56	15.56	15.38	1.91	1.91	1.11	1.11	1.13
	C3000-3	17.1	15.56	15.56	15.56	15.56	15.38	1.10	1.10	1.10	1.10	1.11
[117]	SLC42×30-500	209.72	176.19	186.37	174.73	185.49	201.55	1.19	1.13	1.20	1.13	1.04
	SLC56×40-700	229.32	181.53	203.32	190.49	209.41	242.98	1.26	1.13	1.20	1.10	0.94
	SLC90×90-700	73.5	48.83	59.44	59.28	66.96	69.08	1.51	1.24	1.24	1.10	1.06
	LLC42×30-990	194.04	167.89	176.75	166.08	175.64	193.59	1.16	1.10	1.17	1.10	1.00
	LLC42×30-1540	186.2	151.36	158.25	149.49	157.10	172.73	1.23	1.18	1.25	1.19	1.08
	LLC42×30-2100	147	124.79	129.95	123.85	129.36	147.95	1.18	1.13	1.19	1.14	0.99
	LLC56×40-1360	221.48	174.56	193.46	184.06	199.92	229.71	1.27	1.14	1.20	1.11	0.96
	LLC56×40-2100	217.56	163.39	177.89	172.29	183.94	206.37	1.33	1.22	1.26	1.18	1.05
	LLC56×40-2840	170.52	146.54	154.50	152.00	159.90	179.38	1.16	1.10	1.12	1.07	0.95
	LLC70×50-980	66.64	51.78	55.84	56.52	58.97	66.75	1.29	1.19	1.18	1.13	1.00
	LLC70×50-1530	59.78	49.79	53.18	53.83	56.36	62.97	1.20	1.12	1.11	1.06	0.95
	LLC70×50-2080	49.98	46.69	49.10	49.41	51.68	57.43	1.07	1.02	1.01	0.97	0.87
	LLC84×60-1200	72.52	50.03	56.77	56.00	60.76	68.80	1.45	1.28	1.30	1.19	1.05
	LLC84×60-1860	57.82	48.54	54.39	54.14	58.14	65.01	1.19	1.06	1.07	0.99	0.89
	LLC60×60-1700	58.392	44.77	48.40	51.46	54.73	60.74	1.30	1.21	1.13	1.07	0.96
[118]	C150-0-1	121.8	103.73	112.41	102.40	110.58	131.56	1.17	1.08	1.19	1.10	0.93
	C150-0-2	125.4	103.91	112.87	103.41	111.85	130.74	1.21	1.11	1.21	1.12	0.96
	C150-1-3	125.4	104.05	112.98	103.68	112.22	130.92	1.21	1.11	1.21	1.12	0.96

续表5-9

文献	截面形式	p_t/kN	P_{c1}/kN	P_{c2}/kN	P_{cr1}/kN	P_{cr2}/kN	P_A/kN	p_t/P_{c1}	p_t/P_{c2}	p_t/P_{cr1}	p_t/P_{cr2}	p_t/P_A
[118]	C150-1-5	123.5	104.30	112.82	103.43	111.70	130.79	1.18	1.09	1.19	1.11	0.94
	C100-1-3	114.6	104.99	111.33	105.71	111.98	113.85	1.09	1.03	1.08	1.02	1.01
	C100-1-4	114.6	104.87	111.15	105.05	111.31	113.68	1.10	1.03	1.08	1.03	1.01
	C100-1-5	112.9	104.79	110.98	104.57	110.78	113.38	1.08	1.02	1.08	1.02	1.00
	C100-1-6	118.8	105.06	111.47	105.94	112.25	114.19	1.13	1.07	1.12	1.06	1.04
	C150-2-2	114.3	105.83	112.29	106.19	112.61	114.74	1.08	1.02	1.08	1.02	1.00
	C150-3-2	115	105.89	112.42	106.34	112.82	115.01	1.09	1.02	1.08	1.02	1.00
均　值								1.1479	1.0755	1.0920	1.0264	0.9449
方　差								0.2179	0.2177	0.1061	0.1017	0.1029
变异系数								0.1898	0.2024	0.0972	0.0991	0.1089

从表5-9可以看出：采用建议的统一屈曲稳定系数的计算方法，由于较好的考虑了局部和畸变屈曲对构件极限承载力的影响以及构件截面形式对于翼缘屈曲稳定系数的影响，计算承载力与试验值更加接近，同时变异系数也相对较小；构件的截面形式范围为：$0.15<a/b<0.34$、$1.0<h/b<3.4$，覆盖截面范围相对较大，能够较好的说明修正方法的精确性；不考虑板组约束的承载力大于考虑板组约束的承载力；北美规范计算结果相对于试验值稍微偏大，但变异性较小。

国外对于冷弯薄壁型钢的研究大多集中在轴压构件，试验数据较多，对于卷边槽形截面轴压构件的典型试验包括：Ben 等人[119]对于高强冷弯薄壁型钢轴压构件承载力的试验以及 Jyrki Kesti 等人[120]对于国外冷弯薄壁型钢针对局部和畸变屈曲试验的整理数据。试验承载力、规范计算承载力以及建议方法计算承载力对比如表5-10所示。

表 5-10　国外卷边槽形截面轴压试验承载力与计算承载力对比

文献	截面形式	p_t/kN	P_{c1}/kN	P_{c2}/kN	P_{cr1}/kN	P_{cr2}/kN	P_A/kN	p_t/P_{c1}	p_t/P_{c2}	p_t/P_{cr1}	p_t/P_{cr2}	p_t/P_A
[119]	L36F0280	100.2	81.60	88.15	90.39	96.67	90.85	1.23	1.14	1.11	1.04	1.10
	L36F1000	89.6	77.05	81.50	75.23	79.59	87.46	1.16	1.10	1.19	1.13	1.02
	L36F1500	82.4	70.76	73.86	69.42	72.19	80.00	1.16	1.12	1.19	1.14	1.03
	L36F2000	70.1	56.53	58.84	55.61	57.45	64.21	1.24	1.19	1.26	1.22	1.09
	L36F2500	58.1	44.76	45.88	44.04	44.78	50.19	1.30	1.27	1.32	1.30	1.16
	L36F3000	39.3	35.31	36.13	34.98	35.34	37.37	1.11	1.09	1.12	1.11	1.05

文献	截面形式	p_t/kN	P_{c1}/kN	P_{c2}/kN	P_{cr1}/kN	P_{cr2}/kN	P_A/kN	p_t/P_{c1}	p_t/P_{c2}	p_t/P_{cr1}	p_t/P_{cr2}	p_t/P_A
[119]	L36P0280	83.5	79.71	85.09	77.91	83.16	92.23	1.05	0.98	1.07	1.00	0.91
	L36P0315	83.1	79.21	84.43	77.46	82.56	92.45	1.05	0.98	1.07	1.01	0.90
	L36P0815	67.9	64.30	67.46	63.31	65.99	89.71	1.06	1.01	1.07	1.03	0.76
	L36P0815	70.7	62.53	65.61	61.58	64.18	86.84	1.13	1.08	1.15	1.10	0.81
	L36P1315	41.1	38.31	39.20	37.91	38.30	42.60	1.07	1.05	1.08	1.07	0.96
	L48F0300	111.9	87.27	92.79	98.66	109.50	95.04	1.28	1.21	1.13	1.02	1.18
	L48F1000	102.3	83.06	87.83	80.95	85.92	90.79	1.23	1.16	1.26	1.19	1.13
	L48F1500	98.6	78.88	83.47	77.78	82.49	85.83	1.25	1.18	1.27	1.20	1.15
	L48F2000	90.1	74.32	77.93	73.17	76.89	79.24	1.21	1.16	1.23	1.17	1.14
	L48F2500	73.9	64.87	66.88	63.79	65.79	69.57	1.14	1.10	1.16	1.12	1.06
	L48F3000	54.3	53.60	54.90	53.13	54.50	62.86	1.01	0.99	1.02	1.00	0.86
	L48P0300	100.1	85.83	90.87	83.55	88.80	96.10	1.17	1.10	1.20	1.13	1.04
	L48P0565	87.6	81.76	86.73	80.58	85.67	96.06	1.07	1.01	1.09	1.02	0.91
	L48P1065	72.0	69.65	72.48	68.38	71.32	91.42	1.03	0.99	1.05	1.01	0.79
	L48P1565	53.2	46.98	47.75	46.45	47.29	48.30	1.13	1.11	1.15	1.12	1.10
[120]	SLC1 6×3	46.28	35.45	36.00	36.86	37.96	38.44	1.31	1.29	1.26	1.22	1.20
	SLC1 9×3	44.72	35.67	37.22	37.58	39.26	39.53	1.25	1.20	1.19	1.14	1.13
	SLC1 12×3	45.17	34.40	37.18	37.07	39.70	39.98	1.31	1.21	1.22	1.14	1.13
	SLC1 6×6	58.74	33.92	39.70	52.81	54.24	43.96	1.73	1.48	1.11	1.08	1.34
	SLC2 6×6	60.52	35.36	41.13	54.54	55.97	45.62	1.71	1.47	1.11	1.08	1.33
	SLC1 12×6	57.85	37.69	41.07	46.68	55.74	45.64	1.53	1.41	1.24	1.04	1.27
	SLC2 12×6	60.52	37.63	40.98	46.60	55.70	45.66	1.61	1.48	1.30	1.09	1.33
	SLC1 18×6	56.96	35.55	40.99	43.93	55.52	46.14	1.60	1.39	1.30	1.03	1.23
	SLC2 18×6	56.96	35.49	40.88	43.51	55.01	46.10	1.60	1.39	1.31	1.04	1.24
	SLC1 24×6	56.96	34.27	40.92	42.06	55.48	46.42	1.66	1.39	1.35	1.03	1.23
	SLC2 24×6	53.40	34.62	41.39	39.68	50.00	47.19	1.54	1.29	1.35	1.07	1.13
	SLC3 24×6	56.07	34.27	40.92	42.05	55.47	46.41	1.64	1.37	1.33	1.01	1.21
	SLC1 6×9	51.18	30.27	36.70	49.85	51.75	41.56	1.69	1.39	1.03	0.99	1.23
	SLC2 6×9	52.51	30.28	36.65	49.83	51.70	41.54	1.73	1.43	1.05	1.02	1.26
	SLC1 9×9	52.96	30.54	37.75	50.69	52.88	42.60	1.73	1.40	1.04	1.00	1.24
	SLC2 9×9	53.40	30.53	37.75	50.70	52.87	42.59	1.75	1.41	1.05	1.01	1.25

文献	截面形式	p_t/kN	P_{c1}/kN	P_{c2}/kN	P_{cr1}/kN	P_{cr2}/kN	P_A/kN	p_t/P_{c1}	p_t/P_{c2}	p_t/P_{cr1}	p_t/P_{cr2}	p_t/P_A
	SLC1 18×9	138.62	85.05	97.68	107.22	135.02	113.19	1.63	1.42	1.29	1.03	1.22
	SLC2 18×9	139.73	84.88	97.69	106.85	135.03	113.24	1.65	1.43	1.31	1.03	1.23
	SLC4 27×9	61.41	39.14	43.02	47.74	60.56	49.76	1.57	1.43	1.29	1.01	1.23
	SLC5 18×9	64.97	40.76	44.79	49.77	63.02	51.63	1.59	1.45	1.31	1.03	1.26
	SLC1 27×9	60.52	36.72	42.94	45.18	60.44	50.17	1.65	1.41	1.34	1.00	1.21
	SLC2 27×9	62.30	37.05	43.31	44.40	58.27	50.77	1.68	1.44	1.40	1.07	1.23
	SLC1 36×9	55.63	34.31	41.64	41.89	58.55	48.79	1.62	1.34	1.33	0.95	1.14
	L36-1	100.2	82.52	88.44	88.68	94.45	91.31	1.21	1.13	1.13	1.06	1.10
	L48-1	111.9	87.49	92.71	97.35	107.24	94.31	1.28	1.21	1.15	1.04	1.19
	CH17-1	128.7	88.33	98.19	120.21	127.62	113.37	1.46	1.31	1.07	1.01	1.14
	CH17-2	123.7	87.01	96.32	89.38	97.89	112.33	1.42	1.28	1.38	1.26	1.10
	CH20-1	106.8	83.26	87.34	101.73	102.75	96.91	1.28	1.22	1.05	1.04	1.10
	CH20-2	101.9	82.00	85.95	80.85	85.16	96.26	1.24	1.19	1.26	1.20	1.06
	CH24-1	256.2	192.34	204.19	223.97	226.23	231.19	1.33	1.25	1.14	1.13	1.11
	CH24-2	231.1	186.58	197.74	178.86	189.84	226.05	1.24	1.17	1.29	1.22	1.02
[120]	RFC13-1	155.7	149.32	149.32	150.39	150.02	151.34	1.04	1.04	1.04	1.04	1.03
	RFC13-2	161.9	149.32	149.32	150.39	150.02	151.34	1.08	1.08	1.08	1.08	1.07
	RFC14-1	130.8	107.99	111.63	122.24	123.35	124.18	1.21	1.17	1.07	1.06	1.05
	RFC14-2	133	107.99	111.63	122.24	123.35	124.18	1.23	1.19	1.09	1.08	1.07
	RFC14-3	131.7	107.99	111.63	122.24	123.35	124.18	1.22	1.18	1.08	1.07	1.06
	PBC13-1	104.5	98.47	98.47	98.47	98.47	98.72	1.06	1.06	1.06	1.06	1.06
	PBC13-2	104.5	98.47	98.47	98.47	98.47	98.72	1.06	1.06	1.06	1.06	1.06
	PBC14-1	82.3	71.72	71.92	76.70	75.13	75.63	1.15	1.14	1.07	1.10	1.09
	PBC14-2	78.7	71.72	71.92	76.70	75.13	75.63	1.10	1.09	1.03	1.05	1.04
	PBC14-3	79.2	71.72	71.92	76.70	75.13	75.63	1.10	1.10	1.03	1.05	1.05
	P11 (b)	201.5	186.20	186.17	190.15	187.12	190.67	1.08	1.08	1.06	1.08	1.06
	P16 (b)	58.7	53.50	53.50	54.60	54.06	54.33	1.10	1.10	1.08	1.09	1.08
	LC1	43.99	27.18	30.99	33.96	39.75	30.51	1.62	1.42	1.30	1.11	1.44
	LC2	41.88	28.18	31.56	35.67	43.80	34.15	1.49	1.33	1.17	0.96	1.23
	CH-1-5-800	45.64	42.97	46.87	37.65	43.21	37.26	1.06	0.97	1.21	1.06	1.23
	CH-1-6-800	45.84	43.52	48.34	39.44	45.55	42.45	1.05	0.95	1.16	1.01	1.08

续表5-10

文献	截面形式	p_t/kN	P_{c1} /kN	P_{c2} /kN	P_{cr1} /kN	P_{cr2} /kN	P_A /kN	p_t/ P_{c1}	p_t/ P_{c2}	p_t/ P_{cr1}	p_t/ P_{cr2}	p_t/ P_A
[120]	CH-1-7-400	50.87	45.46	51.24	51.23	55.18	66.34	1.12	0.99	0.99	0.92	0.77
	CH-1-7-600	49.38	45.11	50.82	42.11	48.77	53.76	1.09	0.97	1.17	1.01	0.92
	CH-1-7-800	47.62	45.18	50.82	42.10	48.72	48.43	1.05	0.94	1.13	0.98	0.98
均　值								1.3140	1.2056	1.1699	1.0709	1.1070
方　差								0.2388	0.1603	0.1093	0.0743	0.1372
变异系数								0.1817	0.1329	0.0934	0.0694	0.1239

从表5-10可以看出：采用建议的统一屈曲稳定系数的计算方法，由于较好的考虑了局部和畸变屈曲对构件极限承载力的影响以及构件截面形式对于翼缘屈曲稳定系数的影响，计算承载力与试验值更加接近，同时变异系数也相对较小；构件的截面形式范围为：$0.05<a/b<0.45$、$0.7<h/b<3.9$，覆盖截面范围较大，能够较好的说明修正方法的精确性；不考虑板组约束的承载力大于考虑板组约束的承载力；北美规范计算结果相对于试验值比较吻合，但变异性稍大。

5.4.2　偏压构件

卷边槽形截面偏压构件极限承载力的试验相对轴压构件试验较少，本节给出了目前国内所进行的冷弯薄壁型钢轴压试验，这些试验包括：王春刚、张耀春、张壮南关于冷弯斜卷边槽形截面构件承载力试验中的直角卷边试验[121]，构件发生了局部、畸变和整体的相关屈曲；张兆宇、姚谏关于卷边槽形截面构件的畸变屈曲试验[122]；周绪红[117]的开口薄壁型钢屈曲后强度分析方法的验证性试验，构件发生了局部屈曲、畸变屈曲和整体屈曲模式，但文献没有具体说明，文献[117]也是冷弯薄壁型钢结构技术规范2002版的主要验证性试验。试验承载力、规范计算承载力以及建议方法计算承载力对比如表5-11所示。

表5-11　国内卷边槽形截面偏压试验承载力与计算承载力对比

文献	截面形式	p_t /kN	P_{c1} /kN	P_{c2} /kN	P_{cr1} /kN	P_{cr2} /kN	P_A /kN	p_t/ P_{c1}	p_t/ P_{c2}	p_t/ P_{cr1}	p_t/ P_{cr2}	p_t/ P_A
[121]	1250A90①	216.19	188.09	193.10	203.90	205.84	195.39	1.15	1.12	1.06	1.05	1.11
	1250A90②	213.23	210.54	214.93	208.57	211.12	222.71	1.01	0.99	1.02	1.01	0.96
	1250A90-①	198.06	147.63	152.87	200.94	203.28	147.56	1.34	1.30	0.99	0.97	1.34
	1250A90-②	202.83	155.52	160.77	209.56	212.50	156.93	1.30	1.26	0.97	0.95	1.29
	1250A90+①	200.93	185.00	191.97	202.80	204.91	158.84	1.09	1.05	0.99	0.98	1.26

文献	截面形式	p_t/kN	P_{c1}/kN	P_{c2}/kN	P_{cr1}/kN	P_{cr2}/kN	P_A/kN	p_t/P_{c1}	p_t/P_{c2}	p_t/P_{cr1}	p_t/P_{cr2}	p_t/P_A
[121]	1250A90+②	202.36	184.79	192.09	205.81	208.07	158.03	1.10	1.05	0.98	0.97	1.28
	2000A90①	241.08	164.98	167.61	205.64	208.68	158.55	1.46	1.44	1.17	1.16	1.52
	2000A90②	215.81	164.48	166.18	215.48	219.27	155.28	1.31	1.30	1.00	0.98	1.39
[122]	C-1	21.3	19.92	21.98	22.83	24.23	23.28	1.07	0.97	0.93	0.88	0.91
	C-3	22.2	19.92	21.98	22.83	24.23	23.28	1.11	1.01	0.97	0.92	0.95
	BC-10-1	18.1	16.16	18.18	19.31	21.93	17.50	1.12	1.00	0.94	0.83	1.03
	BC-10-2	21.7	16.16	18.18	19.31	21.93	17.50	1.34	1.19	1.12	0.99	1.24
	BC-20-1	16.8	13.15	15.09	15.52	17.76	14.11	1.28	1.11	1.08	0.95	1.19
	BC-20-2	16.2	13.15	15.09	15.52	17.76	14.11	1.23	1.07	1.04	0.91	1.15
[117]	SLC42×30-500 (1)	207.07	158.5	169.3	181.68	183.93	181.57	1.31	1.22	1.14	1.13	1.14
	SLC56×40-700 (1)	184.74	195.1	195.4	197.97	203.91	160.54	0.95	0.95	0.93	0.91	1.15
	SLC70×50-500 (1)	59.78	45.00	48.92	58.44	60.31	49.63	1.33	1.22	1.02	0.99	1.20
	SLC84×60-600 (1)	61.279	58.29	58.32	60.97	63.16	47.6	1.05	1.05	1.01	0.97	1.29
	SLC84×60-600 (2)	51.94	42.47	47.22	52.45	56.07	46.38	1.22	1.10	0.99	0.93	1.12
	SLC90×90-700 (1)	56.742	43.72	53.23	67.94	72.22	56.35	1.30	1.07	0.84	0.79	1.01
	SLC60×60-550 (1)	47.04	38.76	43.57	46.81	50.02	46.34	1.21	1.08	1.00	0.94	1.02
	SLC60×60-550 (2)	60.334	45.02	51.30	59.96	63.20	60.86	1.34	1.18	1.01	0.95	0.99
	SLC60×90-600 (1)	63.047	48.41	55.43	62.31	64.8	64.58	1.30	1.14	1.01	0.97	0.98
	SLC60×90-600 (2)	42.63	37.62	41.78	48.64	50.18	50.1	1.13	1.02	0.88	0.85	0.85
	SLC90×30-400 (1)	35.77	44.40	45.28	39.33	41.88	31.63	0.81	0.79	0.91	0.85	1.13
	SLC90×60-500 (1)	37.077	28.21	31.77	31.73	35.40	30.77	1.31	1.17	1.17	1.05	1.20
	SLC90×60-500 (2)	35.607	47.16	48.28	38.19	42.45	35.43	0.76	0.74	0.93	0.84	1.00
	SLC90×60-500 (3)	53.572	50.91	54.37	47.12	51.23	51.93	1.05	0.99	1.14	1.05	1.03
	SLC120×120-650 (1)	74.48	46.09	58.51	72.16	77.05	69.53	1.62	1.27	1.03	0.97	1.07
	SLC120×120-650 (2)	60.107	43.22	55.60	66.78	72.03	62.51	1.39	1.08	0.90	0.83	0.96
	LLC42×30-990 (1)	98.49	112.77	119.14	99.35	109.42	121.66	0.87	0.83	0.99	0.90	0.81
	LLC42×30-990 (2)	188.121	148.15	157.43	169.62	171.31	175.17	1.27	1.19	1.11	1.10	1.07
	LLC42×30-2100 (1)	84.084	88.51	85.53	93.1	80.82	70.85	0.95	0.98	0.90	1.04	1.19
	LLC70×50-980 (1)	50.862	51.27	51.52	51.41	51.91	44.34	0.99	0.99	0.99	0.98	1.15
	LLC70×50-980 (2)	45.08	37.79	41.34	43.21	45.52	41.61	1.19	1.09	1.04	0.99	1.08
	LLC70×50-1530 (1)	11.96	11.37	11.15	11.37	11.15	8.94	1.05	1.07	1.05	1.07	1.34

文献	截面形式	p_t /kN	P_{c1} /kN	P_{c2} /kN	P_{cr1} /kN	P_{cr2} /kN	P_A /kN	p_t/P_{c1}	p_t/P_{c2}	p_t/P_{cr1}	p_t/P_{cr2}	p_t/P_A
[117]	LLC84×60-2520 (1)	47.04	45.52	45.98	46.86	47.07	40.7	1.03	1.02	1.00	1.00	1.16
	LLC84×60-2520 (2)	37.24	30.58	34.04	35.31	37.84	34.33	1.22	1.09	1.05	0.98	1.08
	LLC90×90-1840 (1)	50.96	41.27	50.20	59.11	62.9	51.39	1.23	1.02	0.86	0.81	0.99
	LLC90×90-2830 (1)	54.59	41.05	47.13	51.71	55.2	49.46	1.33	1.16	1.06	0.99	1.10
	LLC90×90-2830 (2)	43.12	35.49	42.36	49.35	52.73	43.77	1.21	1.02	0.87	0.82	0.99
	LLC90×30-1200 (1)	37.567	37.49	38.27	37.49	38.28	30.07	1.00	0.98	1.00	0.98	1.25
	LLC90×90-1500 (1)	56.023	55.46	58.01	59.84	53.69	53.57	1.01	0.97	0.94	1.04	1.05
	LLC90×90-1500 (2)	62.883	49.56	55.77	63.19	65.03	57.43	1.27	1.13	1.00	0.97	1.09
	LLC90×60-1700 (1)	52.103	43.38	49.19	52.78	55.38	52.68	1.20	1.06	0.99	0.94	0.99
	LLC120×60-1400 (1)	56.023	46.69	49.75	51.05	55.38	50.21	1.20	1.13	1.10	1.01	1.12
	LLC120×90-1500 (1)	72.357	47.01	55.36	63.28	68.05	63.11	1.54	1.31	1.14	1.06	1.15
均 值								1.183	1.084	1.0060	0.9628	1.1146
方 差								0.178	0.134	0.0816	0.0837	0.1428
变异系数								0.150	0.124	0.0812	0.0869	0.1281

从表5-11可以看出：采用建议的统一屈曲稳定系数的计算方法，由于较好的考虑了局部和畸变屈曲对构件极限承载力的影响以及构件截面形式对于翼缘屈曲稳定系数的影响，计算承载力与试验值更加接近，同时变异系数也相对较小；构件的截面形式范围为：$0.14<a/b<0.32$、$0.69<h/b<3.22$，覆盖截面范围较大，能够较好的说明修正方法的精确性；不考虑板组约束的承载力大于考虑板组约束的承载力；北美规范计算结果相对于试验值偏小，变异性稍大。

国外对于卷边槽形截面偏压构件极限承载力的计算采用相关公式进行计算，没有关于边缘加劲板件应力梯度有效宽度的计算公式，没有相关的卷边槽形截面构件的偏压试验。

5.4.3 受弯构件

卷边槽形截面受弯构件极限承载力的试验相对轴压构件试验较少，目前国内只有张耀春等人对冷弯薄壁型钢构件绕强轴弯曲进行过承载力试验[121]，构件的屈曲模式为局部和畸变屈曲相关。试验承载力、规范计算承载力以及建议方法计算承载力对比如表5-12所示。

表 5-12 文献［121］卷边槽形截面受弯试验承载力与计算承载力对比

截面形式	p_t /kN	P_{c1} /kN	P_{c2} /kN	P_{cr1} /kN	P_{cr2} /kN	P_A /kN	$p_t/$ P_{c1}	$p_t/$ P_{c2}	$p_t/$ P_{cr1}	$p_t/$ P_{cr2}	$p_t/$ P_A
L_ UH200B80d20-1	26.95	24.04	24.04	26.32	26.32	26.03	1.12	1.12	1.02	1.02	1.04
L_ UH200B80d20-2	26.95	23.85	23.82	26.11	26.11	26.42	1.13	1.13	1.03	1.03	1.02
L_ UH200B80d40-1	30.04	26.07	26.07	28.36	28.36	28.56	1.15	1.15	1.06	1.06	1.05
L_ UH200B80d40-2	30.04	26.10	26.10	28.37	28.37	28.67	1.15	1.15	1.06	1.06	1.05
S_ UH200B80d20-2	28.59	24.02	24.00	26.32	26.32	26.95	1.19	1.19	1.09	1.09	1.06
S_ UH200B80d40-1	28.59	24.07	24.05	26.35	26.35	27.01	1.19	1.19	1.08	1.08	1.06
S_ UH200B80d40-2	30.8	26.28	26.30	28.57	28.57	29.27	1.17	1.17	1.08	1.08	1.05
S_ UH200B80d20-2	30.8	26.36	26.38	28.67	28.67	29.36	1.17	1.17	1.07	1.07	1.05
均　值							1.1591	1.1592	1.0622	1.0622	1.0470
方　差							0.0252	0.0252	0.0235	0.0235	0.0133
变异系数							0.0218	0.0217	0.0221	0.0221	0.0127

从表 5-12 可以看出：采用建议的统一屈曲稳定系数的计算方法，由于较好的考虑了局部和畸变屈曲对构件极限承载力的影响以及构件截面形式对于翼缘屈曲稳定系数的影响，计算承载力与试验值更加接近，同时变异系数也较小；由于构件的截面形式范围为：$0.25 < a/b < 0.37$、$2.25 < h/b < 2.70$，卷边翼缘宽厚比较大，翼缘屈曲稳定系数提高较大，承载力与规范计算承载力相差较大，规范方法计算结果比较保守；不考虑板组约束的承载力大于考虑板组约束的承载力；北美规范计算结果相对于试验值比较吻合，变异性较小。

国外对于冷弯薄壁型钢受弯承载力的试验也较少，目前最具代表性的是 Cheng Yu 和 Schafer 所作的关于冷弯薄壁型钢局部屈曲[123]和畸变屈曲[124]的试验，文献［123］和［124］的试验承载力、规范计算承载力以及建议方法计算承载力对比如表 5-13 和表 5-14 所示。

表 5-13 国外卷边槽形截面受弯构件局部屈曲试验承载力与计算承载力对比（一）

截面形式		$M_t/$ kN·m	$M_{c1}/$ kN·m	$M_{c2}/$ kN·m	$M_{cr1}/$ kN·m	$M_{cr2}/$ kN·m	$M_A/$ kN·m	$M_t/$ M_{c1}	$M_t/$ M_{c2}	$M_t/$ M_{cr1}	$M_t/$ M_{cr2}	$M_t/$ M_A
8C097-2E3W	8C097-1	19.5	15.96	15.99	16.63	16.95	18.22	1.22	1.22	1.17	1.15	1.07
	8C097-2	19.5	15.04	15.06	15.64	16.02	17.26	1.30	1.29	1.25	1.22	1.13
8C068-4E5W	8C068-4	11.7	9.8	9.8	10.13	10.33	11.14	1.19	1.19	1.15	1.13	1.05
	8C068-5	11.7	10.72	10.73	11.10	11.33	12.32	1.09	1.09	1.05	1.03	0.95
8C068-1E2W	8C068-2	11.1	10.41	10.41	10.77	11.00	11.81	1.07	1.07	1.03	1.01	0.94
	8C068-1	11.1	10.31	10.31	10.66	10.88	11.81	1.08	1.08	1.04	1.02	0.94

截面形式		M_t/kN·m	M_{c1}/kN·m	M_{c2}/kN·m	M_{cr1}/kN·m	M_{cr2}/kN·m	M_A/kN·m	$\dfrac{M_t}{M_{c1}}$	$\dfrac{M_t}{M_{c2}}$	$\dfrac{M_t}{M_{cr1}}$	$\dfrac{M_t}{M_{cr2}}$	$\dfrac{M_t}{M_A}$
8C054−1E8W	8C054−1	6.3	5.92	5.91	6.13	6.22	6.63	1.06	1.07	1.03	1.01	0.95
	8C054−8	6.3	5.77	5.75	5.93	6.04	6.77	1.09	1.10	1.06	1.04	0.93
8C043−5E6W	8C043−5	5.8	5.59	5.58	5.80	5.92	6.11	1.04	1.04	1.00	0.98	0.95
	8C043−6	5.8	5.48	5.47	5.70	5.79	5.47	1.06	1.06	1.02	1.00	1.06
8C043−3E1W	8C043−3	5.4	5.34	5.34	5.56	5.68	5.81	1.01	1.01	0.97	0.95	0.93
	8C043−1	5.4	4.79	4.87	4.89	5.08	5.81	1.13	1.11	1.11	1.06	0.93
12C068−9E5W	12C068−9	11.8	10.73	10.9	10.88	11.30	10.93	1.10	1.08	1.08	1.04	1.08
	12C068−5	11.8	10.54	10.72	10.69	11.11	10.54	1.12	1.10	1.10	1.06	1.12
12C068−3E4W	12C068−3	15.5	15.26	15.61	15.60	16.19	16.67	0.99	0.99	0.96	0.93
	12C068−4	15.5	15.18	15.55	15.49	16.07	16.32	1.02	1.00	1.00	0.96	0.95
10C068−2E1W	10C068−2	7.9	7.02	7.05	7.10	7.32	7.12	1.13	1.12	1.11	1.08	1.11
	10C068−1	7.9	7.33	7.35	7.43	7.67	7.45	1.08	1.07	1.06	1.03	1.06
6C054−2E1W	6C054−2	5.1	4.27	4.32	4.60	4.60	4.68	1.19	1.18	1.11	1.11	1.09
	6C054−1	5.1	4.44	4.48	4.78	4.78	4.81	1.15	1.14	1.07	1.07	1.06
4C054−1E2W	4C054−1	3.1	2.63	2.61	2.88	2.86	2.82	1.18	1.19	1.08	1.08	1.10
	4C054−2	3.1	2.59	2.57	2.82	2.80	2.79	1.20	1.21	1.10	1.11	1.11
3.62C054−1E2W	3.62C054−1	2.3	1.85	1.82	2.01	1.97	1.92	1.24	1.26	1.15	1.17	1.20
	3.62C054−2	2.3	1.82	1.78	1.97	1.94	1.92	1.26	1.29	1.17	1.19	1.20
均 值								1.13	1.12	1.08	1.06	1.04
方 差								0.0797	0.0862	0.0649	0.0711	0.0879
变异系数								0.0708	0.0767	0.0602	0.0670	0.0850

从表5-13可以看出：采用建议的统一屈曲稳定系数的计算方法，由于较好的考虑了构件截面形式对于翼缘屈曲稳定系数的影响，计算承载力与试验值更加接近，同时变异系数也较小；由于构件的截面形式范围为：$0.23 < a/b < 0.29$、$1.84 < h/b < 6.29$，卷边翼缘宽厚比较大，翼缘屈曲稳定系数提高较大，承载力与规范计算承载力相差较大，规范方法计算结果比较保守；不考虑板组约束的承载力大于考虑板组约束的承载力；北美规范计算结果相对于试验值比较吻合，变异性较小。

表 5-14 国外卷边槽形截面受弯构件畸变屈曲试验承载力与计算承载力对比（二）

截面形式		$M_t/$ kN·m	$M_{c1}/$ kN·m	$M_{c2}/$ kN·m	$M_{cr1}/$ kN·m	$M_{cr2}/$ kN·m	$M_A/$ kN·m	$\dfrac{M_t}{M_{c1}}$	$\dfrac{M_t}{M_{c2}}$	$\dfrac{M_t}{M_{cr1}}$	$\dfrac{M_t}{M_{cr2}}$	$\dfrac{M_t}{M_A}$
D8C097–7E6W	D8C097-7	23.1	21.42	21.45	22.30	22.92	23.33	1.08	1.08	1.04	1.01	0.99
	D8C097-6	23.1	20.93	20.94	21.70	22.34	23.33	1.10	1.10	1.06	1.03	0.99
D8C097–5E4W	D8C097-5	18.7	19.92	19.91	20.59	21.26	22.26	0.94	0.94	0.91	0.88	0.84
	D8C097-4	18.7	20.09	20.08	20.78	21.44	20.11	0.93	0.93	0.90	0.87	0.93
D8C085–2E1W	D8C085-2	13.8	11.87	11.87	12.25	12.61	12.55	1.16	1.16	1.13	1.09	1.10
	D8C085-1	13.8	12.06	12.06	12.45	12.76	12.90	1.14	1.14	1.11	1.08	1.07
D8C068–6E7W	D8C068-6	11.8	12.11	12.08	12.49	12.83	13.26	0.97	0.98	0.94	0.92	0.89
	D8C068-7	11.8	12.31	12.28	12.72	13.06	13.26	0.96	0.96	0.93	0.90	0.89
D8C054–7E6W	D8C054-7	5.5	5.77	5.75	5.98	6.09	5.45	0.95	0.96	0.92	0.90	1.01
	D8C054-6	5.5	5.65	5.64	5.87	5.98	5.56	0.97	0.98	0.94	0.92	0.99
D8C045–1E2W	D8C045-1	1.9	2.18	2.18	2.25	2.31	2.26	0.87	0.87	0.84	0.82	0.84
	D8C045-2	1.9	2.14	2.14	2.21	2.27	2.26	0.89	0.89	0.86	0.84	0.84
D8C043–4E2W	D8C043-4	4.8	4.58	4.58	4.68	4.69	4.75	1.05	1.05	1.02	1.02	1.01
	D8C043-2	4.8	5.27	5.26	5.47	5.58	4.95	0.91	0.91	0.88	0.86	0.97
D8C033–1E2W	D8C033-2	1.8	2.03	2.03	2.10	2.15	2.02	0.89	0.89	0.86	0.84	0.89
	D8C033-1	1.8	2.03	2.02	2.11	2.16	1.96	0.89	0.89	0.85	0.83	0.92
D12C068–10E11W	D12C068-10	10.7	10.35	10.5	10.50	10.89	8.84	1.03	1.02	1.02	0.98	1.21
	D12C068-11	10.7	10.7	10.86	10.84	11.25	9.30	1.00	0.99	0.99	0.95	1.15
D12C068–1E2W	D12C068-2	11.1	15.34	15.66	15.67	16.26	12.91	0.72	0.71	0.71	0.68	0.86
	D12C068-1	11.1	15.45	15.78	15.77	16.37	13.06	0.72	0.70	0.70	0.68	0.85
D10C068–4E3W	D10C068-4	5.8	5.86	5.86	5.94	6.13	5.52	0.99	0.99	0.98	0.95	1.05
	D10C068-3	5.8	6.19	6.19	6.28	6.48	5.98	0.94	0.94	0.92	0.89	0.97
D10C056–3E4W	D10C056-3	9.6	12.06	12.14	12.30	12.88	11.85	0.80	0.79	0.78	0.75	0.81
	D10C056-4	9.6	12.12	12.2	12.37	12.96	12.15	0.79	0.79	0.78	0.74	0.79
D10C048–1E2W	D10C048-1	7	7.77	7.79	7.91	8.26	7.00	0.90	0.90	0.88	0.85	1.00
	D10C048-2	7	7.89	7.93	8.04	8.39	7.14	0.89	0.88	0.87	0.83	0.98
D6C063–2E1W	D6C063-2	5.9	5.52	5.51	5.93	5.95	5.90	1.07	1.07	1.00	0.99	1.00
	D6C063-1	5.9	5.39	5.39	5.81	5.83	5.73	1.09	1.09	1.02	1.01	1.03
D3.62C054–3E4W	D3.62C054-4	1.9	1.78	1.75	1.91	1.88	1.81	1.07	1.09	1.00	1.01	1.05
	D3.62C054-3	1.9	1.75	1.72	1.87	1.83	1.74	1.09	1.10	1.02	1.04	1.09
均 值								0.96	0.96	0.93	0.91	0.97
方 差								0.0922	0.0938	0.0837	0.0886	0.0836
变异系数								0.0960	0.0977	0.0902	0.0978	0.0865

从表5-14可以看出：采用建议的统一屈曲稳定系数的计算方法，由于较好的考虑了构件截面形式对于翼缘屈曲稳定系数的影响，计算承载力与试验值更加接近；由于构件的截面形式范围为：$0.14<a/b<0.36$、$1.98<h/b<6.06$，且卷边翼缘宽度比较小的构件较多，构件发生畸变屈曲的趋势比较明显，亦即畸变屈曲应力较小，因此与我国规范采用较小的 0.98 作为翼缘屈曲稳定系数计算的承载力相差不大；不考虑板组约束的承载力大于考虑板组约束的承载力；北美规范计算结果相对于试验值比较吻合，变异性较小。

5.5 小结

本章在前述畸变屈曲弹性屈曲应力和极限承载力分析的基础上，提出了建立和局部屈曲相同的统一的极限承载力计算方法。通过对选定截面和我国规范附录的截面进行轴压、受弯、偏压承载力试验，结果表明，建议的局部、畸变屈曲稳定系数统一公式，由于更好的考虑了卷边槽形截面构件的翼缘屈曲稳定系数，与北美规范计算的构件承载力比较接近，且变异性较小。采用试验以及国内外的相关试验数据对该方法进行验证，表明采用局部和畸变统一设计方法能够较好的考虑局部或畸变屈曲与整体失稳的相关作用，同时由于在有效宽度的计算中把局部和畸变屈曲分开来协同求解，能够更好的反应卷边槽形截面构件发生屈曲相关作用的影响，计算承载力与试验承载力吻合较好，且变异性较小，具有较好的适用性。

6 冷弯薄壁型钢开口截面构件畸变屈曲控制研究

6.1 概述

从前述几章的分析可以看出，对于卷边槽形截面构件，若卷边加劲对翼缘不能起到充分加劲的作用，卷边和翼缘会发生整体的面外屈曲，截面发生畸变屈曲，畸变屈曲会降低构件的极限承载力。如果能找到畸变屈曲发生的临界条件，在截面的选择上就能够避免畸变屈曲的发生，则将极大的提高构件的承载力。本章首先分析畸变屈曲发生的临界条件，分析卷边槽形截面构件对于卷边的要求，然后，在此基础上提出了控制畸变屈曲发生的构造措施以及设计准则，最后通过试验验证本章关于畸变屈曲相关控制理论的准确性。

6.2 畸变屈曲发生的临界条件

边缘加劲板件在外荷载作用下会发生畸变屈曲，畸变屈曲会降低构件的极限承载力，设计中需考虑这种降低作用，但是如果能弄清畸变屈曲发生的临界条件，在截面设计阶段控制截面的尺寸，就能很好地在设计中控制截面畸变屈曲的发生，从而提高构件极限承载力。

根据第 3、4 章的理论分析，我们可以采用统一方法计算局部和畸变屈曲弹性应力和极限强度，从而在第 5 章建立卷边槽形截面构件整体承载力的统一公式，那么对于畸变屈曲发生的临界条件我们可以分两种情况分别考虑：（1）构件发生畸变屈曲，但畸变屈曲发生在局部屈曲之后，可利用统一公式考虑局部和畸变屈曲对于构件整体承载力的影响；（2）构件不发生畸变屈曲，此时不需要考虑板件畸变屈曲对于构件整体承载力的影响。

对于第一种情况，我们只需弹性的畸变屈曲应力大于局部屈曲应力即可。

对于第二种情况，我们需要在板件整个的失稳阶段均不发生畸变屈曲，利用有效宽度的强度计算方法，即板件对于畸变屈曲全部有效。

6.2.1 畸变屈曲发生在局部屈曲后的控制临界条件

对于冷弯薄壁型钢截面构件，当局部和畸变屈曲均发生时，如果畸变屈曲应力大于局部屈曲应力，按照畸变屈曲和局部屈曲统一计算方法，此时的翼缘屈曲稳定系数按照局部屈曲稳定系数进行计算，并考虑板件屈曲对于构件整体稳定承载力的影响，因此只需畸变屈曲稳定系数大于局部屈曲稳定系数即可。即使在构件受力过程中发生畸变屈曲，但承载力的计算仍可采用局部屈曲的承载力计算方法进行计算，而不需另外计算畸变屈曲稳定系数。根据第 3 章局部和畸变屈曲稳定系数统一公式进行转化得到：

（1）当最大应力作用于加劲边。

1）若 $\psi \leqslant -\dfrac{1}{3 + 12a/b}$，畸变屈曲不发生，可直接按照局部屈曲进行计算；

2）若 $\psi > -\dfrac{1}{3 + 12a/b}$，畸变屈曲稳定系数大于局部屈曲稳定系数，可用式（6-1）表示：

$$2(1 - \psi)^3 + 2(1 - \psi) + 4 \leqslant \frac{b[(b/\lambda)^2/3 + 0.142] + 10.92I(b/\lambda)^2/t^3}{b(1/12 + \psi/4) + a\psi}$$

$$(6-1)$$

若令公式左右两侧相等，可得到局部和畸变屈曲稳定系数相等的临界条件。在腹板、翼缘宽度、板件厚度以及压应力不均匀系数均已知的条件下，可求得卷边最小宽厚比 a/t 的限值要求。为应用方便，对公式（6-1）取不等式两边相等进行计算，得到畸变屈曲和局部屈曲临界应力相等的卷边宽厚比，如表 6-1 所示，其中，ψ 为应力不均匀系数，h、b、t 分别为卷边槽形截面构件的腹板、翼缘宽度与构件厚度。由于当卷边宽厚比太大，卷边自身会发生局部屈曲，截面不能全部起到加劲的作用，对构件整体承载力没有太大贡献。为此对于卷边 $a/b>0.5$ 的情况，表 6-1 中没有列出，亦即在这种情况下，若 $a/b>0.5$，则畸变屈曲稳定系数小于局部屈曲稳定系数，需考虑畸变屈曲对构件极限承载力的影响，计算畸变屈曲稳定系数。

表 6-1　最大应力作用于腹板侧畸变和局部屈曲应力相等的卷边尺寸（一）

ψ	h/b	b/t									
		15	20	25	30	35	40	45	50	55	60
1	1						22.4	21.2	20.4	19.8	19.4
	2										30.8
0.8	1						19.2	18.4	17.9	17.5	17.3
	2									27.5	26.6
0.6	1					16.6	15.9	15.5	15.2	15.0	14.9
	2					18.3	18.0	17.9	17.9	17.9	17.9
	3						22.6	22.2	22.0	21.9	21.9

续表6-1

ψ	h/b	b/t									
		15	20	25	30	35	40	45	50	55	60
0.6	4							25.8	25.8	25.6	25.4
	5									28.9	28.6
0.4	1	10.8	10.6	10.4	10.4	10.5	10.6	10.7	10.9	11.0	11.1
	2			14.7	14.7	14.7	14.7	14.8	14.9	15.0	
	3					17.8	17.9	17.9	18.0	18.0	18.1
	4						20.5	20.5	20.6	20.7	20.8
	5							23.1	23.1	23.2	23.2
0.2	1	7.2	7.4	7.6	7.8	8.0	8.2	8.3	8.5	8.7	8.9
	2		10.3	10.4	10.5	10.7	10.9	11.1	11.3	11.5	11.7
	3			12.7	12.7	12.9	13.0	13.2	13.4	13.6	13.8
	4				14.5	14.6	14.8	15.0	15.2	15.4	15.6
	5					16.3	16.4	16.6	16.7	16.9	17.1
0	1	3.8	4.2	4.5	4.8	5.0	5.2	5.4	5.6	5.8	6.0
	2	4.8	5.3	5.7	6.0	6.4	6.6	6.9	7.1	7.4	7.6
	3	5.5	6.0	6.5	6.9	7.3	7.6	7.9	8.2	8.5	8.7
	4	6.0	6.6	7.2	7.6	8.0	8.4	8.7	9.0	9.3	9.6
	5	6.5	7.2	7.7	8.2	8.6	9.0	9.4	9.7	10.0	10.3
-0.2	1	0.7	0.9	1.1	1.2	1.4	1.5	1.6	1.7	1.8	1.9
	2	0.9	1.1	1.3	1.5	1.7	1.8	2.0	2.1	2.3	2.4
	3	1.0	1.2	1.4	1.7	1.8	2.0	2.2	2.3	2.5	2.6
	4	1.0	1.3	1.5	1.8	2.0	2.2	2.3	2.5	2.7	2.8
	5	1.0	1.3	1.6	1.8	2.1	2.3	2.5	2.6	2.8	3.0

从表 6-1 可以看出，在给出的卷边宽厚比的最小限值计算中，随着翼缘宽厚比 b/t 的变化卷边宽厚比 a/t 变化不大，基本上相等，这样完全可以用 $b/t=60$ 的最大值来考虑卷边宽厚比 a/t 的限值，按这种处理方式对表 6-1 整理得表 6-2 数据和图 6-1。

表 6-2 最大应力作用于腹板侧畸变和局部屈曲应力相等的卷边尺寸（二）

h/b	ψ						
	1	0.8	0.6	0.4	0.2	0	-0.2
1	16.0	14.6	12.9	11.1	8.9	6.0	1.9

h/b	ψ						
	1	0.8	0.6	0.4	0.2	0	−0.2
2	22.7	20.5	17.9	15.0	11.7	7.6	2.4
3	28.4	25.4	21.9	18.1	13.8	8.7	2.6
4	34.1	29.7	25.4	20.8	15.6	9.6	2.8
5			28.6	23.2	17.1	10.3	3.0

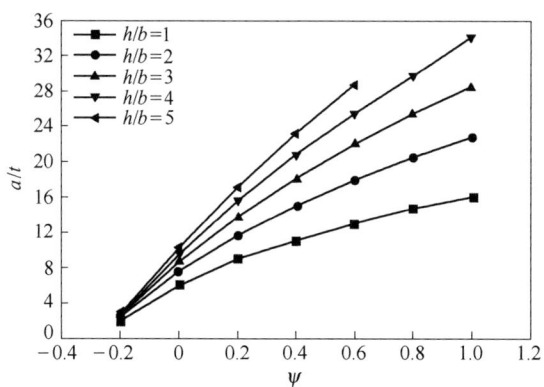

图 6-1　最大应力作用于腹板侧畸变和局部屈曲应力相等的卷边近似尺寸

从图 6-1 可以看出，对于不同的 h/b、a/t 与 ψ 的关系完全可以用二项式表示，再考虑 h/b 与该二项式系数的对应关系，经过回归分析可得到，当最大应力作用于腹板侧，且 $-1/(3 + 12a/b) < \psi \leqslant 1$、$a/b \leqslant 0.5$、$1 \leqslant h/b \leqslant 5$ 时，卷边宽厚比 a/t 的限值为式(6-2)所示：

$$a/t \geqslant [0.017(h/b)^2 - 0.092(h/b) - 0.164]\psi^2 - [0.902(h/b) - 0.653]\psi + 6.896(h/b) + 9.74 \tag{6-2}$$

（2）当最大应力作用于非加劲边。畸变屈曲稳定系数大于局部屈曲稳定系数时，可用式(6-3)表示：

$$2(1 - \psi)^3 + 2(1 - \psi) + 4 \leqslant \frac{b[(b/\lambda)^2/3 + 0.142] + 10.92I(b/\lambda)^2/t^3}{b(1/4 + \psi/12) + a} \tag{6-3}$$

若令公式左右两侧相等，可得到局部和畸变屈曲稳定系数相等的临界条件。在腹板、翼缘宽度、板件厚度以及压应力不均匀系数均已知的条件下，可求得卷边的最小宽厚比 a/t 的限值要求。为应用方便，对公式(6-3)取不等式两边相等进行计算，得到畸变屈曲和局部屈曲临界应力相等的卷边宽厚比如表 6-3 所示。其中，ψ 为应力不均匀系数，h、b、t 分别为卷边槽形截面构件的腹板、翼缘宽度与构件厚度。当卷边宽厚比太大,卷边自身会发生局部屈曲,截面不能全部起到加劲的作用,对构件整体承载力没有太大贡献。为此,对于卷边 $a/b>0.5$ 的情况,表 6-3 中没有列出,也即在这种情况下,若 $a/b>0.5$,则认为畸变屈曲稳定系数小于局部屈曲稳定系数,需考虑畸变屈曲对构件极限承载力的影响,计算畸变屈曲稳定系数。

表 6-3 最大应力作用于卷边侧畸变和局部屈曲应力相等的卷边尺寸

ψ	h/b	b/t					
		35	40	45	50	55	60
1	1		22.4	21.2	20.4	19.8	19.4
	1.2			24.2	23.1	22.3	21.7
	1.5				27.2	26.0	25.1
	1.8					29.7	28.6
	2						30.8
0.9	1			22.5	21.5	20.8	20.3
	1.2				24.5	23.5	22.9
	1.5					27.6	26.6
	1.8						30.3
	2						32.8
0.8	1			23.1	22.7	21.9	21.37
	1.2				26.1	24.9	24.1
	1.5					29.3	28.2
	1.8						32.3
	2						35.0
0.6	1				26.1	24.9	24.1
	1.2					28.5	27.4
	1.5						32.4
0.4	1					29.7	28.4
	1.2						32.7
	1.5						39.4

从表 6-3 可以看出,在给出的卷边宽厚比的最小限值计算中,随着翼缘宽厚比 b/t 的变化,卷边宽厚比 a/t 变化不大,基本上相等,这样完全可以用 $b/t=60$ 的最大值来考虑卷边宽厚比 a/t 的限值。同时,也可以看出对于最大应力作用于卷边的情况,在卷边翼缘宽厚比 $a/b<0.5$ 的情况下,能够满足畸变屈曲稳定系数

大于局部屈曲稳定系数的截面非常少，而且需要腹板翼缘的宽度比 $h/b<2$，这在实际应用中的截面非常少。因此为了应用上的方便，完全可以认为：对于最大应力作用于卷边的情况，均需计算畸变屈曲稳定系数，考虑畸变屈曲对于构件整体承载力的影响。

（3）对于绕强轴的受弯构件。畸变屈曲稳定系数小于局部屈曲稳定系数可用式(6-4)表示。

$$4 \leqslant \frac{b\left[(b/\lambda)^2/3 + 0.142\right] + 10.92I(b/\lambda)^2/t^3}{b/3 + a} \tag{6-4}$$

若令公式左右两侧相等，可得到局部和畸变屈曲稳定系数相等的临界条件。在腹板、翼缘宽度、板件厚度均已知的情况下，可求得卷边的最小宽厚比 a/t 的限值要求。为应用方便，对公式(6-4)取不等式两边相等进行计算，得到畸变屈曲和局部屈曲临界应力相等的卷边宽厚比如表6-4所示。其中，h、b、t 分别为卷边槽形截面构件的腹板、翼缘宽度与构件厚度。当卷边宽厚比太大时，卷边自身会发生局部屈曲，截面不能全部起到加劲的作用，对构件整体承载力没有太大贡献。为此，对于卷边 $a/b>0.5$ 的情况，表6-4中没有列出，也即在这种情况下，若 $a/b>0.5$，则认为畸变屈曲稳定系数小于局部屈曲稳定系数，需考虑畸变屈曲对构件极限承载力的影响，计算畸变屈曲稳定系数。

表6-4　绕强轴受弯构件畸变和局部屈曲应力相等的卷边尺寸

h/b	b/t									
	15	20	25	30	35	40	45	50	55	60
1				15.4	14.4	13.8	13.5	13.3	13.2	13.1
2							21.2	20.4	19.8	19.4
3							27.2	26.0		25.1
4										30.8
5										36.6

从表6-4可以看出，在给出的卷边宽厚比的最小限值计算中，随着翼缘宽厚比 b/t 的变化，卷边宽厚比 a/t 变化不大，基本上相等，这样完全可以用 $b/t=60$ 的最大值来考虑卷边宽厚比 a/t 的限值，可得到对于强轴受弯的冷弯薄壁型钢构件当畸变屈曲应力大于局部屈曲应力时最小卷边限值，如表6-5所示。

表6-5　绕强轴受弯构件畸变和局部屈曲应力相等的卷边近似尺寸

h/b	1	2	3	4	5
a/t	13.5	19.5	25.5	31	36.5

表6-5对于卷边最小宽厚比的要求可以采用线性回归得到式(6-5)：

$$a/t \geqslant 5.75(h/b) + 7.95 \tag{6-5}$$

6.2.2 畸变屈曲不发生的控制临界条件

对于卷边槽形截面轴压构件，达到整体失稳承载力即发生破坏，但在整体失稳破坏之前，构件截面可能发生畸变屈曲，畸变屈曲会降低构件的极限承载力。若能保证畸变屈曲发生在整体失稳之后，那么构件承载力的计算就可直接计算，而不需按照有效宽度法计算畸变屈曲对于构件极限承载力的降低作用，那么这种控制畸变屈曲发生的临界条件就是要求畸变屈曲强度大于构件整体失稳承载力。

（1）轴压构件。由第 4 章分析可知，对于轴压构件，畸变屈曲强度可以采用式(6-6)表示，而轴压构件的整体稳定承载力可表示为式(6-7)：

$$P_{cd} = \left[\left(\frac{0.6f_{cd}}{f_y}\right)^{1/4} - 0.1\right] Af_y \tag{6-6}$$

$$P_e = \varphi f_y A \tag{6-7}$$

这样对于轴压构件，畸变屈曲不发生的临界条件就为式(6-8a)，化简为式(6-8b)：

$$P_{cd} = \left[\left(\frac{0.6f_{cd}}{f_y}\right)^{1/4} - 0.1\right] Af_y \geqslant P_e = \varphi f_y A \tag{6-8a}$$

$$\left[\left(\frac{0.6f_{cd}}{f_y}\right)^{1/4} - 0.1\right] \geqslant \varphi \tag{6-8b}$$

在式(6-8b)中引入弹性模量 $E = 206000 \text{N/mm}^2$ 和泊松比 $\nu = 0.3$，并考虑畸变屈曲应力计算公式，则该式可直接转化为翼缘全部有效的条件：

$$f_{cd} \geqslant 1.67(\varphi + 0.1)^4 f_y \tag{6-9a}$$

即：

$$\lambda = \sqrt{\frac{f_y}{f_{cd}}} = \sqrt{\frac{f_y}{235}}\sqrt{\frac{235}{f_{cd}}} \leqslant 0.774/(\varphi + 0.1)^2 \tag{6-9b}$$

式中，f_y 为钢材的屈服强度，设计时取设计强度；φ 为构件整体屈曲稳定系数；f_{cd} 为构件畸变屈曲应力，按第 3 章相关公式计算。

（2）压弯构件。对于压弯构件，要使畸变屈曲发生在构件整体破坏之后，即可能发生畸变屈曲的翼缘板件全部有效，此时板件边缘纤维屈服，参照轴压构件公式(6-6)，只需在公式中令稳定系数为 1 即可：

$$f_{cd} \geqslant 2.44f_y \tag{6-10a}$$

即：

$$\lambda = \sqrt{\frac{f_y}{f_{cd}}} = \sqrt{\frac{f_y}{235}}\sqrt{\frac{235}{f_{cd}}} \leqslant 0.64 \tag{6-10b}$$

式中，f_y 为钢材的屈服强度，设计时取设计强度；f_{cd} 为构件畸变屈曲应力，按第3 章相关公式计算。

（3）绕强轴受弯构件。对于绕强轴受弯的受弯构件，要使畸变屈曲发生在构件整体破坏之后，即可能发生畸变屈曲的翼缘板件全部有效，此时板件边缘纤维屈服，参照轴压构件公式(6-8)，只需在公式中令稳定系数为 1 即可：

$$f_{cd} \geqslant 2.44f_y \tag{6-11a}$$

即：

$$\lambda = \sqrt{\frac{f_y}{f_{cd}}} = \sqrt{\frac{f_y}{235}} \sqrt{\frac{235}{f_{cd}}} \leqslant 0.64 \tag{6-11b}$$

式中，f_y 为钢材的屈服强度，设计中取设计强度；f_{cd} 为构件畸变屈曲应力，按第3 章相关公式计算。

6.3 截面卷边尺寸要求

6.3.1 卷边最大宽度要求

对于卷边槽形截面构件，卷边对翼缘提供支承作用，随着卷边宽度的增加，翼缘由三边简支板变为四边简支板，大大提高其临界屈曲应力，从而提高构件的整体承载力。但这种提高作用的前提是卷边不能先于翼缘屈曲，若非这样，不仅不能提供支承作用，反而还需要翼缘为其提供支承，降低了翼缘稳定屈曲系数。为此，应限制卷边的最大宽厚比，保证其屈曲应力不能小于翼缘的屈曲应力。而薄壁构件均有屈曲后强度，同时，冷弯薄壁型钢以边缘纤维屈服作为破坏准则，这样就要求卷边的最大宽厚比需保证其屈曲应力不能小于构件的整体屈曲应力，但整体屈曲应力与截面形式等诸多因素有关。同时，对于压弯和受弯构件翼缘的应力均会达到屈服强度，对于轴压构件，由于畸变屈曲大多发生在长细比不大的构件，此时稳定应力也会较接近屈服强度，并且会出现边缘屈服。为此，对于部分加劲板件的卷边最大宽厚比可采用保证其屈曲应力不能小于构件屈服强度的要求，采用式(6-12)表示：

$$f_y \leqslant \frac{0.425E\pi^2}{12(1 - \nu^2)} \left(\frac{t}{a}\right)^2 \tag{6-12}$$

取泊松比为 $\nu = 0.3$、弹性模量为 $E = 2.06 \times 10^5 \text{N/mm}^2$，对式(6-12)进行化简，可得到卷边不发生局部屈曲的弹性解为：$\dfrac{a}{t} \leqslant 18.34\sqrt{235/f_y}$。考虑到板件的塑性性能和几何缺陷，卷边屈曲应力不小于构件屈服强度的要求就转化为卷边作为非加劲板件时保证板件全部有效的要求。利用第 5 章板件有效宽度全部有效的计算公式，即 $\dfrac{a}{t} \leqslant 18\rho$，得到 $\dfrac{a}{t} \leqslant 18\sqrt{\dfrac{235}{f_y} \times 0.425} = 11.73\sqrt{\dfrac{235}{f_y}}$，可采用式(6-13)近似表示：

$$a/t \leqslant 12\sqrt{235/f_y} \tag{6-13}$$

这样，对于翼缘不同宽厚比的卷边槽形截面构件，其卷边、翼缘宽度比的限值可通过式(6-13)表示，如表6-6所示。

表6-6　卷边最大宽度比限值

试样	b/t	15	20	25	30	35	40	45	50	55	60
Q235	a/b	0.80	0.60	0.48	0.40	0.34	0.30	0.27	0.24	0.22	0.20
Q345	a/b	0.66	0.50	0.40	0.33	0.28	0.25	0.22	0.20	0.18	0.17
LQ550	a/b	0.52	0.39	0.31	0.26	0.22	0.20	0.17	0.16	0.14	0.13

6.3.2　卷边发生屈曲的畸变屈曲求解方法

表6-6给出了为保证卷边对于翼缘的加劲作用充分发挥所限制的卷边最大宽厚比，也就是卷边的最优尺寸。当然在实际的工程应用中，有可能会出现卷边尺寸达不到表6-6限值的截面形式，此时卷边对于翼缘的加劲作用需进行折减。由于卷边对于翼缘的加劲作用主要体现在对于翼缘屈曲稳定系数以及半波长的影响，而这两种情况都是通过卷边的惯性矩 I 以及宽度 a 来体现的，因此只需对卷边的惯性矩 I 以及宽度 a 来修正就能较好地考虑卷边局部屈曲的影响，这样对于卷边不能满足表6-6要求、在受力过程中会发生局部屈曲的边缘加劲板件，其有效宽度按照下述方法计算：

(1) 首先把卷边当做非加劲板件计算其有效宽度 a_e，计算中不考虑板组约束效应，可得到卷边的惯性矩 I_e，卷边的有效面积为 $a_e t$，卷边的屈曲稳定系数按式(6-14)计算：

1）当最大应力作用于加劲边，有：

$$\begin{cases} k = 1.7 - 3.025\psi + 1.75\psi^2 & 0 < \psi \leqslant 1 \\ k = 1.7 - 1.75\psi + 55\psi^2 & -0.4 < \psi \leqslant 0 \\ k = 6.07 - 9.51\psi + 8.33\psi^2 & -1 \leqslant \psi \leqslant -0.4 \end{cases} \tag{6-14a}$$

2）当最大应力作用于自由边，有：

$$k = 0.567 - 0.213\psi + 0.071\psi^2 \qquad \psi \geqslant -1 \tag{6-14b}$$

当 $\psi < -1$ 时，以上各式的 k 值按照 $\psi = -1$ 采用。

(2) 在计算翼缘屈曲稳定系数的时候，卷边惯性矩 I 和宽度 a 全部采用有效截面惯性矩 I_e 和有效宽度 a_e 代替，翼缘屈曲稳定系数按式(6-15)计算：

1) 当最大应力作用于加劲边，有：

$$
k = \begin{cases} \min\left\{2(1-\psi)^3 + 2(1-\psi) + 4, \ \dfrac{b[(b/\lambda)^2/3 + 0.142] + 10.92I_e(b/\lambda)^2/t^3}{b(1/12 + \psi/4) + a_e\psi}\right\} \\ \qquad\qquad\qquad\qquad \psi > -\dfrac{1}{3+12a_e/b} \\ 2(1-\psi)^3 + 2(1-\psi) + 4 \qquad \psi \leqslant -\dfrac{1}{3+12a_e/b} \end{cases} \quad (6\text{-}15\text{a})
$$

2) 当最大应力作用于非加劲边，有：

$$
k = \min\left\{2(1-\psi)^3 + 2(1-\psi) + 4, \ \dfrac{b[(b/\lambda)^2/3 + 0.142] + 10.92I_e(b/\lambda)^2/t^3}{b(1/4 + \psi/12) + a_e}\right\}
$$
$$(6\text{-}15\text{b})$$

式中，λ 为畸变屈曲半波长和构件实际计算长度的最小值；a_e 为卷边有效宽度。

（3）利用翼缘和卷边的有效宽度进行后续的构件承载力计算。

6.4 构件计算长度小于畸变屈曲半波长的设计

6.4.1 设计方法

对于畸变屈曲强度，采用和局部屈曲类似的方法，利用有效宽度计算。但在计算过程中会用到畸变屈曲半波长，当构件的计算长度小于畸变屈曲半波长时，畸变屈曲强度会提高，这时需采用构件实际计算长度进行计算。即在公式（6-16）中的半波长采用畸变屈曲半波长和构件计算长度的最小值进行计算。

（1）当最大应力作用于加劲边，有：

$$
k = \begin{cases} \min\left\{2(1-\psi)^3 + 2(1-\psi) + 4, \ \dfrac{b[(b/\lambda)^2/3 + 0.142] + 10.92I(b/\lambda)^2/t^3}{b(1/12 + \psi/4) + a\psi}\right\} \\ \qquad\qquad\qquad\qquad \psi > -\dfrac{1}{3+12a/b} \\ 2(1-\psi)^3 + 2(1-\psi) + 4 \qquad \psi \leqslant -\dfrac{1}{3+12a/b} \end{cases} \quad (6\text{-}16\text{a})
$$

（2）当最大应力作用于非加劲边，有：

$$
k = \min\left\{2(1-\psi)^3 + 2(1-\psi) + 4, \ \dfrac{b[(b/\lambda)^2/3 + 0.142] + 10.92I(b/\lambda)^2/t^3}{b(1/4 + \psi/12) + a}\right\}
$$
$$(6\text{-}16\text{b})$$

式中，λ 为畸变屈曲半波长和构件实际计算长度的最小值；a 为卷边宽度。

6.4.2 构件承载力与构件长度关系对比算例

6.4.1 节对于畸变屈曲承载力的计算,当构件长度小于畸变屈曲半波长时采用构件实际长度进行计算,那么这种构件计算长度的缩短对于构件畸变屈曲承载力的提高存在什么关系呢,可否在构件长度缩短到半波长一定范围内时,构件承载力设计不需考虑畸变屈曲的影响呢? 为此,对畸变屈曲强度与构件长度之间的关系进行分析比较。选用卷边槽形截面构件,腹板宽度 210mm、翼缘宽度 60mm、卷边宽度 15mm、厚度 1mm,屈服强度取 345MPa,该截面轴压半波长为 758.47mm,受弯半波长为 637.80mm。对构件长度从 200~1000mm 的构件承载力进行计算。

图 6-2a 所示为不考虑构件整体稳定的轴压构件畸变屈曲强度与构件长度变化的对比关系,而图 6-2b 所示为考虑整体稳定的轴压构件承载力与翼缘屈曲稳定系数取 4 时的承载力对比。图 6-3 为不考虑构件整体稳定的受弯构件畸变屈曲强度与构件长度变化的对比关系。而图 6-4 为不考虑整体稳定的偏压构件承载力与构件长度的对比关系,由于一般的冷弯薄壁型钢偏压构件的偏心距不会超过 $0.3b$,为此,对于偏压构件的偏心距离取最大值 $0.3b$ 进行计算对比分析。

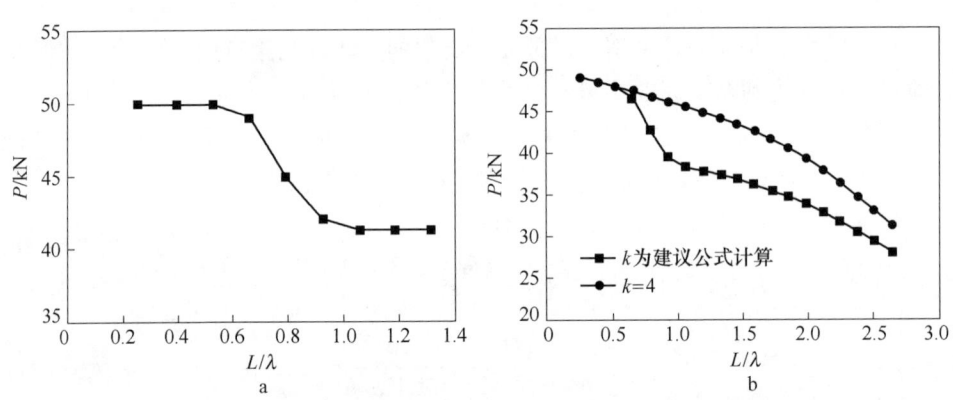

图 6-2 轴压构件畸变屈曲承载力与构件长度关系对比
a—构件承载力与构件长度对比;b—翼缘作为加劲板件承载力对比

从图 6-2a 可以看出,当构件长度大于畸变屈曲半波长时,构件畸变屈曲强度不发生变化,此时翼缘的屈曲稳定系数与构件长度无关;当构件长度小于畸变屈曲半波长的一半时,构件畸变屈曲强度不发生变化,此时构件翼缘的屈曲稳定系数不发生变化,类似于加劲板件,构件不发生畸变屈曲;构件长度在 0.5 倍和 1 倍半波长的范围内,畸变屈曲强度变化较大,此时构件翼缘的畸变屈曲稳定系数变化较大,构件长度变化对承载力影响较大。

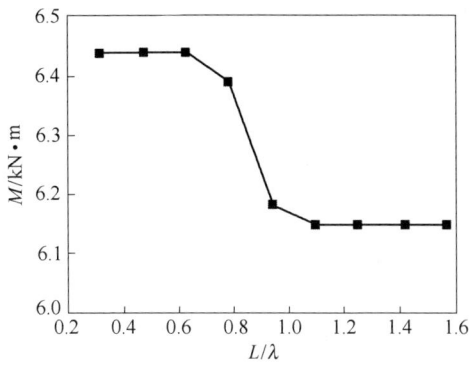
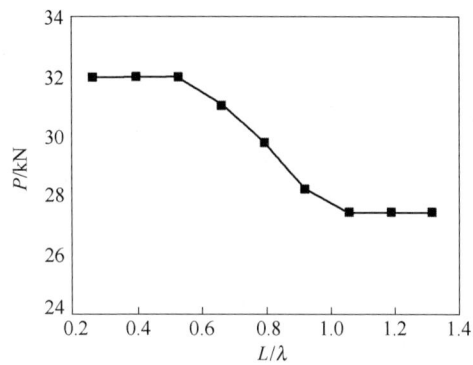

图 6-3 受弯构件承载力与构件长度对比　　图 6-4 偏压构件承载力与构件长度对比

从图 6-2b 可以看出，当构件长度小于畸变屈曲半波长的一半时，构件承载力与翼缘屈曲稳定系数取 4 的承载力相同，表明构件不发生畸变屈曲；构件长度在 0.5 倍和 1 倍半波长的范围内，构件承载力与翼缘屈曲稳定系数取 4 的承载力差值急剧变化，当达到 1 倍半波长时，降低百分比最大；当构件长度大于 1 倍半波长时，构件承载力小于翼缘屈曲稳定系数取 4 的承载力，但由于整体稳定的影响，这种承载力的降低作用逐渐降低。

从图 6-3 和图 6-4 的受弯构件和偏压构件畸变屈曲强度对比可以找到与轴压构件相同的变化规律。为此，我们可以把构件长度小于构件半波长的一半，作为构件不发生畸变屈曲的一个临界条件。

6.5 控制畸变屈曲发生的构造措施及设计原则

6.5.1 受压翼缘有可靠限制畸变屈曲变形的约束

卷边槽形截面构件发生畸变屈曲主要是由于受压的边缘加劲板件发生了面外屈曲变形，那么若受压翼缘有可靠限制畸变屈曲变形的约束，畸变屈曲就不可能发生。比如冷弯薄壁型钢龙骨式墙体或楼板，在卷边槽形截面构件受压翼缘的外侧均会布置结构面板（OSB 板、石膏板、波纹钢板等），这些结构面板能够限制受压翼缘的屈曲变形，阻止畸变屈曲。但是必须注意一个问题，由于结构面板和冷弯薄壁型钢构件均是采用自攻螺钉连接的，面板可以限制受压翼缘向外的屈曲变形（O 型），但是对于自攻螺钉间的受压翼缘的向内的屈曲变形（I 型）仍然不能限制，那么对于自攻螺钉间的卷边槽形截面段仍需按照自攻螺钉间长度计算畸变屈曲承载力。

因此，若冷弯薄壁型钢的受压翼缘有可靠的限制畸变屈曲向内和向外变形的约束，畸变屈曲可以控制，不需计算；若在一个构件段不能限制向内或向外的畸变屈曲变形，那么畸变屈曲按照这个限制的构件段计算构件畸变屈曲承载力。

6.5.2 控制畸变屈曲发生的构造措施

上节分析表明对于卷边槽形截面构件易发生畸变屈曲，特别是对于最大应力作用于卷边侧的构件，畸变屈曲基本均会发生，而畸变屈曲的发生会降低构件的极限承载力，降低构件截面利用效率。同时从第 3 章的分析可以看出，畸变屈曲的临界应力与其临界波长有着密切的关系，随着临界波长的增大，畸变屈曲应力降低。而临界波长的大小主要受卷边尺寸的大小影响，增大卷边尺寸可以缩短畸变屈曲波长，提高畸变屈曲应力，但是由于卷边自身为三边简支板，在卷边尺寸较大时，自身会发生局部屈曲，降低对于翼缘的约束作用。那么在截面尺寸上无法更好的改变畸变屈曲半波长的情况下，只能从构造上寻求提高畸变屈曲半波长的方法，最为简单和直接的方法就是在构件的卷边间加设缀板，若缀板的间距小于构件畸变屈曲半波长，且能够阻止畸变屈曲时卷边的面内屈曲，那么构件畸变屈曲的半波长就可以用缀板间的间距进行分析。在构件卷边间加设缀板的构造措施如图 6-5 所示。

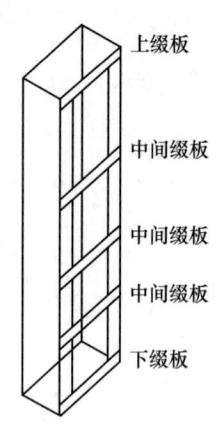

图 6-5 卷边间加设缀板示意图

6.5.3 卷边间缀板加劲的刚度要求及布置准则

（1）缀板刚度要求。当卷边槽形截面构件卷边间加设缀板时可以减短构件的畸变屈曲半波长，但是这要求构件在欲发生畸变屈曲时缀板能够有效地阻止卷边的面内屈曲，即缀板不能发生弯曲，那么可以通过卷边槽形截面构件发生畸变屈曲时对于侧向缀板的作用力来分析缀板加劲的要求，其计算简图如图 6-6 所示。卷边翼缘侧向畸变的屈曲荷载应小于缀板的屈曲承载力。

1）最大应力作用于卷边侧。边缘加劲板件的畸变屈曲变形函数为：

$$w = B\cos\frac{\pi x}{\lambda}y \tag{6-17}$$

卷边的侧向荷载：

$$N_{lip} = -\int_{-\lambda/2}^{\lambda/2} \sigma_{lip}\frac{\partial^2 w}{\partial x^2}ta\mathrm{d}x\bigg|_{y=b} = -2\sigma_{lip}at\left(\frac{\pi}{\lambda}\right)Bb \tag{6-18}$$

式中，σ_{lip}、a、t、b、λ 分别为畸变屈曲应力、卷边宽度、截面厚度、翼缘宽度以及畸变屈曲半波长。

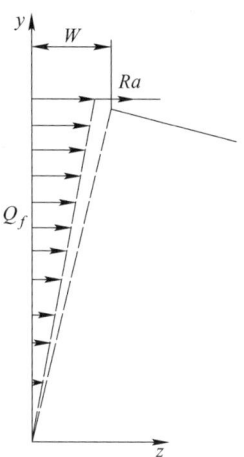

图6-6 支承刚度计算简图

翼缘的侧向荷载：

$$N_f = - \int_{-\lambda/2}^{\lambda/2} \int_0^b \sigma_x \frac{\partial^2 w}{\partial x^2} t \mathrm{d}x\mathrm{d}y = - \int_{-\lambda/2}^{\lambda/2} \int_0^b \sigma_{lip} (1 - \alpha + \alpha y/b) \frac{\partial^2 w}{\partial x^2} t \mathrm{d}x\mathrm{d}y \qquad (6\text{-}19\text{a})$$

$$N_f = - \sigma_{lip} (1 - \alpha) \left(\frac{\pi}{\lambda}\right) b^2 B + 2\sigma_{lip} \alpha \left(\frac{\pi}{\lambda}\right) b^2 / 3B \qquad (6\text{-}19\text{b})$$

式中，α 为压应力不均匀系数，$\alpha = (\sigma_{max} - \sigma_{min}) / \sigma_{max}$。

卷边的抗弯承载力：

$$N_{lipb} = EI \int_{-\lambda/2}^{\lambda/2} \frac{\partial^4 w}{\partial x^4} t a \mathrm{d}x \bigg|_{y=b} = EI \left(\frac{\pi}{\lambda}\right)^3 b^2 B \qquad (6\text{-}20)$$

式中，E、I 分别为弹性模量和卷边的惯性矩。

缀板的抗弯承载力就应最小等于卷边和翼缘对于缀板的作用力：

$$N_b = \varphi A_s f = \varphi A_s E \frac{bB}{h_s} = - N_f - N_{lip} + N_{lipb} \qquad (6\text{-}21)$$

式中，φ、A_s、f、b、h_s 分别为缀板整体稳定系数、缀板横截面面积、缀板屈曲应力、翼缘宽度以及缀板在卷边间的连接长度。

若假定缀板和构件厚度相同，化简得到卷边间刚性缀板的最小宽度为：

$$b_s = \frac{\sigma_{lip} [2at/b + (1 - \alpha) + 2\alpha/3] - EI(\pi/\lambda)^2}{\varphi Et/b/h_s/(\pi/\lambda)} \qquad (6\text{-}22)$$

2）最大应力作用于腹板侧。变形函数与最大应力作用于卷边侧相同，卷边的侧向荷载为：

$$N_{lip} = - \int_{-\lambda/2}^{\lambda/2} \sigma_w (1 - \alpha) \frac{\partial^2 w}{\partial x^2} t a \mathrm{d}x \bigg|_{y=b} = - 2\sigma_w (1 - \alpha) at \left(\frac{\pi}{\lambda}\right) Bb \qquad (6\text{-}23)$$

式中，σ_w、a、t、b、λ 分别为畸变屈曲应力、卷边宽度、截面厚度、翼缘宽度以及畸变屈曲半波长。

翼缘的侧向荷载：

$$N_f = -\int_{-\lambda/2}^{\lambda/2}\int_0^b \sigma_x \frac{\partial^2 w}{\partial x^2}t\mathrm{d}x\mathrm{d}y = -\int_{-\lambda/2}^{\lambda/2}\int_0^b \sigma_w(1-\alpha y/b)\frac{\partial^2 w}{\partial x^2}t\mathrm{d}x\mathrm{d}y \quad (6\text{-}24\mathrm{a})$$

$$N_f = -2\sigma_w B\left(\frac{\pi}{\lambda}\right)(b/2 - \alpha b^3/3) \quad (6\text{-}24\mathrm{b})$$

卷边的抗弯承载力：

$$N_{lipb} = EI\int_{-\lambda/2}^{\lambda/2}\frac{\partial^4 w}{\partial x^4}ta\mathrm{d}x \bigg|_{y=b} = EIB\left(\frac{\pi}{\lambda}\right)^3 b^2 \quad (6\text{-}25)$$

缀板的抗弯承载力：

$$N_b = \phi A_s f = \phi A_s E \frac{bB}{h_s} = -N_f - N_{lip} + N_{lipb} \quad (6\text{-}26)$$

若假定缀板和构件厚度相同，化简得到卷边间刚性缀板的最小宽度为：

$$b_s = \frac{\sigma_w[2(1-\alpha)at + 1 - 2\alpha b/3] - EI(\pi/\lambda)^2 b}{\varphi Et/h_s/(\pi/\lambda)} \quad (6\text{-}27)$$

（2）缀板布置准则。在冷弯薄壁型钢卷边槽形截面构件卷边间加设缀板提高其承载力，其缀板布置需遵循下列原则：

1）缀板宽度需满足公式(6-20)和式(6-25)的要求；

2）构件端部必须设计缀板；

3）缀板的设置应小于构件畸变屈曲半波长，以半波长间设置一道缀板为宜。

4）为了提高畸变屈曲承载力，可在加设缀板时人为的给定构件卷边一个 O-O 形的初始缺陷。

6.5.4 卷边间加设缀板后极限承载力计算

若冷弯薄壁型钢构件卷边间加设缀板刚度满足要求，那么就能降低构件的屈曲半波长，提高其极限承载力，其极限承载力按照下列过程进行：

（1）利用畸变屈曲发生条件判断畸变屈曲是否发生，是否需要考虑畸变屈曲对于承载力的影响；

（2）若发生畸变屈曲，计算畸变屈曲半波长和畸变屈曲应力，采用缀板刚度条件设计缀板的最小宽度和厚度；

（3）给定缀板间距，把缀板间距作为畸变屈曲半波长，重新计算畸变屈曲应力以及局部屈曲应力，利用有限宽度法计算截面有效宽度；

（4）采用有效宽度法计算构件极限承载力。

6.6 冷弯卷边槽形截面构件畸变屈曲控制试验

6.6.1 轴压试验

上节分析了卷边槽形截面构件卷边间加设缀板提高畸变屈曲应力和极限承载力的方法,并给出了计算原则,下面采用试验[125]对于上述计算方法和原则进行验证。

试件采用腹板带两个小加劲的卷边槽形截面构件,钢材名义屈服强度为550MPa。试验的试验装置与轴压、偏压构件试验装置相同。构件截面见第5章图5-2b,材性见表6-7,名义截面尺寸见表5-4,试件卷边间缀板尺寸为 $h×b×t=100×40×1$,试件设计及实测截面尺寸如表6-8所示。

表6-7 试件材性结果

试件类型	$f_{0.2}/\text{N} \cdot \text{mm}^{-2}$	$E/\text{N} \cdot \text{mm}^{-2}$	伸长率 $\delta/\%$
SS1001	613	202000	11.7
SS1002	617	214000	10.7
SS1003	615	198000	11.1

表6-8 试件实测尺寸以及缀板设置间距

试件编号	设计长度/mm	实测长度/mm	腹板		翼缘		卷边		构造措施
			h_1/mm	h_2/mm	b_1/mm	b_2/mm	a_1/mm	a_2/mm	
SS1010-20-AC-D-1	400	401	100.95	101.72	52.60	49.79	11.69	13.43	未设缀板
SS1010-20-AC-D-2	400	400	99.73	97.05	53.34	49.48	12.59	11.78	未设缀板
SS1010-20-AC-D-3	400	401	99.80	97.54	53.38	49.31	12.97	11.83	间距150mm
SS1010-20-AC-D-4	400	399	101.05	101.97	53.22	50.03	11.37	13.55	间距300mm
SS1010-30-AC-D-1	600	600	100.02	97.50	53.47	49.49	12.95	11.79	未设缀板
SS1010-30-AC-D-2	600	600	99.75	97.34	53.43	49.34	12.98	11.93	未设缀板
SS1010-30-AC-D-3	600	602	100.31	100.16	52.76	49.52	12.35	13.14	间距150mm
SS1010-30-AC-D-4	600	600	100.86	101.50	52.75	49.43	12.15	13.23	间距300mm
SS1010-40-AC-D-1	800	799	101.10	101.63	53.04	49.73	12.57	13.11	未设缀板
SS1010-40-AC-D-2	800	800	99.74	99.27	53.42	49.41	13.17	11.70	未设缀板
SS1010-40-AC-D-3	800	800	99.85	98.24	53.41	49.37	13.11	11.89	间距150mm
SS1010-40-AC-D-4	800	800	99.68	100.84	53.14	50.26	12.13	11.45	间距300mm
SS1010-40-AC-D-5	800	800	99.78	98.45	53.46	49.79	13.67	11.55	间距600mm
SS1010-50-AC-D-1	1000	1000	99.83	98.43	53.37	49.85	13.45	11.67	未设缀板

试件编号	设计长度/mm	实测长度/mm	腹板		翼缘		卷边		构造措施
			h_1/mm	h_2/mm	b_1/mm	b_2/mm	a_1/mm	a_2/mm	
SS1010-50-AC-D-2	1000	1000	99.76	98.76	53.84	49.90	12.81	11.52	未设缀板
SS1010-50-AC-D-3	1000	1000	99.90	101.53	52.67	49.37	11.43	13.22	间距150mm
SS1010-50-AC-D-4	1000	1002	99.90	101.53	52.67	49.37	11.43	13.22	间距300mm
SS1010-50-AC-D-5	1000	1000	99.69	100.35	53.19	50.40	12.10	11.27	间距600mm

6.6.2 试验值与计算值对比

表6-9给出了各试件采用规范和本文建议方法计算承载力，同时对于卷边间加设缀板的试件给出了加设缀板后按照本章计算方法计算的承载力。其中 P_t、P_{c1}、P_{c2}、P_{cr1}、P_{cr2} 分别为试验值、《冷弯薄壁型钢结构技术规范》不考虑板组相关和考虑板组相关计算承载力、建议的局部和畸变统一设计方法同时考虑缀板对承载力影响的不考虑板组相关和考虑板组相关计算承载力。

表 6-9 畸变屈曲试件试验结果与计算结果对比

试件编号	L_0/mm	半波长 λ/mm	缀板间距	P_t/kN	P_{c1}/kN	P_{c2}/kN	P_{cr1}/kN	P_{cr2}/kN
SS1010-20-AC-D-1	400	486.9	未设缀板	77.5	61.37	61.06	67.14	65.90
SS1010-20-AC-D-2	400	486.9	未设缀板	75.9	62.30	61.88	67.34	66.11
SS1010-20-AC-D-3	400	486.9	间距150mm	77.1	—	—	79.60	77.95
SS1010-20-AC-D-4	400	486.9	间距300mm	70.9	—	—	70.53	68.78
SS1010-30-AC-D-1	600	486.9	未设缀板	66.5	59.98	59.46	62.61	62.29
SS1010-30-AC-D-2	600	486.9	未设缀板	64.4	60.09	59.56	62.71	62.50
SS1010-30-AC-D-3	600	486.9	间距150mm	77.2	—	—	78.05	76.37
SS1010-30-AC-D-4	600	486.9	间距300mm	75.0	—	—	68.28	67.97
SS1010-40-AC-D-1	800	486.9	未设缀板	63.6	57.87	57.66	60.68	60.14
SS1010-40-AC-D-2	800	486.9	未设缀板	60.6	57.44	57.23	60.03	59.49
SS1010-40-AC-D-3	800	486.9	间距150mm	77.7	—	—	74.04	70.91
SS1010-40-AC-D-4	800	486.9	间距300mm	70.0	—	—	65.42	62.62
SS1010-40-AC-D-5	800	486.9	间距600mm	62.1	—	—	61.32	60.89
SS1010-50-AC-D-1	1000	486.9	未设缀板	64.0	52.09	51.98	54.63	54.19
SS1010-50-AC-D-2	1000	486.9	未设缀板	56.2	52.09	51.98	54.41	54.08
SS1010-50-AC-D-3	1000	486.9	间距150mm	74.0	—	—	66.32	65.00

续表6-9

试件编号	$L_0/$ mm	半波长 $\lambda/$mm	缀板间距	$P_t/$kN	$P_{c1}/$kN	$P_{c2}/$kN	$P_{cr1}/$kN	$P_{cr2}/$kN
SS1010-50-AC-D-4	1000	486.9	间距300mm	62.2	—	—	60.70	59.70
SS1010-50-AC-D-5	1000	486.9	间距600mm	59.3			55.73	55.51

　　从表6-9可以看出，建议计算方法由于较好的考虑局部和畸变屈曲稳定系数，计算结果与试验值吻合较好；考虑板组效应计算结果比不考虑板组效应计算结果偏小；从试验和计算结果可以看出，随着缀板间距的缩短，构件承载力逐渐增大，试验和计算结果均表明当缀板间距小于构件半波长的一半时，承载力提高较大；建议的计算方法能够较好的计算加设缀板的开口截面构件的极限承载力。

　　表6-10给出了试验值与建议方法计算的承载力对比，试验以及建议方法计算的由于缀板导致的承载力提高幅度，同时给出了采用建议方法计算的由于缀板导致的构件翼缘屈曲稳定系数。

表6-10　畸变屈曲试件试验结果与计算结果对比

试件编号	缀板间距/mm	$P_t/$kN	$P_{cr1}/$kN	$P_{cr2}/$kN	$\dfrac{P_t}{P_{cr1}}$	$\dfrac{P_t}{P_{cr2}}$	试验承载力提高幅度/%	计算承载力P_{cr1}提高幅度/%	计算承载力P_{cr2}提高幅度/%	屈曲系数
SS1010-20-AC-D-1	—	77.5	67.14	65.90	1.15	1.18	—	—	—	1.26
SS1010-20-AC-D-2	—	75.9	67.34	66.11	1.13	1.15	—	—	—	1.24
SS1010-20-AC-D-3	150	77.1	79.60	77.95	0.97	0.99	0.5	18.4	18.1	4.00
SS1010-20-AC-D-4	300	70.9	70.53	68.78	1.01	1.03	−0.76	4.9	4.2	1.85
SS1010-30-AC-D-1	—	66.5	62.61	62.29	1.06	1.07	—	—	—	1.26
SS1010-30-AC-D-2	—	64.4	62.71	62.50	1.03	1.03	—	—	—	1.26
SS1010-30-AC-D-3	150	77.2	78.05	76.37	0.99	1.01	17.9	24.6	22.4	4.00
SS1010-30-AC-D-4	300	75.0	68.28	67.97	1.10	1.10	14.6	9.0	8.9	1.90
SS1010-40-AC-D-1	—	63.6	60.68	60.14	1.05	1.06	—	—	—	1.28
SS1010-40-AC-D-2	—	60.6	60.03	59.49	1.01	1.02	—	—	—	1.26
SS1010-40-AC-D-3	150	77.7	74.04	70.91	1.05	1.10	25.1	22.7	18.5	4.00
SS1010-40-AC-D-4	300	70.0	65.42	62.62	1.07	1.12	12.7	8.4	4.7	1.64
SS1010-40-AC-D-5	600	62.1	61.32	60.89	1.01	1.02	0	1.6	1.8	1.28
SS1010-50-AC-D-1	—	64.0	54.63	54.19	1.17	1.18	—	—	—	1.27
SS1010-50-AC-D-2	—	56.2	54.41	54.08	1.03	1.04	—	—	—	1.24
SS1010-50-AC-D-3	150	74.0	66.32	65.00	1.12	1.14	23.3	21.6	20.1	4.00

试件编号	缀板间距/mm	P_t/kN	P_{cr1}/kN	P_{cr2}/kN	P_t/P_{cr1}	P_t/P_{cr2}	试验承载力提高幅度/%	计算承载力P_{cr1}提高幅度/%	计算承载力P_{cr2}提高幅度/%	屈曲系数
SS1010-50-AC-D-4	300	62.2	60.70	59.70	1.02	1.04	10.8	11.3	10.3	1.78
SS1010-50-AC-D-5	600	59.3	55.73	55.51	1.06	1.07	5.5	2.2	2.5	1.20

从表6-10可以看出：建议计算方法由于较好的考虑局部和畸变屈曲稳定系数，除少数几个构件外，计算结果与试验值吻合较好；采用建议方法计算的构件承载力提高幅度与试验结果的提高幅度比较吻合，缀板间距小于半波长后，提高幅度较大；从翼缘的屈曲稳定系数可以看出，当缀板间距小于半波长后，屈曲系数可以达到加劲板件的屈曲系数值4。

6.7 小结

本章在理论分析的基础上，提出了畸变屈曲发生的临界条件以及计算方法，同时为提高畸变屈曲构件极限承载力提出了相应的构造措施，并对其构造要求进行了理论分析，给出了具体设计准则。在此基础上利用试验对本文的畸变屈曲控制措施以及构造措施进行了对照分析，表明本文提出的理论以及构造措施具有较高的精度。

7 开孔冷弯薄壁型钢构件畸变 屈曲性能与设计方法

7.1 开孔冷弯薄壁型钢构件弹性畸变屈曲分析

第 5 章给出了关于畸变屈曲承载力的计算公式，该公式仅针对未开孔构件，而对于腹板开孔的轴压构件畸变屈曲承载力的计算是否使用，需要进行细致的分析。对于我国《冷弯薄壁型钢结构技术规范》（GB50018）通用的有效宽度法计算构件承载力，必须首先计算其屈曲稳定系数，亦即需要计算弹性屈曲应力，为此分析开孔构件弹性屈曲应力计算方法是建立开孔构件极限承载力计算方法的前提。因此，对腹板开孔冷弯薄壁型钢轴压构件弹性整体稳定、局部屈曲以及畸变屈曲进行分析，提出开孔构件弹性整体稳定、局部屈曲和畸变屈曲应力的计算方法。

对于冷弯薄壁型钢构件弹性局部屈曲应力，我国冷弯薄壁型钢结构技术规范是在得到单板弹性屈曲系数后，采用板件相关屈曲系数考虑板件间的相关作用。因此，冷弯薄壁型钢构件弹性局部屈曲应力的分析主要采用单板的弹性屈曲应力或稳定屈曲系数进行表述。对于开孔构件的弹性屈曲应力也参照此原则采用开孔单板屈曲应力或屈曲稳定系数进行分析。

7.1.1 开孔构件弹性局部屈曲应力

7.1.1.1 开孔单板受力屈曲性能

（1）单孔轴压板件屈曲性能。采用 Abaqus 有限元程序对轴压开孔板件弹性局部屈曲应力进行分析，板宽 b 取 100mm，板厚 $t=2$mm，板件宽厚比为 50，板件开孔长度 L_{hole} 为 50mm 和 200mm，即 $L_{hole}/b=0.5$ 和 2，板件开孔高度 H_{hole}/b 从 0.1～0.9 变化，开孔板件局部屈曲应力与未开孔板件局部屈曲应力对比如图 7-1 和图 7-2 所示。

从图 7-1 和图 7-2 可以看出，随着开孔长度与开孔高度比的逐渐增大，其屈曲应力逐渐增大，当板件表现为未开孔部分的局部屈曲时，其屈曲应力和未开孔板件屈曲应力相等。

为此进一步分析开孔长度对于轴压开孔板件弹性屈曲应力的影响，板宽 b 取 100mm，板厚 $t=2$mm，板件开孔长度 L_{hole}/b 从 0.2～2 变化，板件开孔高度 $H_{hole}/$

b 为 0.4,板件屈曲应力与未开孔板件屈曲应力对比如图 7-3 所示。从图 7-3 可以看出,当开孔高度与板件宽度比为 0.4 时,随着开孔长度的增加其屈曲模式均表现为开孔侧板件的局部屈曲,其屈曲应力逐渐降低。

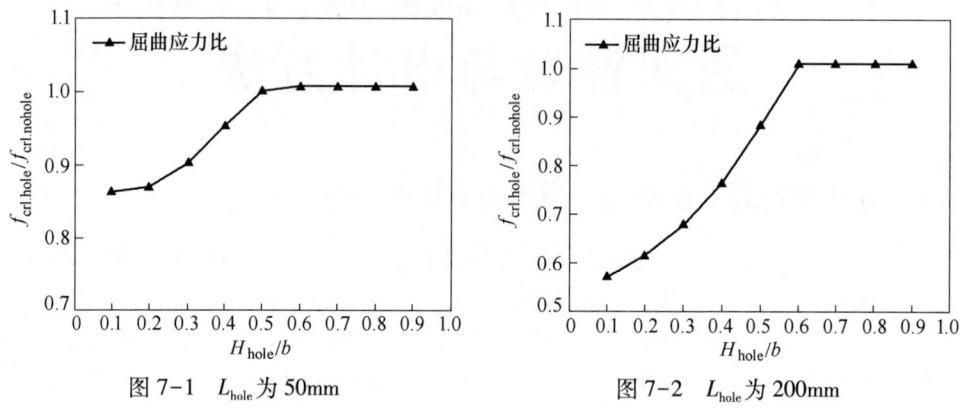

图 7-1　L_{hole} 为 50mm　　　　　　　　　图 7-2　L_{hole} 为 200mm

（2）多孔轴压板件屈曲性能。采用 Abaqus 有限元程序对多孔轴压板件弹性局部屈曲应力进行分析,板宽 b 取 100mm,板厚 $t=2$mm,板件开孔长度 $L_{hole}=60$mm,即 $L_{hole}/b=0.6$,板件开孔高度 H_{hole}/b 从 0.1~0.8 变化,板件屈曲应力与未开孔板件屈曲应力对比如图 7-4 所示。

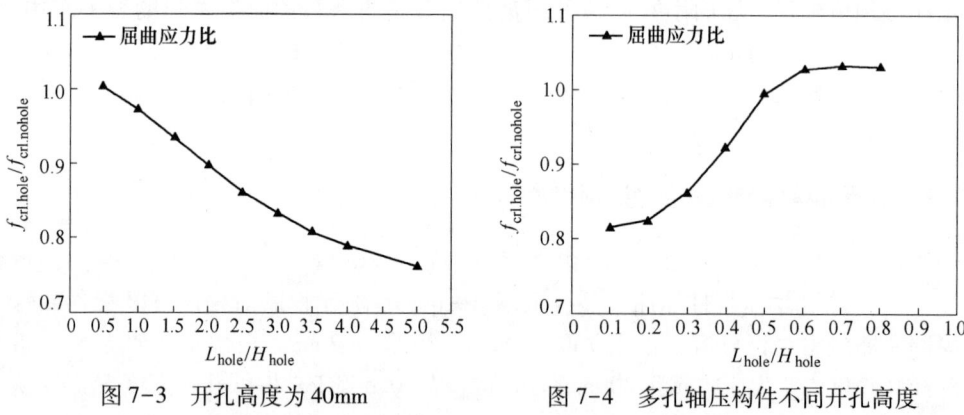

图 7-3　开孔高度为 40mm　　　　　　　图 7-4　多孔轴压构件不同开孔高度

从图 7-4 可以看出,对于多孔轴压板件随着开孔长度与开孔高度比的逐渐增大,其屈曲应力逐渐增大,当板件表现为未开孔部分的局部屈曲时,其屈曲应力和未开孔板件屈曲应力相等。

（3）单孔受弯板件屈曲性能。采用 Abaqus 有限元程序对受弯开孔板件弹性局部屈曲应力进行分析,板宽 b 取 100mm,板厚 $t=2$mm,板件宽厚比为 50,板件开孔长度 L_{hole} 为 50mm 和 200mm,即 $L_{hole}/b=0.5$ 和 2,板件开孔高度 H_{hole}/b 从

0.1~0.7 变化，分析得到不同开孔高度板件屈曲应力与未开孔板件屈曲应力对比，如图 7-5 和图 7-6 所示。

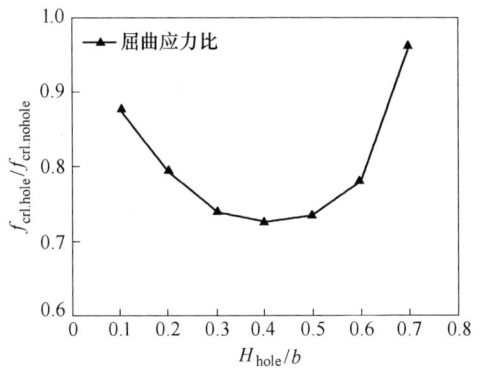

图 7-5　开孔长度为 50mm 不同开孔高度　　　　图 7-6　开孔长度为 200mm 不同开孔高度

从图 7-5 可以看出，对于单孔受弯板件随着开孔长度与开孔高度比的逐渐增大，其局部屈曲应力小于未开孔板件的弹性局部屈曲应力，且在开孔高度和宽度均较小的时候出现了屈曲应力大于开孔高度适中时的屈曲应力，屈曲应力最小表现在开孔高度为板件宽度 0.4 倍的时候。从图 7-6 可以看出，对于开孔长度 200mm 板件随着开孔长度与开孔高度比的逐渐增大，其局部屈曲应力小于未开孔板件的弹性局部屈曲应力，且逐渐增大，在开孔高度不大的情况下，开孔高度对屈曲应力的影响较小。

对受弯开孔板件在不同开孔长高比情况下的弹性局部屈曲应力进行分析，板宽 b 取 100mm，板厚 $t=2$mm，板件开孔长度 L_{hole} 为 60mm，即 $L_{hole}/b=0.6$，板件开孔长度与高度比 L_{hole}/H_{hole} 从 0.5~5 变化，分析得到不同开孔长度板件的屈曲模式如图 7-13 所示，板件屈曲应力与未开孔板件屈曲应力对比如图 7-7 所示。

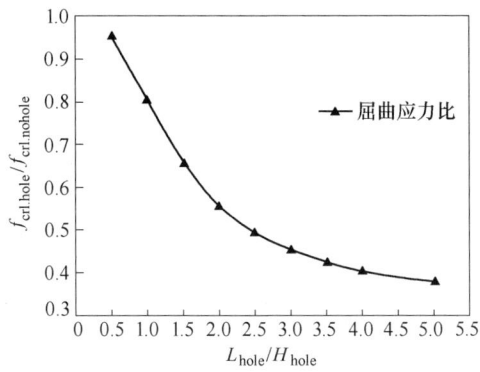

图 7-7　开孔长度为 60mm 时不同开孔高度受弯板件弹性屈曲应力对比

从图 7-7 可以看出，对于开孔高度 60mm 板件随着开孔长度逐渐增大，其局部屈曲应力小于未开孔板件的弹性局部屈曲应力，且逐渐降低。

7.1.1.2 开孔板件弹性局部屈曲稳定系数

从 7.1.1 节开孔轴压和受弯板件屈曲模式可以看出，由于开孔对板件屈曲性能的影响，开孔在一定范围内，板件表现为开孔侧板件的局部屈曲，此时其屈曲应力小于未开孔板件的屈曲应力，而当开孔满足一定要求时，板件开孔侧板件不屈曲，表现为板件未开孔部分的局部屈曲，此时其屈曲应力等于未开孔板件屈曲应力。为此，对于开孔板件的屈曲应力计算，可考虑为未开孔板件屈曲应力和板件开孔侧的板件局部屈曲应力的最小值，即 $f_{crl} = \min (f_{crl.\,nohole},\ f_{crl.\,hole})$。对于板件未开孔部分局部屈曲应力对应的稳定系数可采用冷弯薄壁型钢结构技术规范相应计算公式计算，而对于开孔侧的板件局部屈曲稳定系数，从屈曲模式来看表现为三边简支板件的局部屈曲，但开孔板件的开孔长度相对于开孔侧板件的宽度比一般不大，如果采用常规三边简支板件最小屈曲稳定计算的话，稳定系数太过保守。为此，需要考虑板件长宽比对于板件屈曲稳定系数的影响。

对于三边简支板屈曲稳定系数，有线条程序 CUFSM 可以给出相对比较精确的计算结果，因此采用此软件计算不同应力比和长宽比板件的屈曲稳定系数，然后通过回归可得到三边简支板考虑板件应力比和长宽比的屈曲稳定系数近似计算公式。

采用有线条程序 CUFSM 计算板件压应力不均匀系数在 0~1 间变化，长宽比从 0.1~15 间变化，最大压应力作用于支承边的三边简支板屈曲稳定系数如图 7-8 所示；板件压应力不均匀系数在 -1~1 间变化，长宽比从 0.1~15 间变化，最大压应力作用于自由边的三边简支板屈曲稳定系数如图 7-9 所示。

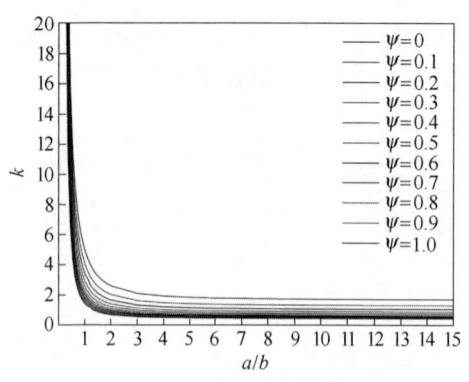

图 7-8 最大压应力作用于支承边

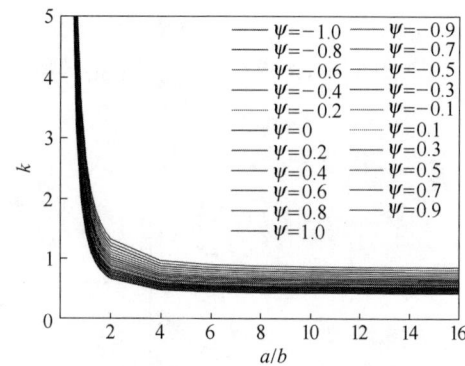

图 7-9 最大压应力作用于自由边

对于图 7-8 和图 7-9 曲线进行回归分析，考虑板件长宽比以及压应力不均匀系数，得到三边简支板的屈曲稳定系数近似计算公式为：

（1）最大应力作用于加劲边，有

$$k = 1.70 - 3.025\psi + 1.75\psi^2 + \frac{2.715 - 1.788\psi}{0.021\psi + 0.035 + (L_{hole}/H_s)^2} \quad (7-1)$$

（2）最大应力作用于自由边，有：

$$k = 0.567 - 0.213\psi + 0.071\psi^2 + \frac{0.9769(1.275 - 0.275\psi)}{0.0013 - 0.0107(L_{hole}/H_s) + (L_{hole}/H_s)^2}$$
$$(7-2)$$

式中，ψ 为压应力不均匀系数；L_{hole} 为板件开孔的长度；H_s 为板件开孔侧部分的高度，对于开孔位于板件中间的板件，$H_s = (h - H_{hole})/2$，H_{hole} 为板件开孔高度。

7.1.2 开孔构件弹性畸变屈曲应力

第 3 章在能量法基础上提出了冷弯薄壁型钢构件弹性畸变屈曲稳定系数计算公式，如式(7-3)、式(7-4)和式(7-5)所示。

（1）最大压应力作用于支承边。

当 $-1 \leqslant \psi \leqslant -\dfrac{1}{3 + 12a/b}$ 时，

$$k = 2(1 - \psi)^3 + 2(1 - \psi) + 4 \quad (7-3)$$

当 $-\dfrac{1}{3 + 12a/b} \leqslant \psi \leqslant 1$ 时，

$$k = \frac{(b/\lambda)^2/3 + 0.142 + 10.92Ib/(\lambda^2 t^3)}{0.083 + (0.25 + a/b)\psi} \quad (7-4)$$

且不得大于公式(7-3)算得的 k 值。

（2）最大压应力作用于部分加劲边。

当 $\psi \geqslant -1$ 时，

$$k = \frac{(b/\lambda)^2/3 + 0.142 + 10.92Ib/(\lambda^2 t^3)}{\psi/12 + a/b + 0.25} \quad (7-5)$$

且不得大于公式(7-3) 算得的 k 值。

相应的畸变屈曲半波长为：

$$\lambda = \pi \sqrt[4]{\frac{b^3 D/3 + EIb^2}{k_\phi}} \quad (7-6)$$

从式(7-3)~式(7-6)可以看出，冷弯薄壁型钢构件腹板开孔对畸变屈曲稳定系数的影响主要表现为开孔腹板对于部分加劲板件的转动约束刚度上，可以通过式(7-6)畸变屈曲半波长计算公式中的腹板转动约束刚度反应开孔的影响作用，为此对于腹板开孔冷弯薄壁型钢构件畸变屈曲稳定系数的计算可从腹板转动约束刚度入手进行分析。

为了考虑腹板开孔对转动约束刚度的影响，从构件截面形式可发现开孔腹板的转动约束刚度可表现为未开孔部分腹板和开孔部分板件腹板的转动约束刚度之和，即

$$k_{\phi hole} = k_{\phi p.\, nohole} + k_{\phi p.\, hole} \tag{7-7}$$

而腹板开孔部分由于开孔影响，板件为三边简支板，其转动约束刚度相对未开孔部分的转动约束刚度急剧降低，在计算开孔腹板的转动约束刚度时可忽略这部分开孔部分的转动约束刚度，则开孔板件的转动约束刚度可简化为：

$$k_{\phi hole} = k_{\phi p.\, hole} = \left(1 - \frac{L_{hole}}{L}\right) k_\phi \tag{7-8}$$

这样腹板开孔构件畸变屈曲稳定系数计算仍然可以采用式(7-3)~式(7-6)计算，仅在式(7-6)计算畸变屈曲半波长时其开孔腹板的转动约束刚度采用式(7-8)考虑开孔的折减转动约束刚度代替。而未开孔板件转动约束刚度 k_ϕ 仍然采用下列近似计算原则：对于轴压构件等于 $2D/h$，对于受弯构件近似按 $k_\phi = 4D/h$ 计算，对于偏压应力作用下，可近似按线性插值计算取 $k_\phi = (3 - \psi_w)D/h$，其中 ψ_w 为腹板压应力不均匀系数。

7.1.3 开孔构件弹性整体屈曲应力

7.1.3.1 开孔轴压构件弹性整体弯曲荷载

对于开孔轴压构件，开孔会影响到构件在开孔位置横截面的惯性矩、扭转惯性矩、翘曲惯性矩等截面特性，进而影响到构件的整体弹性屈曲荷载，为研究开孔对构件整体弹性屈曲荷载影响，从最简单的轴压构件弹性弯曲荷载分析入手，从而研究构件弹性屈曲荷载的近似计算方法。对于轴压开孔构件弹性弯曲屈曲荷载，其分析模型如图7-10所示。

对于轴压构件弯曲变形函数采用式(7-9)表示：

$$v_x = v\sin\frac{\pi x}{L} \tag{7-9}$$

轴压构件的弯曲应变势能为：

$$U = \frac{1}{2}\int_0^L EI(x)(v_x'')^2 \mathrm{d}x \tag{7-10}$$

考虑开孔的影响，弯曲应变能在开孔部分和非开孔部分分段积分，即：

$$U = \frac{Ev^2\pi^4}{2L^4}\left[\sum_{i=0}^{2n} I_g \int_{x_i}^{x_{i+1}} \sin^2\left(\frac{\pi x}{L}\right)\mathrm{d}x + \sum_{i=0}^{2n} I_{net}\int_{x_i}^{x_{i+1}}\sin^2\left(\frac{\pi x}{L}\right)\mathrm{d}x\right] \tag{7-11}$$

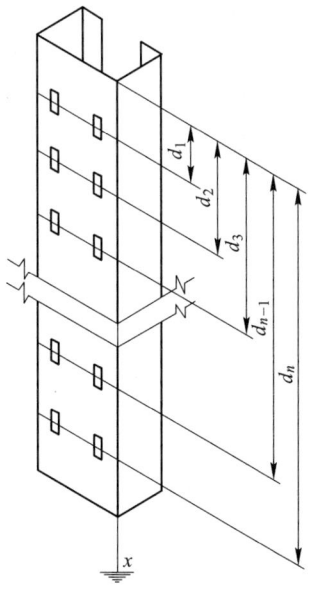

图 7-10　轴压开孔构件弯曲屈曲分析模型

其中分段坐标如式(7-12)所示:

$$
\begin{aligned}
x_0 &= 0 \\
x_1 &= d_1 - 0.5L_{\text{hole.1}} \\
x_2 &= d_1 + 0.5L_{\text{hole.1}} \\
&\qquad\vdots \\
x_{2n-1} &= d_n - 0.5L_{\text{hole.}n} \\
x_{2n} &= d_n + 0.5L_{\text{hole.}n} \\
x_{2n+1} &= L
\end{aligned}
\tag{7-12}
$$

轴压构件弯曲外力势能为:

$$
V = \frac{P}{2}\int_0^L (v_x')^2 \, \mathrm{d}x
\tag{7-13}
$$

考虑弯曲变形函数,得:

$$
V = -\frac{Pv^2\pi^2}{2L^2}\int_0^L \cos^2\left(\frac{\pi x}{L}\right)\mathrm{d}x = -\frac{Pv^2\pi^2}{4L}
\tag{7-14}
$$

而轴压构件弯曲总势能为:

$$
\Pi = U + V
\tag{7-15}
$$

由势能驻值条件$\dfrac{\mathrm{d}\Pi}{\mathrm{d}v}=0$,并考虑腹板开孔相对于构件整体长度对称布置,得到开孔轴压构件弯曲屈曲荷载为:

$$P_{cre} = \frac{\pi^2 E}{L^2}\left(\frac{I_g L_g + I_{net} L_{net}}{L}\right) \tag{7-16}$$

把公式中 $\dfrac{I_g L_g + I_{net} L_{net}}{L}$ 这项定义为开孔构件截面等效惯性矩 I_h，则采用等效截面特性表示的轴压构件弹性弯曲荷载为：

$$P_{creh} = \frac{\pi^2 E}{L^2} I_h \tag{7-17}$$

对于横截面多孔构件，由于孔间板件受力时约束较弱，对构件的承载力贡献较小，所以在计算多孔构件横截面的等效截面特性时，忽略孔间板件的作用。

7.1.3.2 开孔轴压构件整体弹性弯扭屈曲荷载

对于单轴对称开口截面轴心受压构件弯扭屈曲荷载，计算公式为式(7-18)：

$$P_{crxw} = \frac{(P_{crx} + P_w) - \sqrt{(P_{crx} + P_w)^2 - 4P_{crx}P_w[1 - (y_0/i_0)^2]}}{2[1 - (y_0/i_0)^2]} \tag{7-18}$$

参照开孔轴压构件整体弹性弯曲屈曲荷载计算方法，采用等效截面法计算轴压构件的弯扭屈曲荷载，则式(7-18)可采用公式(7-19)表示。

$$P_{crxwh} = \frac{(P_{crxh} + P_{wh}) - \sqrt{(P_{crxh} + P_{wh})^2 - 4P_{crxh}P_{wh}[1 - (y_0/i_{0h})^2]}}{2[1 - (y_0/i_{0h})^2]} \tag{7-19}$$

其中：

$$P_{crxh} = \frac{\pi^2 E}{L^2}I_{xh}, \quad P_{wh} = \frac{1}{i_0^2}\left(GI_{th} + \frac{\pi^2 EI_{wh}}{L_w^2}\right), \quad i_{0h} = \frac{i_{0g}L_{0g} + i_{0net}L_{0net}}{L}, \quad I_{xh} = \frac{I_{xg}L_{xg} + I_{xnet}L_{xnet}}{L_x},$$

$$I_{yh} = \frac{I_{yg}L_{yg} + I_{ynet}L_{ynet}}{L_y}, \quad I_{th} = \frac{I_{tg}L_{tg} + I_{tnet}L_{tnet}}{L_t}, \quad I_{wh} = \frac{I_{wg}L_{wg} + I_{wnet}L_{wnet}}{L_w}$$

开孔对于轴压构件弹性弯扭屈曲荷载影响较大，随着 H_{hole}/h 增大，其承载力逐渐降低；采用等效截面法计算的开孔构件弹性弯扭屈曲荷载相对比较保守，为消除影响且简化计算，对等效截面法进行简化，在进行弯扭屈曲计算时不考虑构件的翘曲惯性矩的折减，即采用公式(7-19)计算轴压构件弯扭屈曲荷载时，其扭转荷载采用公式(7-20)计算。

$$P_{wh} = \frac{1}{i_0^2}\left(GI_{th} + \frac{\pi^2 EI_w}{L_w^2}\right) \tag{7-20}$$

采用公式(7-19)和式(7-20)计算的轴压构件弯扭屈曲荷载 $P_{cre.h}$ 与有限元计算结果对比如图7-23所示，结果表明采用公式(7-20)的简化计算方法，计算结果是安全可靠的。

7.1.3.3 开孔受弯构件整体弹性弯扭屈曲荷载

对于受弯构件的整体弹性弯扭屈曲荷载，绕非对称轴和对称轴受弯的构件分别采用公式(7-21)和式(7-22)计算。

$$M_{cre} = \frac{\pi}{L}\sqrt{EI_y\left(GI_t + EI_w\frac{\pi^2}{L^2}\right)} \tag{7-21}$$

$$M_{cre} = i_0\sqrt{P_{cry}P_w} \tag{7-22}$$

参照开孔轴压构件整体弹性弯扭屈曲荷载计算方法，采用等效截面法计算受弯构件的弯扭屈曲荷载，对于绕非对称轴和对称轴受弯的构件分别采用公式(7-23)和式(7-24)计算。

$$M_{creh} = \frac{\pi}{L}\sqrt{EI_{yh}\left(GI_{th} + EI_{wh}\frac{\pi^2}{L^2}\right)} \tag{7-23}$$

$$M_{creh} = i_{0h}\sqrt{P_{cryh}P_{wh}} \tag{7-24}$$

其中为简化计算对于扭转荷载仍然采用公式(7-20)计算，仅考虑自由扭转惯性矩折减而不考虑约束扭转惯性矩的折减。

7.1.4 腹板开孔尺寸限值

由于开孔高度较大时，腹板截面削弱较大，会引起开孔侧板件应力过大，开孔间距太短，会在一个畸变屈曲半波长内有多个开孔，极大地削弱腹板对于翼缘支承作用，开孔太长，会导致开孔侧板在翼缘约束作用不强的情况下易发生类似短柱的屈曲，为此在采用上述方法计算构件承载力时参照北美冷弯薄壁型钢构件设计规范[46]对腹板开孔构件的开孔尺寸给出下列限值：（1）孔口的中心距不应小于600mm；（2）水平构件的孔高不应大于腹板高度的1/2和65mm；（3）竖向构件的孔高不应大于腹板高度的1/2和40mm；（4）孔长不宜大于110mm；（5）孔口边至最近端部边缘的距离不得小于250mm。

当不满足上述要求时，应采用《低层冷弯薄壁型钢房屋建筑技术规程》（JGJ227—2011）[43]的规定对孔口进行加强，孔口加强件可采用平板、槽形构件或卷边槽形构件。孔口加强件的厚度不应小于所要加强腹板的厚度，伸出孔口四周不应小于25mm。加强件与腹板应用螺钉连接，螺钉最大中心间距为25mm，最小边距为12mm。

对于开孔较小的构件，开孔尺寸对于构件承载力影响较小，为此综合开孔间距、开孔尺寸、构件长度的影响，在构件有效长度内，孔的最大轮廓尺寸与开孔个数的乘积除以构件的有效长度小于0.015时，可不考虑开孔对构件承载力的影响，如式(7-25)所示。

$$\frac{nb_{hole}}{L} \leqslant 0.015 \tag{7-25}$$

式中，L 为构件有效长度；n 为构件有效长度内的开孔个数；b_{hole} 为开孔的最大轮廓尺寸，对于圆孔为直径，对于矩形孔和长圆孔为开孔长度。

7.2 腹板开圆孔冷弯薄壁型钢轴压构件试验

从 7.1 节分析可以看到腹板开孔会影响冷弯薄壁型钢构件的弹性整体稳定、局部、畸变屈曲荷载，而弹性屈曲荷载的降低势必影响到构件的极限承载力。为此，为了研究构件开孔对构件极限承载力的影响，需要进行开孔构件极限承载力的试验研究，由于构件开孔主要以圆孔和椭圆孔为主，本节先对 26 个腹板开圆孔和不开孔冷弯薄壁型钢轴压构件进行极限承载力和屈曲模式试验研究，以期找出开孔模式对于构件破坏模式以及极限承载力的影响。

7.2.1 试件设计及材性

轴压试验采用腹板开圆孔冷弯薄壁卷边槽形截面，试件名义厚度为 1.5mm，截面形式如图 7-11 所示，试件实测尺寸如表 7-1 所示，表中 l 为构件实测长度。试件采用四种腹板开孔形式，开孔直径 d 名义尺寸为 14mm，孔纵向和横向名义间距 S_1、S_2 分别为 250mm 和 50mm，如图 7-12 所示。试件编号形式为 AC-12-CH-1，其中 AC 表示轴压槽形截面构件，12 表示一行两个孔，CH 表示腹板开圆孔，1 表示重复试件编号。

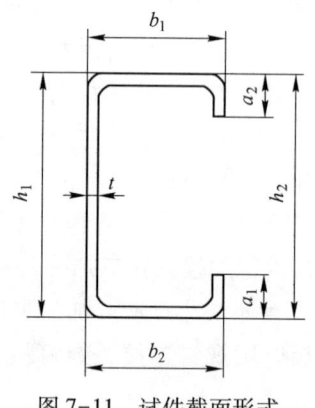

图 7-11 试件截面形式

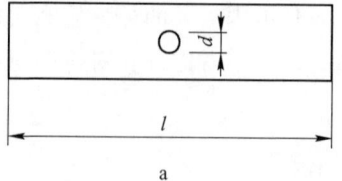
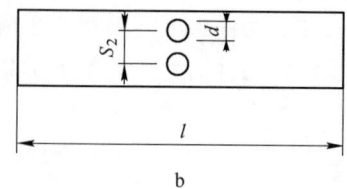

a   b

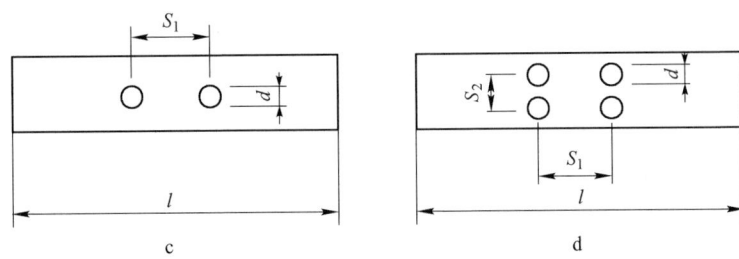

图 7-12　试件腹板开孔形式

a——行一个孔；b——行两个孔；c——两行各一个孔；d——两行各两个孔

表 7-1　试件实测截面尺寸

试件编号	l/mm	h_1/mm	h_2/mm	b_1/mm	b_2/mm	a_1/mm	a_2/mm	d/mm	t/mm
AC-11-CH-1	800.00	99.45	99.61	37.66	38.24	12.05	12.54	13.93	1.51
AC-11-CH-2	799.00	98.96	99.25	37.62	38.30	11.67	12.62	14.02	1.46
AC-11-CH-3	801.00	99.39	99.53	37.53	37.94	12.08	12.40	13.89	1.49
AC-11-CH-4	807.00	99.23	98.95	37.47	38.00	12.39	11.90	13.96	1.46
AC-11-CH-5	800.00	99.13	99.10	37.81	38.06	11.87	12.68	13.88	1.47
AC-11-CH-6	801.00	99.30	99.22	37.51	37.80	12.75	11.83	13.90	1.47
AC-21-CH-1	800.00	100.38	101.74	37.34	37.11	12.30	12.28	14.02	1.45
AC-21-CH-2	806.00	98.85	98.81	37.79	38.27	11.83	12.50	14.03	1.48
AC-21-CH-3	799.00	99.27	98.91	38.15	37.66	12.35	11.96	13.92	1.51
AC-21-CH-4	803.00	99.68	99.17	38.28	37.52	12.66	11.65	13.91	1.48
AC-21-CH-5	797.00	99.13	99.33	38.28	37.55	13.65	12.03	13.99	1.47
AC-21-CH-6	797.00	98.98	99.07	38.13	37.62	12.49	11.47	13.95	1.46
AC-12-CH-1	802.00	99.39	99.29	38.95	37.38	12.70	12.65	13.97	1.47
AC-12-CH-2	801.00	99.46	99.48	37.57	36.84	12.77	12.44	14.56	1.45
AC-12-CH-3	805.00	99.48	99.46	37.55	37.22	12.41	12.53	12.70	1.49
AC-12-CH-4	806.00	99.99	99.85	37.35	37.62	12.64	12.64	14.32	1.4
AC-12-CH-5	803.00	99.78	99.73	37.40	37.47	12.71	11.89	13.28	1.43
AC-12-CH-6	802.00	99.62	99.69	38.00	37.35	12.92	12.09	13.69	1.48
AC-22-CH-1	800.00	99.33	99.82	37.55	37.63	12.39	12.33	13.72	1.44
AC-22-CH-2	797.00	99.35	99.69	38.07	37.58	12.49	12.07	13.06	1.40
AC-22-CH-3	789.00	100.38	100.45	37.65	38.24	11.24	13.21	13.61	1.46
AC-22-CH-4	799.00	99.75	99.37	37.94	38.13	10.09	13.80	13.60	1.50
AC-22-CH-5	803.00	99.39	99.09	37.71	38.20	10.72	14.29	12.70	1.39
AC-22-CH-6	792.00	99.81	99.76	38.01	37.97	13.54	10.25	13.35	1.49

试件编号	l/mm	h_1/mm	h_2/mm	b_1/mm	b_2/mm	a_1/mm	a_2/mm	d/mm	t/mm
AC-00-NH-1	802.00	99.87	99.85	38.22	37.59	12.39	13.16	—	1.47
AC-00-NH-2	800.00	99.78	99.84	38.17	37.31	13.44	11.75	—	1.46

试件材料为 Q235 镀锌板材，材性试验从试验同批钢材上截取，在试件两端的腹板、翼缘和卷边分别截取共六个试件，经万能试验机拉力试验后得到相关力学性能，取六个拉力试验试件的平均值作为构件的材性性能，得到材性试验结果为：屈服强度 318MPa，伸长率 29.9%，弹性模量为 2.07×10^5 MPa。

7.2.2 试验加载和测点布置

试验采用反力架加千斤顶的方式加载，试件两端磨平后直接搁置于加载装置的上下端，近似模拟试件两端固结，试验装置如图 7-13 所示。在试件中央高度截面的两翼缘和腹板共布置 3 个侧向位移计，测量试件的畸变屈曲变形和整体弯曲变形。同时在支座上端板布置 1 个竖向位移计以测量支座的竖向位移。位移和力采用数据采集仪自动控制和记录。

图 7-13 试验装置图

7.2.3 试验破坏模式与分析

试件加载初期荷载、竖向位移线性增加，试件外形无显著变化；随着荷载增加，在试件的上、下端部出现腹板局部屈曲，如图 7-14 所示；继续增加荷载，

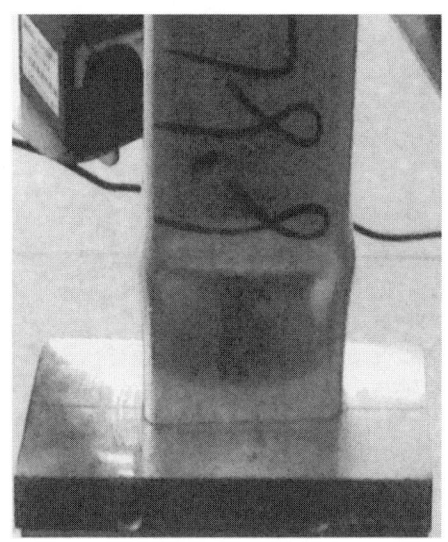

图 7-14 局部屈曲模式

当试件受压达到畸变屈曲承载力时，试件出现畸变屈曲的屈曲模式，如图 7-15 所示；随着荷载进一步增加，试件变形加剧，达到极限承载力后继续施加荷载，试件屈曲后承载力下降很快，试件最终发生整体弯曲破坏，如图 7-16 所示。所有试件在加载过程中均表现为局部屈曲、畸变屈曲以及整体弯曲失稳的相关屈曲模式。

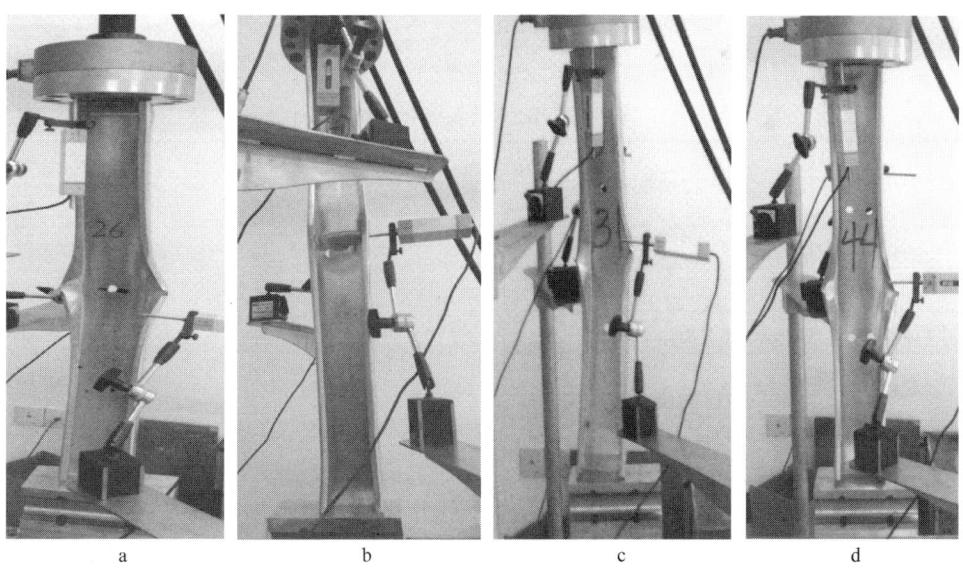

a   b   c   d

图 7-15 畸变屈曲模式

a——一行一个孔；b——一行两个孔；c——两行各一个孔；d——两行各两个孔

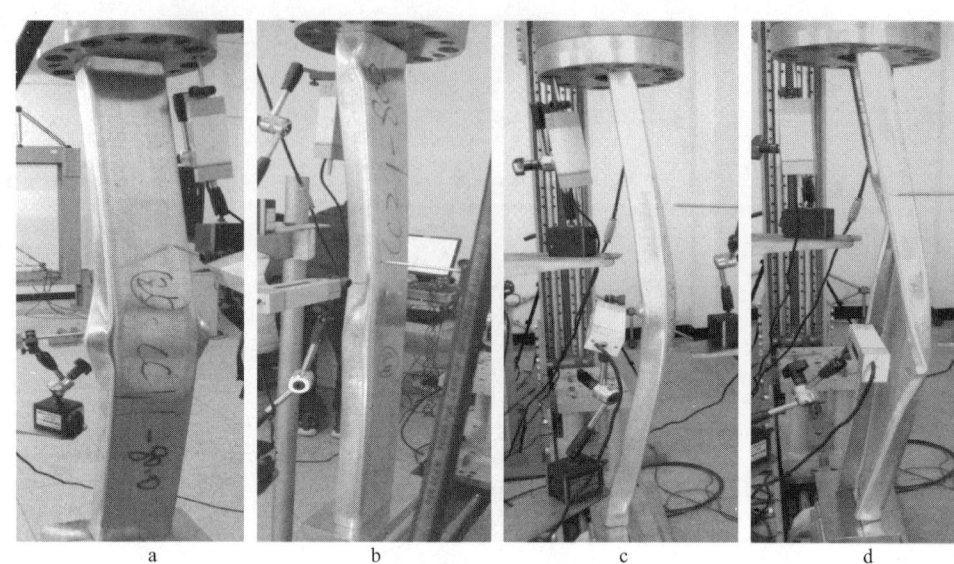

图 7-16　整体屈曲模式
a——行一个孔；b——行两个孔；c—两行各一个孔；d—两行各两个孔

7.2.4　试验承载力结果分析

试验得到各试件的极限承载力 P_t 以及试验结果统计分析，如表 7-2 所示，其中平均值 P_a 为开孔形式相同试件的试验承载力平均值，开孔影响为开孔形式相同试件的平均承载力相对未开孔试件承载力平均值的降低百分比。

表 7-2　试件极限承载力对比

试　件	试验值 P_t/kN	试验值统计分析	
		试验均值 P_a/kN	开孔影响/%
AC-11-CH-1	57.75	56.97	6.08
AC-11-CH-2	60.30		
AC-11-CH-3	58.65		
AC-11-CH-4	57.95		
AC-11-CH-5	54.05		
AC-11-CH-6	53.10		
AC-21-CH-1	55.60	56.84	6.28
AC-21-CH-2	57.40		
AC-21-CH-3	56.55		

试 件	试验值 P_t/kN	试验值统计分析	
		试验均值 P_a/kN	开孔影响/%
AC-21-CH-4	57.31		
AC-21-CH-5	57.65	56.84	6.28
AC-21-CH-6	56.55		
AC-12-CH-1	54.90		
AC-12-CH-2	53.65		
AC-12-CH-3	57.65	54.78	9.68
AC-12-CH-4	55.55		
AC-12-CH-5	52.05		
AC-12-CH-6	54.90		
AC-22-CH-1	54.00		
AC-22-CH-2	52.40		
AC-22-CH-3	54.00	52.13	14.06
AC-22-CH-4	52.05		
AC-22-CH-5	50.65		
AC-22-CH-6	49.65		
AC-00-NH-1	61.03	60.66	—
AC-00-NH-2	60.28		

从表 7-2 可以看出,对于一行一个孔和两行各一个孔的试件承载力比较接近,而一行两个孔和两行各两个孔的试件承载力比较接近,且低于横向一个孔试件的承载力,而开孔试件的承载力普遍比未开孔试件承载力偏低;对于两行各两个孔的试件其承载力比未开孔试件承载力甚至低 14.06%。结果表明:腹板开孔对冷弯薄壁卷边槽形构件的极限承载力有一定的降低作用,横向开孔面积越大,对稳定承载力的影响越大。

7.2.5 有限元分析

7.2.5.1 有限元分析假定

采用 Abaqus 薄壳非线性有限元对两端固结轴压构件受力性能和极限承载力进行模拟分析。采用壳 S9R5 单元、理想弹塑性本构关系,屈服强度和弹性模量取材性试验结果平均值。不考虑残余应力、残余应变以及冷弯性能的影响。试件两端固结,仅释放构件上端的竖向自由度。端部约束及加载如图 7-17 所示。

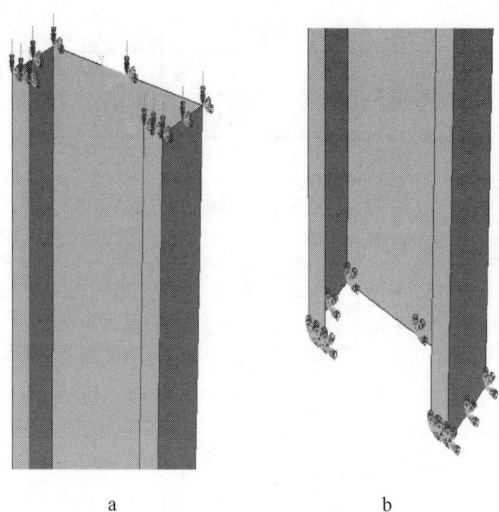

图 7-17　端部约束及加载有限元模型

a—上端部约束及加载；b—下端部约束

通过分析稳定性和收敛性构件分析时的网格划分密度，主要通过网格长宽比考虑。对于构件腹板、翼缘、卷边以及转角的网格长宽比，网格控制在 3∶1 以内，在构件横截面上，对于翼缘、腹板、卷边以及转角分别划分为 6、18、2、2个单元，经分析验证网格划分是有效的。试件网格划分如图 7-18 所示。

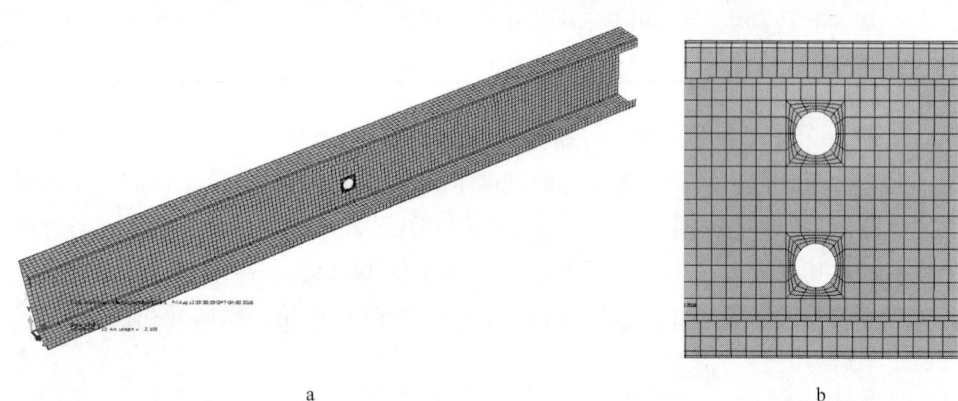

图 7-18　开孔构件的网格划分

a—轴压构件网格划分；b—开孔位置的网格划分

为了确保分析的稳定性和收敛性，Abaqus 求解采用修正 Riks 和弧长法。除了修正初始子步和最大子步满足分析要求外，其他设置均为默认设置。

试件初始缺陷通过特征值分析考虑。求解过程分两步：第一步进行弹性特征值屈曲分析，分析无初始缺陷轴压构件可能出现的屈曲模态，以此作为下一步分析的缺陷模态，初始缺陷的最大值取构件长度的 1/750；第二步分析考虑初始缺陷的几何和材料非线性轴压试件的极限荷载。

7.2.5.2 弹性屈曲计算与分析

采用特征值分析方法分析不同开孔形式以及未开孔构件的弹性低阶局部屈曲模态和高阶畸变屈曲模态的对比，如图7-19和图7-20所示，分析时构件尺寸均采用名义尺寸。从模态对比图可看出，本章试件所开圆孔对于轴压构件的弹性局部和畸变屈曲模态以及屈曲半波长影响较小，不同开孔形式构件的屈曲模态以及屈曲半波长与未开孔构件类似，但可以看到开孔部分构件的变形相较未开孔构件偏大，为此可以推断若开孔尺寸加大，势必影响到构件的屈曲半波长。

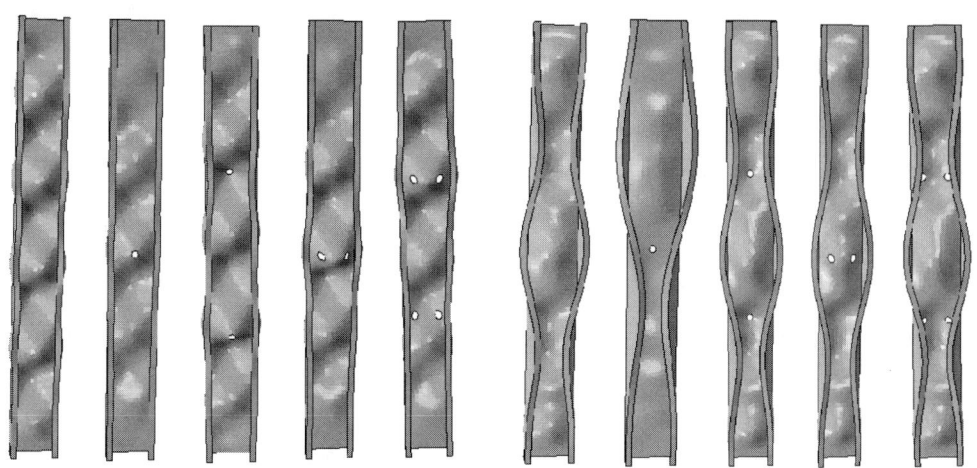

图 7-19　局部屈曲模态对比图　　　　　图 7-20　畸变屈曲模态对比图

有限元分析得到的弹性局部屈曲和畸变屈曲强度如表7-3所示，其中P_y、P_{crl}、P_{crd}分别为构件毛截面强度、毛截面弹性整体弯曲屈曲强度、弹性局部屈曲强度以及弹性畸变屈曲强度。从表7-3可看出，开孔对于构件的弹性局部屈曲强度和弹性畸变屈曲强度有一定的影响，分析时需要考虑屈曲强度的降低。

表 7-3　构件弹性屈曲荷载比较

开孔形式	P_y/kN	P_{cre}/kN	P_{crl}/kN	P_{crd}/kN
AC-11-CH	88.5	827.99	70.59	104.06
AC-21-CH	88.5	827.99	70.30	102.24
AC-12-CH	88.5	827.99	69.65	100.88
AC-22-CH	88.5	827.99	67.71	98.94
AC-00-NH	88.5	827.99	71.23	106.29

7.2.5.3 试件极限承载力及破坏模式分析

采用非线性有限元分析得到试件的极限承载力与试验值对比如表7-4所示。

其中 P_{ABA} 为 Abaqus 有限元分析的极限承载力。

表 7-4 试件承载力计算结果与试验值对比

试件编号	P_t/kN	P_{ABA}/kN	P_{c1}/kN	P_{c2}/kN	P_N/kN	P_{ABA}/P_t	P_{c1}/P_t	P_{c2}/P_t	P_N/P_t
AC-11-CH-1	57.75	57.81	59.47	61.76	53.23	1.00	1.03	1.07	0.92
AC-11-CH-2	60.3	60.83	56.39	58.68	50.95	1.01	0.94	0.97	0.84
AC-11-CH-3	58.65	60.36	58.12	60.43	52.02	1.03	0.99	1.03	0.89
AC-11-CH-4	57.95	58.55	56.22	58.52	50.48	1.01	0.97	1.01	0.87
AC-11-CH-5	54.05	56.41	57.05	59.36	51.45	1.04	1.06	1.10	0.95
AC-11-CH-6	53.1	55.23	56.92	59.26	51.10	1.04	1.07	1.12	0.96
AC-21-CH-1	55.6	58.09	55.66	58.12	49.83	1.04	1.00	1.05	0.90
AC-21-CH-2	57.4	59.75	57.55	59.80	51.72	1.04	1.00	1.04	0.90
AC-21-CH-3	56.55	58.47	59.33	61.57	53.04	1.03	1.05	1.09	0.94
AC-21-CH-4	57.31	57.92	57.54	59.83	51.66	1.01	1.00	1.04	0.90
AC-21-CH-5	57.65	57.88	57.44	59.89	52.03	1.00	1.00	1.04	0.90
AC-21-CH-6	56.55	55.82	56.24	58.50	50.74	0.99	0.99	1.03	0.90
AC-12-CH-1	54.9	53.82	57.42	59.82	52.06	0.98	1.05	1.09	0.95
AC-12-CH-2	53.65	54.92	55.76	58.21	50.02	1.02	1.04	1.08	0.93
AC-12-CH-3	57.65	58.51	58.08	60.45	51.70	1.01	1.01	1.05	0.90
AC-12-CH-4	55.55	57.38	52.99	55.52	48.18	1.03	0.95	1.00	0.87
AC-12-CH-5	52.05	55.98	54.50	56.92	49.14	1.08	1.05	1.09	0.94
AC-12-CH-6	54.9	56.08	57.69	60.08	51.75	1.02	1.05	1.09	0.94
AC-22-CH-1	54.00	55.33	55.20	57.61	49.85	1.02	1.02	1.07	0.92
AC-22-CH-2	52.40	54.12	52.95	55.37	48.44	1.03	1.01	1.06	0.92
AC-22-CH-3	54.00	55.41	56.56	58.96	51.30	1.03	1.05	1.09	0.95
AC-22-CH-4	52.05	53.12	58.68	60.91	52.60	1.02	1.13	1.17	1.01
AC-22-CH-5	50.65	52.43	52.51	54.97	48.23	1.04	1.04	1.09	0.95
AC-22-CH-6	49.65	50.94	58.05	60.29	52.23	1.03	1.17	1.21	1.05
AC-00-NH-1	61.03	63.01	58.18	60.45	57.98	1.03	0.95	0.99	0.95
AC-00-NH-2	60.28	62.74	56.69	59.01	57.61	1.04	0.94	0.98	0.96
均 值						1.0237	1.0275	1.0702	0.9258
方 差						0.0201	0.0504	0.0515	0.0449
变异系数						0.0197	0.0490	0.0482	0.0485

从表 7-4 可以看出，由于有限元分析端部的完全固结约束条件，有限元分析结果普遍比试验值偏高，但分析计算的试件极限承载力与试验结果总体还是比较

接近，分析值相对试验值的均值和变异系数分别为 1. 0237 和 0. 0197，表明有限元法可以较好的模拟腹板开孔冷弯薄壁型钢轴压构件的极限承载力。

采用非线性有限元分析得到代表性试件的屈曲模式如图 7-21 所示，可以看出随着荷载的增加，试件依次出现了端部腹板的局部屈曲、试件的畸变屈曲以及整体弯曲失稳，屈曲模态与试验过程一致，表现为局部屈曲、畸变屈曲以及整体弯曲屈曲的相关屈曲模式，同时从构件变形图可以看出，畸变屈曲主要发生在开孔对构件截面刚度降低的横截面部位，表明有限元法可以较好的模拟腹板开孔冷弯薄壁型钢轴压构件的屈曲模态，其开孔对于构件的横截面刚度以及破坏模式有一定的影响。

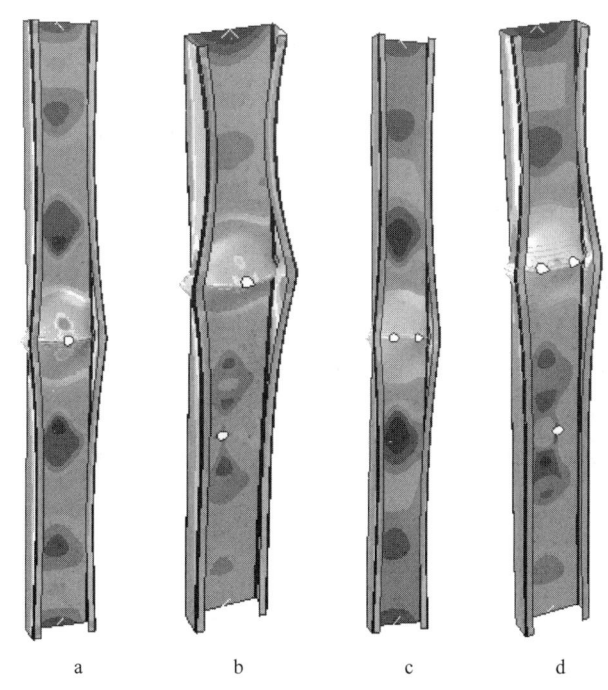

图 7-21　代表性试件屈曲模式

a——行一个孔；b——行两个孔；c—两行各一个孔；d—两行各两个孔

采用非线性有限元对不同开孔模式的构件荷载压缩位移曲线进行对比分析，截面尺寸采用名义截面尺寸，仅改变截面的开孔模式，得到四种开孔模式构件与未开孔构件的荷载压缩位移曲线如图 7-22 所示。从图 7-22 可以看出：所有试件在加载过程中刚度变化并不大，主要是因为试件在加载过程中局部屈曲仅出现在构件的上下端，而中间部分并未出现，对构件刚度影响并不大，同时畸变屈曲也发生在构件接近破坏的时候，与整体弯曲失稳破坏比较接近，对构件刚度影响较小，同时也说明了畸变屈曲的屈曲后响应很低，分析曲线与试验曲线规律相同；

同时开孔截面越小，破坏过程越突然。

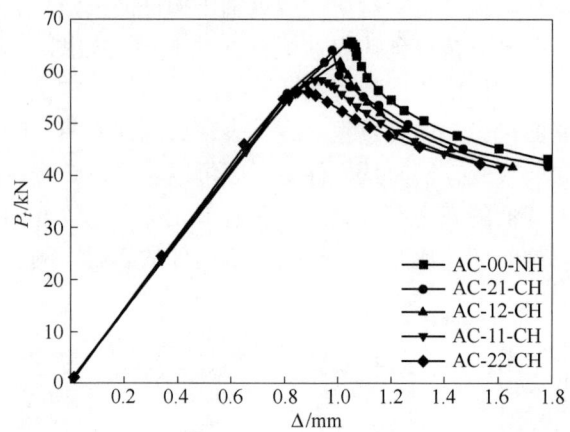

图 7-22 代表性构件有限元分析荷载位移曲线对比

7.2.6 构件承载力计算方法比较

本文采用三种不同的分析方法对腹板开孔冷弯薄壁型钢轴压卷边槽形构件的极限承载力进行理论分析：（1）采用 Abaqus 有限元程序计算试件极限承载力，考虑腹板开孔的影响；（2）采用我国现行规范《冷弯薄壁型钢结构技术规范》（GB 50018—2002）忽略腹板开孔对承载力影响的计算方法计算试件极限承载力；（3）采用北美规范 AISI S100-2012 主规范关于构件开圆孔承载力计算方法计算构件极限承载力，北美规范关于腹板开圆孔构件有效宽度的计算公式如式（7-26）所示。

$$\begin{cases} b_e = w - d_h & \lambda \leqslant 0.673 \\ b_e = \dfrac{w}{\lambda}\left(1 - \dfrac{0.22}{\lambda} - \dfrac{0.8d_h}{w} + \dfrac{0.085d_h}{w\lambda}\right) & \lambda > 0.673 \end{cases} \tag{7-26}$$

式中，b_e 为板件有效宽度，且必须大于截面净截面宽度；w 为板件宽度；d_h 为圆孔直径；λ 为板件长细比系数。

采用不同计算方法得到的理论值与试验值对比如表 7-4 所示。其中 P_{c1} 和 P_{c2} 为《冷弯薄壁型钢结构技术规范》（GB 50018—2002）考虑板组约束和不考虑板组约束计算的试件极限承载力；P_N 为北美规范计算的试件极限承载力。

从表 7-4 可以看出：采用我国现行规范计算的稳定承载力相对试验值普遍偏高，考虑板组相关和不考虑板组相关计算值与试验值对比的均值分别为 1.0275 和 1.0702，主要因为在采用我国规范计算开孔构件稳定承载力时未考虑开孔对于稳定承载力的降低作用，为此相应计算方法需要修正来考虑开孔对构件承载力的降低作用；北美规范由于考虑了开孔对于构件稳定承载力的降低作用，计算承载力与试验值比较接近，均值和变异系数分别为 0.9258 和 0.0485，计算结果比较保守。

7.3 腹板开长圆孔冷弯薄壁型钢轴压构件试验

从 7.2 节腹板开圆孔冷弯薄壁型钢轴压构件试验研究可以发现，腹板开孔对构件的弹性整体稳定、局部、畸变屈曲荷载以及构件的极限承载力及构件受力过程中的刚度有一定的影响。不同开孔模式对其承载力的影响不同，横截面开孔面积越大，对极限承载力影响越大。为了研究不同的开孔形状对构件相关弹性性能、弹性荷载以及极限承载力和刚度的影响，本节对 26 个腹板开长圆孔和不开孔冷弯薄壁型钢轴压构件进行极限承载力和屈曲模式试验研究，以期找出开孔模式以及不同开孔形状对于构件破坏模式以及极限承载力的影响。

7.3.1 试件设计及材性

轴压试验采用腹板开长圆孔冷弯薄壁卷边槽形截面，试件名义厚度 1.5mm，截面形式如 7.2 节所示，试件实测尺寸如表 7-5 所示，表中 l 为构件实测长度。试件采用四种腹板开孔形式，开孔长度和高度 L_h、H_h 名义尺寸为 25mm 和 14mm，孔纵向和横向名义间距 S_1、S_2 分别为 250mm 和 50mm，如图 7-23 所示。试件编号形式为 AC-12-SH-1，其中 AC 表示轴压槽形截面构件，12 表示一行两个孔，SH 表示腹板开长圆孔，1 表示重复试件编号。

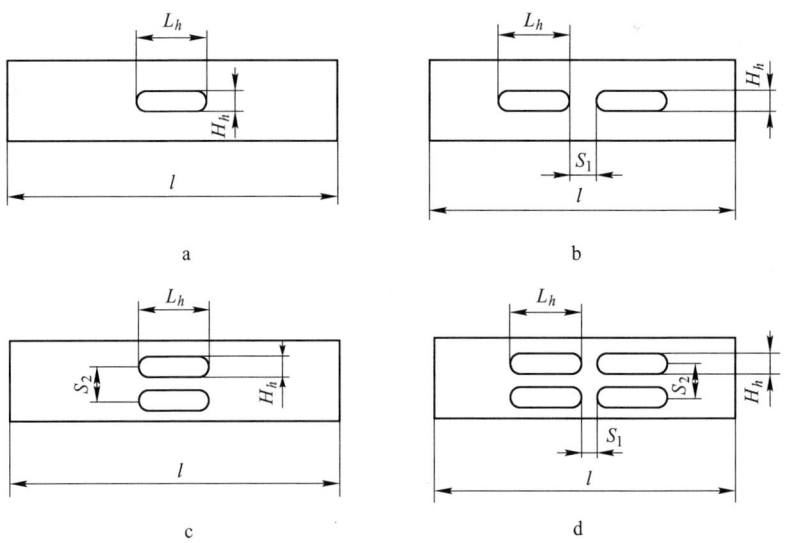

图 7-23　试件腹板开孔形式

a——一行一个孔；b——一行两个孔；c—两行各一个孔；d—两行各两个孔

表 7-5 试件实测截面尺寸

试件编号	l/mm	h_1/mm	h_2/mm	b_1/mm	b_2/mm	a_1/mm	a_2/mm	L_h/mm	H_h/mm	t/mm
A C-11-SH-1	803	99.94	99.80	37.85	37.56	12.11	11.65	25.41	14.62	1.4
AC-11-SH-2	800	99.87	100.01	37.64	37.98	12.51	11.75	24.89	13.99	1.46
AC-11-SH-3	815	99.37	99.35	37.96	37.52	11.74	12.35	24.99	14.01	1.4
AC-11-SH-4	799	99.00	99.29	38.24	37.52	11.74	12.35	24.99	14.08	1.38
AC-11-SH-5	799	99.32	99.22	37.86	38.19	29.92	11.93	24.85	14.03	1.42
AC-11-SH-6	795	99.42	98.92	38.18	38.18	38.19	12.86	24.31	14.62	1.43
AC-21-SH-1	798	99.61	99.38	38.05	37.26	12.40	11.83	24.60	13.93	1.44
AC-21-SH-2	796	99.44	99.37	37.75	37.03	11.65	12.23	24.83	13.81	1.43
AC-21-SH-3	809	99.38	99.37	37.23	37.69	11.66	12.33	25.20	13.97	1.45
AC-21-SH-4	796	99.08	99.36	37.69	37.44	11.88	12.22	24.88	14.43	1.41
AC-21-SH-5	795	99.40	99.25	37.34	37.72	11.87	12.41	24.80	14.39	1.43
AC-21-SH-6	798	99.31	99.55	37.85	37.38	12.54	11.72	24.83	14.08	1.41
AC-12-SH-1	795	100.68	100.05	37.79	38.14	11.96	12.12	24.91	14.07	1.44
AC-12-SH-2	796	99.38	99.10	37.60	38.12	12.47	11.93	24.89	13.65	1.45
AC-12-SH-3	798	99.20	99.03	38.12	37.66	12.08	12.21	24.99	14.01	1.42
AC-12-SH-4	794	99.28	98.43	37.58	38.00	11.88	12.56	24.89	14.14	1.4
AC-12-SH-5	795	99.23	99.37	37.75	37.90	12.54	11.80	24.94	13.97	1.45
AC-12-SH-6	796	100.29	100.07	38.05	37.96	13.60	10.47	24.92	14.15	1.44
AC-22-SH-1	797	98.96	98.97	36.85	37.62	11.72	11.98	23.72	15.11	1.44
AC-22-SH-2	797	99.48	99.52	37.42	37.57	11.51	12.79	23.06	15.20	1.43
AC-22-SH-3	798	99.48	99.39	37.87	37.31	12.32	11.85	23.61	15.12	1.48
AC-22-SH-4	806	99.89	99.52	37.86	37.73	12.15	11.78	23.60	15.28	1.49
AC-22-SH-5	797	99.20	99.61	37.67	38.29	12.00	12.40	22.70	15.33	1.45
AC-22-SH-6	806	100.06	99.81	38.00	37.93	13.58	10.44	23.35	14.70	1.48
AC-00-NH-1	802	99.87	99.85	38.22	37.59	12.39	13.16	—	—	1.47
AC-00-NH-2	800	99.78	99.84	38.17	37.31	13.44	11.75	—	—	1.46

试件材料为 Q235 镀锌板材，由 7.2 节试验结果得到材性试验结果为：屈服强度 295MPa，伸长率 32%，弹性模量为 $2.074×10^5$ MPa。

7.3.2 试验加载和测点布置

试验采用反力架加千斤顶的方式加载，试件两端磨平后直接搁置于加载装置的上下端，近似模拟试件两端固结，试验装置如图 7-24 所示。在试件中央高度截面的两翼缘和腹板共布置 3 个侧向位移计，测量试件的畸变屈曲变形和整体弯曲变形。同时在支座上端板布置 1 个竖向位移计以测量支座的竖向位移。位移和力采用数据采集仪自动控制和记录。

7.3.3　试验破坏模式与分析

试件加载初期荷载、竖向位移线性增加，试件外形无显著变化；随着荷载增加，在试件的上、下端部出现腹板局部屈曲，如图 7-25 所示；继续增加荷载，

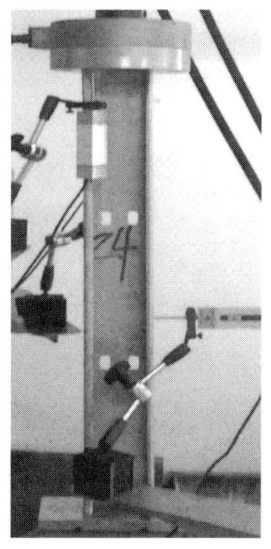
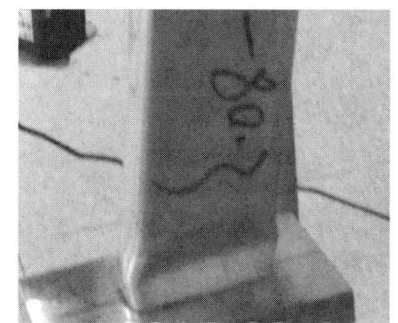

图 7-24　试验装置图　　　　　图 7-25　局部屈曲模式

当试件受压达到畸变屈曲承载力时，试件出现畸变屈曲的屈曲模式，如图 7-26所示；随着荷载进一步增加，试件变形加剧，达到极限承载力后继续施加荷

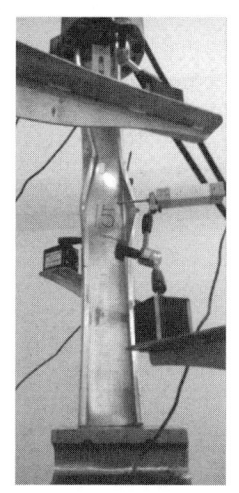

a　　　　　　　b　　　　　　　c　　　　　　　d

图 7-26　畸变屈曲模式

a—一行一个孔；b—一行两个孔；c—两行各一个孔；d—两行各两个孔

载，试件屈曲后承载力下降很快，试件最终发生整体弯曲破坏，如图 7-27 所示。所有试件在加载过程中均表现为局部屈曲、畸变屈曲以及整体弯曲失稳的相关屈曲模式。

 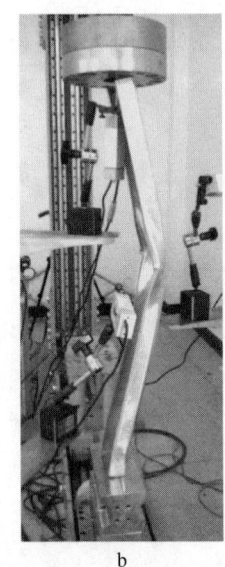 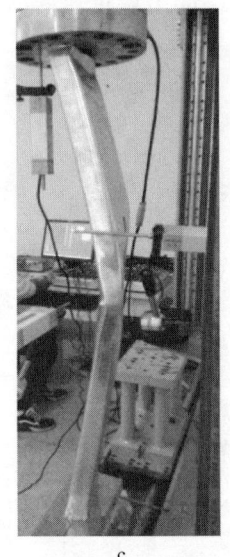 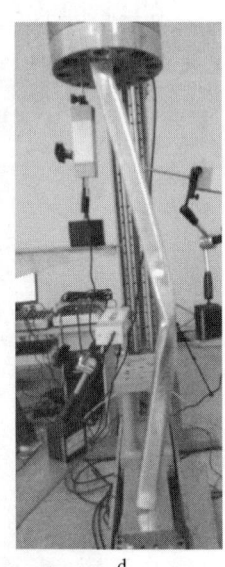

a b c d

图 7-27 整体屈曲模式

a——行一个孔；b——行两个孔；c—两行各一个孔；d—两行各两个孔

7.3.4 试验承载力结果分析

试验得到各试件的极限承载力 P_t 以及试验结果统计分析，如表 7-6 所示。其中平均值 P_a 为开孔形式相同试件的试验承载力平均值，开孔影响为开孔形式相同试件的平均承载力相对未开孔试件承载力平均值的降低百分比。

表 7-6 试件极限承载力对比

试 件	试验值 P_t/kN	试验值统计分析	
		试验均值 P_a/kN	开孔影响/%
AC-11-SH-1	56.55		
AC-11-SH-2	54.90		
AC-11-SH-3	55.15	54.84	9.58
AC-11-SH-4	53.10		
AC-11-SH-5	57.45		
AC-11-SH-6	51.90		

试　件	试验值 P_t/kN	试验值统计分析	
		试验均值 P_a/kN	开孔影响/%
AC-21-SH-1	56.85	54.70	9.82
AC-21-SH-2	55.40		
AC-21-SH-3	56.85		
AC-21-SH-4	52.75		
AC-21-SH-5	52.50		
AC-21-SH-6	53.85		
AC-12-SH-1	51.45	52.15	14.02
AC-12-SH-2	53.10		
AC-12-SH-3	54.60		
AC-12-SH-4	50.25		
AC-12-SH-5	51.30		
AC-12-SH-6	52.20		
AC-22-SH-1	50.30	50.46	16.81
AC-22-SH-2	48.95		
AC-22-SH-3	51.20		
AC-22-SH-4	52.05		
AC-22-SH-5	49.85		
AC-22-SH-6	50.40		
AC-00-NH-1	61.03	60.66	—
AC-00-NH-2	60.28		

从表7-6可以看出，对于一行一个孔和两行各一个孔的试件承载力比较接近，而一行两个孔和两行各两个孔的试件承载力比较接近，且低于横向一个孔试件的承载力，而开孔试件的承载力普遍比未开孔试件承载力偏低；对于两行各两个孔的试件其承载力比未开孔试件承载力甚至低16.81%。结果表明：腹板开孔对冷弯薄壁卷边槽形构件的极限承载力有一定的降低作用，横向开孔面积越大，对稳定承载力的影响越大。

7.3.5　有限元分析

7.3.5.1　有限元分析假定

采用 Abaqus 薄壳非线性有限元对两端固结腹板开长圆孔轴压构件受力性能和极限承载力进行模拟分析。所以，分析基本假定与第3章腹板开圆孔轴压构件有限元模拟相同。其中，经分析验证有效的网格划分如图 7-28 所示。

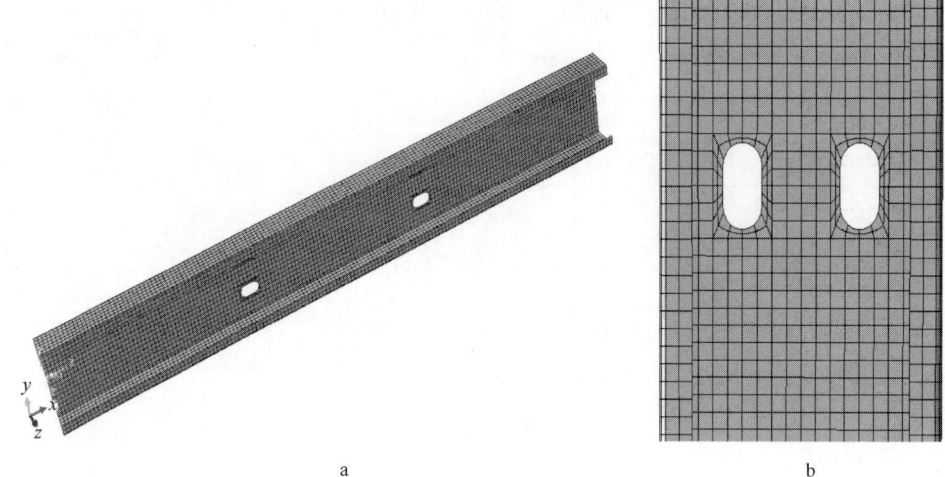

a   b

图 7-28 开孔构件的网格划分

a—轴压构件网格划分；b—开孔位置的网格划分

7.3.5.2 弹性屈曲计算与分析

采用特征值分析方法分析不同开孔形式以及未开孔构件的弹性低阶局部屈曲模态和高阶畸变屈曲模态的对比，如图 7-29 和图 7-30 所示，分析时构件尺寸均采用名义尺寸。从模态对比图可看出，本章试件所开圆孔对于轴压构件的弹性局部和畸变屈曲模态以及屈曲半波长影响较小，不同开孔形式构件的屈曲模态以及屈曲半波长与未开孔构件类似，但可以看到开孔部分构件的变形相较未开孔构件偏大，为此可以推断若开孔尺寸加大，势必影响到构件的屈曲半波长。

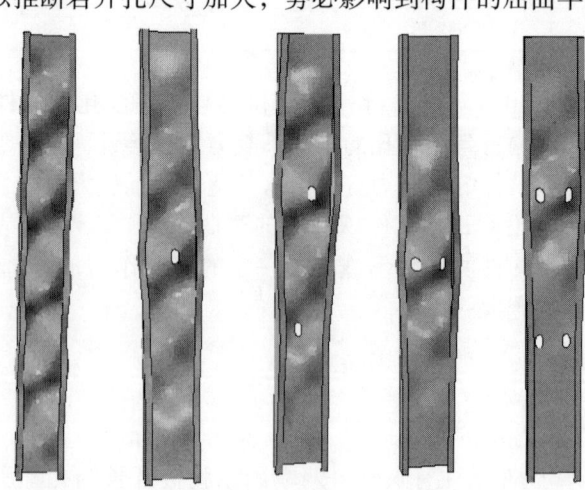

图 7-29 局部屈曲模态对比图

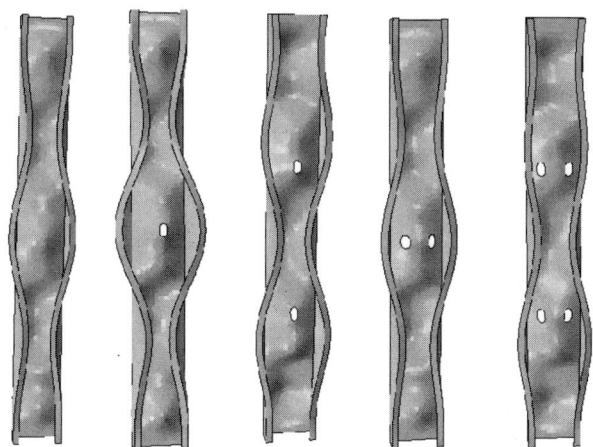

图 7-30   畸变屈曲模态对比图

有限元分析得到的弹性局部屈曲和畸变屈曲强度如表 7-7 所示，其中 P_y、P_{crl}、P_{crd} 分别为构件毛截面强度、毛截面弹性整体弯曲屈曲强度、弹性局部屈曲强度以及弹性畸变屈曲强度。从表 7-7 可看出，开孔对于构件的弹性局部屈曲强度和弹性畸变屈曲强度有一定的影响，分析时需要考虑屈曲强度的降低。

表 7-7   构件弹性屈曲荷载比较

开孔形式	P_y/kN	P_{cre}/kN	P_{crl}/kN	P_{crd}/kN
AC-11-SH	88.5	827.99	67.34	83.65
AC-21-SH	88.5	827.99	67.11	79.34
AC-12-SH	88.5	827.99	69.86	63.86
AC-22-SH	88.5	827.99	70.79	63.79
AC-00-NH	88.5	827.99	71.23	95.29

7.3.5.3   试件极限承载力及破坏模式分析

采用非线性有限元分析得到试件的极限承载力与试验值对比，如表 7-8 所示。其中，P_{ABA} 为 Abaqus 有限元分析的极限承载力。

表 7-8   试件承载力计算结果与试验值对比

试件编号	P_t/kN	P_{ABA}/kN	P_{c1}/kN	P_{c2}/kN	P_N/kN	P_{ABA}/P_t	P_{c1}/P_t	P_{c2}/P_t	P_N/P_t
AC-11-SH-1	56.55	56.22	51.98	54.31	50.89	0.99	0.92	0.96	0.90
AC-11-SH-2	54.90	55.12	55.69	58.02	54.21	1.00	1.01	1.06	0.99
AC-11-SH-3	55.15	55.71	52.00	54.34	51.03	1.01	0.94	0.99	0.93
AC-11-SH-4	53.10	53.85	50.98	53.33	50.28	1.01	0.96	1.00	0.95

试件编号	P_t/kN	P_{ABA}/kN	P_{c1}/kN	P_{c2}/kN	P_N/kN	P_{ABA}/P_t	P_{c1}/P_t	P_{c2}/P_t	P_N/P_t
AC-11-SH-5	57.45	58.01	53.28	55.56	53.42	1.01	0.93	0.97	0.93
AC-11-SH-6	51.90	53.36	53.71	55.89	52.34	1.03	1.03	1.08	1.01
AC-21-SH-1	56.85	58.99	54.43	56.76	52.94	1.04	0.96	1.00	0.93
AC-21-SH-2	55.40	55.18	53.62	55.94	51.96	1.00	0.97	1.01	0.94
AC-21-SH-3	56.85	56.98	54.78	57.08	52.98	1.00	0.96	1.00	0.93
AC-21-SH-4	52.75	53.18	52.60	54.94	51.25	1.01	1.00	1.04	0.97
AC-21-SH-5	52.50	54.18	53.81	56.15	52.24	1.03	1.02	1.07	1.00
AC-21-SH-6	53.85	53.47	52.67	55.03	51.28	0.99	0.98	1.02	0.95
AC-12-SH-1	51.45	52.74	54.57	56.92	48.17	1.03	1.06	1.11	0.94
AC-12-SH-2	53.10	54.02	55.15	57.47	48.55	1.02	1.04	1.08	0.91
AC-12-SH-3	54.60	55.23	53.36	55.69	48.15	1.01	0.98	1.02	0.88
AC-12-SH-4	50.25	52.00	52.21	54.57	46.50	1.03	1.04	1.09	0.93
AC-12-SH-5	51.30	51.97	55.12	57.44	48.46	1.01	1.07	1.12	0.94
AC-12-SH-6	52.20	53.13	54.57	56.92	48.14	1.02	1.05	1.09	0.92
AC-22-SH-1	50.30	53.29	54.06	56.32	47.07	1.06	1.07	1.12	0.94
AC-22-SH-2	48.95	50.11	53.80	56.16	47.27	1.02	1.10	1.15	0.97
AC-22-SH-3	51.20	52.68	56.73	59.01	49.24	1.03	1.11	1.15	0.96
AC-22-SH-4	52.05	53.23	57.31	59.56	49.85	1.02	1.10	1.14	0.96
AC-22-SH-5	49.85	50.48	55.20	57.53	48.56	1.01	1.11	1.15	0.97
AC-22-SH-6	50.40	51.22	56.83	59.10	49.49	1.02	1.13	1.17	0.98
AC-00-NH-1	58.90	63.01	56.45	58.74	57.98	1.07	0.96	1.00	0.98
AC-00-NH-2	58.35	62.74	55.97	58.27	57.61	1.08	0.96	1.00	0.99
均　　值						1.0172	1.0225	1.0663	0.9466
方　　差						0.0153	0.0629	0.0645	0.0303
变异系数						0.0150	0.0615	0.0605	0.0321

从表7-8可以看出，由于有限元分析端部的完全固结约束条件，有限元分析结果普遍比试验值偏高，但分析计算的试件极限承载力与试验结果总体还是比较接近，分析值相对试验值的均值和变异系数分别为1.0172和0.0150，表明有限元法可以较好的模拟腹板开孔冷弯薄壁型钢轴压构件的极限承载力。

采用非线性有限元分析得到代表性试件的屈曲模式如图7-31所示，可以看出随着荷载的增加，试件依次出现了端部腹板的局部屈曲、试件的畸变屈曲以及整体弯曲失稳，屈曲模态与试验过程一致，表现为局部屈曲、畸变屈曲以及整体弯曲屈曲的相关屈曲模式，同时从构件变形图可以看出，畸变屈曲主要发生在开孔对构件截面刚度降低的横截面部位，表明有限元法可以较好的模拟腹板开孔冷弯薄壁型钢轴压构件的屈曲模态，其开孔对于构件的横截面刚度以及破坏模式有一定的影响。

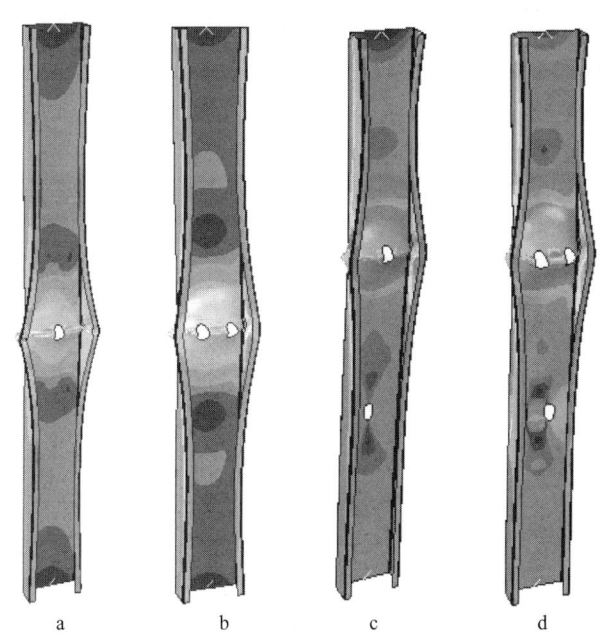

图 7-31　代表性试件屈曲模式

a——一行一个孔；b——一行两个孔；c—两行各一个孔；d—两行各两个孔

采用非线性有限元对不同开孔模式的构件荷载压缩位移曲线进行对比分析，截面尺寸采用名义截面尺寸，仅改变截面的开孔模式，得到四种开孔模式构件与未开孔构件的荷载压缩位移曲线，如图 7-32 所示。从图 7-32 可以看出：所有试件在加载过程中刚度变化并不大，主要是因为试件在加载过程中局部屈曲仅出现

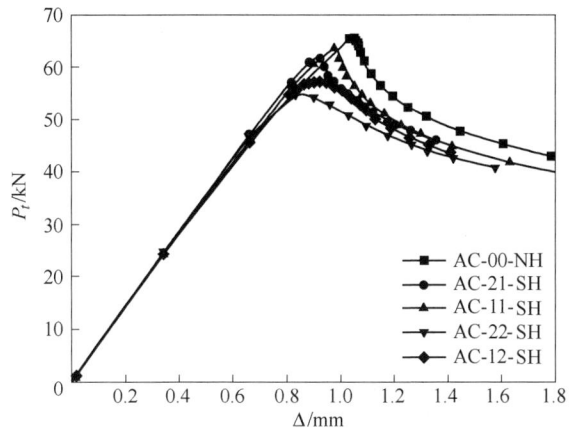

图 7-32　代表性构件有限元分析荷载位移曲线对比

在构件的上下端，而中间部分并未出现，对构件刚度影响并不大，同时畸变屈曲也发生在构件接近破坏的时候，与整体弯曲失稳破坏比较接近，对构件刚度影响较小，同时也说明了畸变屈曲的屈曲后响度很低，分析曲线与试验曲线规律相同；同时开孔截面越小，破坏过程越突然。

7.3.6 构件承载力计算方法比较

本文采用三种不同的分析方法对腹板开孔冷弯薄壁型钢轴压卷边槽形构件的极限承载力进行理论分析：（1）采用 Abaqus 有限元程序计算试件极限承载力，考虑腹板开孔的影响；（2）采用我国现行规范《冷弯薄壁型钢结构技术规范》（GB 50018—2002）[18]忽略腹板开孔对承载力影响的计算方法计算试件极限承载力；（3）采用北美规范 AISI S100-2012[8]主规范关于构件开非圆孔承载力计算方法计算构件极限承载力，北美规范把开孔两侧的板件当做三边简支板计算其有效宽度，板件屈曲稳定系数取 0.43。

采用不同计算方法得到的理论值与试验值对比，如表 7-8 所示。其中，P_{c1} 和 P_{c2} 为《冷弯薄壁型钢结构技术规范》（GB 50018—2002）考虑板组约束和不考虑板组约束计算的试件极限承载力；P_N 为北美规范计算的试件极限承载力。

从表 7-8 可以看出：采用我国现行规范计算的稳定承载力相对试验值普遍偏高，考虑板组相关和不考虑板组相关计算值与试验值对比的均值分别为 1.0225 和 1.0663，主要因为在采用我国规范计算开孔构件稳定承载力时未考虑开孔对于稳定承载力的降低作用，为此相应计算方法需要修正来考虑开孔对构件承载力的降低作用；北美规范由于考虑了开孔对于构件稳定承载力的降低作用，计算承载力与试验值比较接近，均值和变异系数分别为 0.9466 和 0.0321，计算结果比较保守。

7.4 腹板开孔冷弯薄壁型钢轴压构件畸变屈曲承载力设计方法

冷弯薄壁型钢卷边槽形截面构件受力会发生整体失稳、局部屈曲以及畸变屈曲，通常采用有效宽度法考虑局部屈曲对整体失稳的影响，对于畸变屈曲可以采用局部屈曲相同的分析方法，利用有效宽度法考虑畸变屈曲对于整体失稳的影响，采用局部和畸变屈曲统一有效宽度法计算开口薄壁截面构件的承载力。在前述章节理论分析和试验基础上本节参照开口薄壁截面构件承载力计算方法，给出开孔冷弯薄壁型钢卷边槽形截面构件承载力计算的设计方法。采用试验结果验证本节提出设计方法的合理性和精确性，同时总结了国内外其他学者相关开孔构件试验数据，初步建立了开孔卷边槽形截面构件承载力试验的试验数据库，采用本文提出的承载力计算方法计算所有试验构件的承载力，验证本文建议方法的准确性。

7.4.1 开孔冷弯薄壁截面构件承载力建议计算方法

7.4.1.1 承载力计算方法

对于开口卷边槽形截面构件极限承载力的计算参照《冷弯薄壁型钢结构技术规范》（GB 50018—2002）对于不同受力状态和不同板件形式的卷边槽形截面构件极限承载力计算方法计算。仅在轴压、偏压以及受弯构件稳定承载力的计算过程中，为了考虑开孔对于构件整体承载力的影响，在计算轴压和偏压构件的长细比以及受弯构件的整体稳定屈曲系数时，其构件横截面特性弯曲惯性矩和自由扭转惯性矩按照等效截面特性进行计算，如式(7-27)所示。

$$\begin{cases} I_{xh} = \dfrac{I_{xg}L_{xg} + I_{xnet}L_{xnet}}{L_x} \\[2mm] I_{yh} = \dfrac{I_{yg}L_{yg} + I_{ynet}L_{ynet}}{L_y} \\[2mm] I_{th} = \dfrac{I_{tg}L_{tg} + I_{tnet}L_{tnet}}{L_t} \end{cases} \tag{7-27}$$

7.4.1.2 有效宽度计算方法

对于部分加劲板件的屈曲后强度，是采用局部和畸变屈曲的屈曲强度计算统一方法，采用有效宽度法进行计算分析，有效宽度法按照规范《冷弯薄壁型钢结构技术规范》（GB 50018—2002）计算方法计算。

计算中对于开孔板件的局部屈曲稳定系数，可考虑按照未开孔加劲板件的屈曲稳定系数和板件开孔侧的非加劲板件的屈曲稳定系数分别计算开孔板件的有效宽度，取计算所得的有效宽度最小值作为开孔板件的有效宽度，同时计算开孔截面的有效宽度不得大于开孔板件的净截面宽度。

而对于开孔侧非加劲板件的屈曲稳定系数按照公式(7-28)计算：

（1）最大应力作用于加劲边，有：

$$k = 1.70 - 3.025\psi + 1.75\psi^2 + \frac{2.715 - 1.788\psi}{0.021\psi + 0.035 + (L_{hole}/H_s)^2} \tag{7-28a}$$

（2）最大应力作用于自由边，有：

$$k = 0.567 - 0.213\psi + 0.071\psi^2 + \frac{0.9769(1.275 - 0.275\psi)}{0.0013 - 0.0107(L_{hole}/H_s) + (L_{hole}/H_s)^2} \tag{7-28b}$$

式中，ψ 为压应力不均匀系数；L_{hole} 为板件开孔的长度；H_s 为板件开孔侧部分的高度，对于开孔位于板件中间的板件，$H_s = (h - H_{hole})/2$；H_{hole} 为板件开孔高度。

对于开孔构件计算部分加劲板件的畸变屈曲稳定系数按照式(7-29)～式

(7-32)计算：

(1) 最大压应力作用于支承边。

当 $-1 \leqslant \psi \leqslant -\dfrac{1}{3 + 12a/b}$ 时，

$$k = 2(1 - \psi)^3 + 2(1 - \psi) + 4 \tag{7-29}$$

当 $-\dfrac{1}{3 + 12a/b} \leqslant \psi \leqslant 1$ 时，

$$k = \frac{(b/\lambda)^2/3 + 0.142 + 10.92Ib/(\lambda^2 t^3)}{0.083 + (0.25 + a/b)\psi} \tag{7-30}$$

且不得大于式(7-29)算得的 k 值。

(2) 最大压应力作用于部分加劲边。

当 $\psi \geqslant -1$ 时，

$$k = \frac{(b/\lambda)^2/3 + 0.142 + 10.92Ib/(\lambda^2 t^3)}{\psi/12 + a/b + 0.25} \tag{7-31}$$

且不得大于式(7-29)算得的 k 值。

相应的畸变屈曲半波长为：

$$\lambda = \pi \sqrt[4]{\frac{b^3 D/3 + EIb^2}{\left(1 - \dfrac{L_{\text{hole}}}{L}\right)(3 - \psi_w)D/h}} \tag{7-32}$$

式中，ψ_w 为腹板压应力不均匀系数。

7.4.2 开孔冷弯卷边槽形截面构件承载力试验计算结果对比

为了验证 7.4.1 节提出的开孔冷弯卷边槽形截面构件承载力计算方法的精确性，对本章的试验构件承载力进行计算对比分析，构件开孔形式包括腹板开圆孔和长圆孔。

7.4.2.1 腹板开圆孔

采用建议计算方法对腹板开圆孔轴压构件的极限承载力进行计算分析，其计算结果与试验值对比如表 7-9 所示。为了进行对比验证，同时给出了北美规范计算的试件承载力值，其中 P_t 为试验值、P_{CS1} 和 P_{CS2} 分别为考虑和不考虑板组相关利用建议方法计算的构件极限承载力，P_N 为北美规范计算承载力，其结果为直接强度法和有效宽度法计算结果的最小值。

表 7-9　腹板开圆孔试件承载力计算结果与试验值对比

试件编号	P_t/kN	P_{CS1}/kN	P_{CS2}/kN	P_N/kN	P_{CS1}/P_t	P_{CS2}/P_t	P_N/P_t
AC-11-CH-1	57.75	55.17	56.22	53.23	0.96	0.97	0.92

试件编号	P_t/kN	P_{CS1}/kN	P_{CS2}/kN	P_N/kN	P_{CS1}/P_t	P_{CS2}/P_t	P_N/P_t
AC-11-CH-2	60.3	58.39	59.02	50.95	0.97	0.98	0.84
AC-11-CH-3	58.65	58.08	60.69	52.02	0.99	1.03	0.89
AC-11-CH-4	57.95	56.23	58.86	50.48	0.97	1.02	0.87
AC-11-CH-5	54.05	52.04	54.16	51.45	0.96	1.00	0.95
AC-11-CH-6	53.1	51.84	53.96	51.10	0.98	1.02	0.96
AC-21-CH-1	55.6	55.58	58.32	49.83	1.00	1.05	0.90
AC-21-CH-2	57.4	57.47	60.03	51.72	1.00	1.05	0.90
AC-21-CH-3	56.55	53.86	55.84	53.04	0.95	0.99	0.94
AC-21-CH-4	57.31	57.43	60.02	51.66	1.00	1.05	0.90
AC-21-CH-5	57.65	57.51	60.31	52.03	1.00	1.05	0.90
AC-21-CH-6	56.55	56.14	58.70	50.74	0.99	1.04	0.90
AC-12-CH-1	54.9	54.59	54.59	52.06	0.99	0.99	0.95
AC-12-CH-2	53.65	54.49	54.49	50.02	1.02	1.02	0.93
AC-12-CH-3	57.65	57.45	57.45	51.70	1.00	1.00	0.90
AC-12-CH-4	55.55	53.19	53.28	48.18	0.96	0.96	0.87
AC-12-CH-5	52.05	52.57	52.80	49.14	1.01	1.01	0.94
AC-12-CH-6	54.9	53.69	53.69	51.75	0.98	0.98	0.94
AC-22-CH-1	54.00	53.94	53.94	49.85	1.00	1.00	0.92
AC-22-CH-2	52.40	53.02	54.12	48.44	1.01	1.03	0.92
AC-22-CH-3	54.00	53.38	53.38	51.30	0.99	0.99	0.95
AC-22-CH-4	52.05	50.30	50.30	52.60	0.97	0.97	1.01
AC-22-CH-5	50.65	50.68	50.17	48.23	1.00	0.99	0.95
AC-22-CH-6	49.65	50.29	50.29	52.23	1.01	1.01	1.05
均 值					0.9879	1.0083	0.9250
方 差					0.0191	0.0278	0.0445
变异系数					0.0193	0.0275	0.0481

从表7-9可以看出：采用考虑开孔对构件局部、畸变、整体稳定影响的建议计算方法，由于较好的考虑了开孔对于构件的影响，计算承载力与试验值更加接近，同时变异系数也相对较小；北美规范计算结果相对于试验值吻合也较好，变异性较小；但建议计算方法相较北美规范，变异系数更小，北美规范相对建议计算方法偏于保守。

7.4.2.2 腹板长圆孔

采用建议计算方法对腹板开长圆孔轴压构件的极限承载力进行计算分析，其计算结果与试验值对比如表 7-10 所示。为了进行对比验证，同时给出了北美规范计算的试件承载力值。

表 7-10 腹板开长圆孔试件承载力计算结果与试验值对比

试件编号	P_t/kN	P_{CS1}/kN	P_{CS2}/kN	P_N/kN	P_{CS1}/P_t	P_{CS2}/P_t	P_N/P_t
AC-11-SH-1	56.55	52.60	55.29	50.89	0.93	0.98	0.90
AC-11-SH-2	54.90	52.60	55.29	54.21	0.96	1.01	0.99
AC-11-SH-3	55.15	52.68	55.39	51.03	0.96	1.00	0.93
AC-11-SH-4	53.10	51.71	54.46	50.28	0.97	1.03	0.95
AC-11-SH-5	57.45	56.26	59.00	53.42	0.98	1.03	0.93
AC-11-SH-6	51.90	51.33	51.98	52.34	0.99	1.00	1.01
AC-21-SH-1	56.85	54.91	57.54	52.94	0.97	1.01	0.93
AC-21-SH-2	55.40	54.07	56.66	51.96	0.98	1.02	0.94
AC-21-SH-3	56.85	55.21	57.76	52.98	0.97	1.02	0.93
AC-21-SH-4	52.75	53.13	55.79	51.25	1.01	1.06	0.97
AC-21-SH-5	52.50	54.32	56.97	52.24	1.03	1.09	1.00
AC-21-SH-6	53.85	49.30	51.45	51.28	0.92	0.96	0.95
AC-12-SH-1	51.45	49.44	49.44	48.17	0.96	0.96	0.94
AC-12-SH-2	53.10	51.68	51.68	48.55	0.97	0.97	0.91
AC-12-SH-3	54.60	53.93	53.93	48.15	0.99	0.99	0.88
AC-12-SH-4	50.25	47.62	47.62	46.50	0.95	0.95	0.93
AC-12-SH-5	51.30	49.43	49.43	48.46	0.96	0.96	0.94
AC-12-SH-6	52.20	49.34	49.34	48.14	0.95	0.95	0.92
AC-22-SH-1	50.30	48.06	48.06	47.07	0.96	0.96	0.94
AC-22-SH-2	48.95	46.43	46.43	47.27	0.95	0.95	0.97
AC-22-SH-3	51.20	48.02	48.02	49.24	0.94	0.94	0.96
AC-22-SH-4	52.05	48.26	48.26	49.85	0.93	0.93	0.96
AC-22-SH-5	49.85	48.52	48.52	48.56	0.97	0.97	0.97
AC-22-SH-6	50.40	49.67	49.67	49.49	0.99	0.99	0.98
均 值					0.9663	0.9888	0.9471
方 差					0.0252	0.0397	0.0310
变异系数					0.0260	0.0402	0.0327

从表 7-10 可以看出：采用考虑开孔对构件局部、畸变、整体稳定影响的建议计算方法，由于较好的考虑了开孔对于构件的影响，计算承载力与试验值更加接近，同时变异系数也相对较小；北美规范计算结果相对于试验值吻合也较好，变异性较小；但考虑板组相关的建议计算方法相较北美规范，变异系数更小，而不考虑板组相关的建议计算方法计算结果变异系数较大，北美规范相对建议计算方法偏于保守。

7.4.3　开孔冷弯卷边槽形截面构件其他国内外试验

通过上节试验验证，表明本文给出的开孔卷边槽形截面构件建议设计方法对于计算开孔冷弯卷边槽形截面构件的承载力具有较高的精度，为了验证该设计方法的通用性，收集国内外其他学者的开孔卷边槽形截面构件极限承载力的相关代表性试验数据，截面的开孔形式包括圆孔、长圆孔、矩形孔以及椭圆孔，利用本文建议方法进行设计计算，并与北美规范进行对比。

7.4.3.1　国内轴压构件试验

开孔卷边槽形截面轴压构件极限承载力的试验是开孔冷弯薄壁型钢构件的基本试验，相对偏压和受弯构件数量较多。本节给出了目前国内所进行的冷弯薄壁型钢轴压试验，这些试验包括：何保康、赵桂萍进行了腹板开圆孔的轴压构件试验[126]，构件屈曲模式为局部和整体的相关屈曲；胡白香、刘永娟进行的腹板开矩形孔的轴压构件试验[127]，构件屈曲模式也为局部和整体的相关屈曲。试验承载力、建议方法计算承载力以及北美规范计算承载力对比如表 7-11 所示。

表 7-11　国内开孔卷边槽形截面轴压试验值与承载力计算值对比

文献	截面形式	P_t/kN	P_{CS1}/kN	P_{CS2}/kN	P_N/kN	P_{CS1}/P_t	P_{CS2}/P_t	P_N/P_t
[126]	A2	146.3	129.10	149.44	132.47	0.88	1.02	0.91
	A3	111.4	117.43	117.93	115.42	1.05	1.06	1.04
	A4	77.3	78.11	77.06	76.31	1.01	1.00	0.99
	A5	70.1	73.36	74.36	71.76	1.05	1.06	1.02
	B1	68.6	68.17	68.73	67.92	0.99	1.00	0.99
	B2	73.5	70.08	72.08	71.33	0.95	0.98	0.97
	B3	56.7	52.04	52.04	52.89	0.92	0.92	0.93
	C1	80.3	81.19	82.39	80.97	1.01	1.03	1.01
	C2	77.4	76.33	79.78	77.68	0.99	1.03	1.00
	C3	90.1	88.92	84.17	87.25	0.99	0.93	0.97
	D1	85.7	86.54	86.54	83.29	1.01	1.01	0.97
	D2	99.8	100.79	101.07	102.96	1.01	1.01	1.03

文献	截面形式	P_t/kN	P_{CS1}/kN	P_{CS2}/kN	P_N/kN	P_{CS1}/P_t	P_{CS2}/P_t	P_N/P_t
[126]	D3	121.7	125.30	124.43	125.74	1.03	1.02	1.03
	E1	68.5	65.50	65.50	66.56	0.96	0.96	0.97
	E2	71.4	72.13	72.13	71.89	1.01	1.01	1.01
	E3	115	111.83	115.70	112.34	0.97	1.01	0.98
[127]	L11	145	142.37	147.08	143.28	0.98	1.01	0.99
	L12	145	142.37	147.08	143.28	0.98	1.01	0.99
	L21	142	138.23	138.23	136.84	0.97	0.97	0.96
	L22	142	138.23	138.23	136.84	0.97	0.97	0.96
	L31	133	130.65	130.65	129.43	0.98	0.98	0.97
	L32	133	130.65	130.65	129.43	0.98	0.98	0.97
均 值						0.9859	0.9986	0.9849
方 差						0.0387	0.0354	0.0318
变异系数						0.0393	0.0354	0.0322

从表 7-11 可以看出：建议方法由于考虑了开孔对构件局部、畸变、整体稳定影响，计算承载力与试验值更加接近，同时变异系数也相对较小；北美规范计算结果相对于试验值吻合也较好，变异性较小；考虑板组约束的建议计算方法计算结果均值相对不考虑板组约束的建议计算方法均值偏低，稍微保守；建议计算方法相较北美规范，变异系数偏大，北美规范相对建议计算方法偏于保守。

7.4.3.2 国外轴压构件试验

由于国外对于冷弯薄壁型钢构件受力性能的研究起步较早，对于开孔轴压构件的试验数据也相对较多，这些构件开孔形式包括圆孔、长圆孔、矩形孔以及椭圆孔，试件在试验过程中表现了局部屈曲和整体屈曲相关、整体屈曲、畸变屈曲等多种屈曲模态，各试件的试验承载力、建议方法计算承载力以及北美规范计算的承载力对比如表 7-12 所示。

表 7-12 国外开孔卷边槽形截面轴压试验值与承载力计算值对比

文献	截面形式	P_t/kN	P_{CS1}/kN	P_{CS2}/kN	P_N/kN	P_{CS1}/P_t	P_{CS2}/P_t	P_N/P_t
[128]	L2	37.81	34.40	36.15	32.27	0.91	0.96	0.85
	L3	50.48	46.74	49.67	47.14	0.93	0.98	0.93
	L6	37.81	34.33	36.06	32.31	0.91	0.95	0.85
	L7	37.59	34.12	35.10	32.24	0.91	0.93	0.86
	L9	41.81	44.55	47.56	43.32	1.07	1.14	1.04

文献	截面形式	P_t/kN	P_{CS1}/kN	P_{CS2}/kN	P_N/kN	P_{CS1}/P_t	P_{CS2}/P_t	P_N/P_t
[128]	L10	44.92	43.60	46.53	42.64	0.97	1.04	0.95
	L14	42.70	44.07	47.06	42.85	1.03	1.10	1.00
	S4	62.94	57.27	61.81	54.74	0.91	0.98	0.87
	S7	56.27	58.75	61.41	56.03	1.04	1.09	1.00
	S6	61.38	61.54	63.05	58.54	1.00	1.03	0.95
	S8	60.49	61.49	62.98	58.56	1.02	1.04	0.97
	S5	62.49	59.95	64.49	57.51	0.96	1.03	0.92
	S3	64.50	60.50	65.04	58.69	0.94	1.01	0.91
	S14	109.42	107.73	111.39	112.60	0.98	1.02	1.03
	S15	106.75	104.99	104.99	112.92	0.98	0.98	1.06
	L16	76.51	75.56	75.56	68.18	0.99	0.99	0.89
	L17	66.72	69.88	69.88	68.03	1.05	1.05	1.02
	L19	94.30	98.36	98.36	106.56	1.04	1.04	1.13
	L22	88.96	85.71	85.71	75.56	0.96	0.96	0.85
	L26	84.96	80.54	80.54	74.69	0.95	0.95	0.88
	L27	97.41	96.79	98.39	101.08	0.99	1.01	1.04
	L28	99.64	94.09	95.48	90.22	0.94	0.96	0.91
	L32	59.16	57.47	57.47	51.23	0.97	0.97	0.87
	L1	44.70	35.19	37.03	32.79	0.79	0.83	0.73
	L5	51.37	46.74	49.67	47.14	0.91	0.97	0.92
	L8	31.36	33.63	35.28	31.75	1.07	1.13	1.01
	L18	80.95	82.68	82.68	76.41	1.02	1.02	0.94
	L20	84.51	82.68	82.68	76.41	0.98	0.98	0.90
	L21	70.50	68.93	68.93	73.41	0.98	0.98	1.04
	L23	70.50	69.71	69.71	75.56	0.99	0.99	1.07
	L24	72.06	70.93	70.93	73.41	0.98	0.98	1.02
	L31	80.51	81.62	81.62	75.56	1.01	1.01	0.94
[129]	M-1.2-2-10-1	40.68	40.09	42.86	39.62	0.99	1.05	0.97
	M-1.2-2-10-2	41.23	40.09	42.86	39.62	0.97	1.04	0.96
	M-1.2-2-10-3	41.23	40.09	42.86	39.62	0.97	1.04	0.96
	M-1.2-2-15-1	39.33	40.09	42.85	39.62	1.02	1.09	1.01
	M-1.2-2-15-2	39.73	40.08	42.85	39.62	1.01	1.08	1.00

文献	截面形式	P_t/kN	P_{CS1}/kN	P_{CS2}/kN	P_N/kN	P_{CS1}/P_t	P_{CS2}/P_t	P_N/P_t
	M-1.2-2-15-3	40.23	40.08	42.85	39.62	1.00	1.07	0.98
	M-1.2-2-20-1	39.23	40.07	42.83	39.62	1.02	1.09	1.01
	M-1.2-2-20-2	39.73	40.07	42.83	39.62	1.01	1.08	1.00
	M-1.2-2-20-3	39.33	40.07	42.83	39.62	1.02	1.09	1.01
	M-1.2-1-15-1	40.43	40.10	42.87	39.62	0.99	1.06	0.98
	M-1.2-1-15-2	40.53	40.10	42.87	39.62	0.99	1.06	0.98
	M-1.2-1-15-3	40.93	40.10	42.87	39.62	0.98	1.05	0.97
	C-1.2-1-30-1	41.63	41.08	42.85	39.62	0.99	1.03	0.95
	C-1.2-1-30-2	42.03	41.08	42.85	39.62	0.98	1.02	0.94
	C-1.2-1-30-3	41.93	41.08	42.85	39.62	0.98	1.02	0.94
	M-0.8-2-10-1	20.22	18.47	20.59	19.08	0.91	1.02	0.94
	M-0.8-2-10-2	19.77	18.47	20.59	19.08	0.93	1.04	0.97
[129]	M-0.8-2-10-3	19.82	18.47	20.59	19.08	0.93	1.04	0.96
	M-0.8-2-15-1	20.12	18.46	20.58	19.03	0.92	1.02	0.95
	M-0.8-2-15-2	20.37	18.46	20.58	19.03	0.91	1.01	0.93
	M-0.8-2-15-3	19.87	18.46	20.58	19.03	0.93	1.04	0.96
	M-0.8-2-20-1	19.82	18.46	20.58	18.96	0.93	1.04	0.96
	M-0.8-2-20-2	18.82	18.46	20.58	18.96	0.98	1.09	1.01
	M-0.8-2-20-3	19.07	18.46	20.58	18.96	0.97	1.08	0.99
	M-0.8-1-15-1	19.77	18.47	20.59	19.03	0.93	1.04	0.96
	M-0.8-1-15-2	19.82	18.47	20.59	19.03	0.93	1.04	0.96
	M-0.8-1-15-3	19.62	18.47	20.59	19.03	0.94	1.05	0.97
	C-0.8-1-30-1	20.52	18.46	20.58	19.03	0.90	1.00	0.93
	C-0.8-1-30-2	20.12	18.46	20.58	19.03	0.92	1.02	0.95
	C-0.8-1-30-3	20.52	18.46	20.58	19.03	0.90	1.00	0.93
	A-2-1	85.57	83.94	86.68	83.03	0.98	1.01	0.97
	A-2-2	85.72	83.94	86.68	83.03	0.98	1.01	0.97
	A-2-3	86.17	83.94	86.68	83.03	0.97	1.01	0.96
[130]	A-4-1	81.52	83.94	85.96	83.03	1.03	1.05	1.02
	A-4-2	81.97	83.84	85.96	83.03	1.02	1.05	1.01
	A-4-3	81.82	83.84	85.96	83.03	1.02	1.05	1.01
	A-6-1	78.41	80.37	81.37	83.03	1.02	1.04	1.06

文献	截面形式	P_t/kN	P_{CS1}/kN	P_{CS2}/kN	P_N/kN	P_{CS1}/P_t	P_{CS2}/P_t	P_N/P_t
	A-6-2	77.41	80.37	81.37	83.03	1.04	1.05	1.07
	A-6-3	78.76	80.37	81.37	83.03	1.02	1.03	1.05
	B-2-1	84.27	82.94	86.68	83.03	0.98	1.03	0.99
	B-2-2	84.47	82.94	86.68	83.03	0.98	1.03	0.98
	B-2-3	85.57	82.94	86.68	83.03	0.97	1.01	0.97
	B-4-1	81.42	82.84	85.96	83.03	1.02	1.06	1.02
	B-4-2	81.47	82.84	85.96	83.03	1.02	1.06	1.02
	B-4-3	81.97	82.84	85.96	83.03	1.01	1.05	1.01
	B-6-1	76.41	79.37	81.37	83.03	1.04	1.06	1.09
	B-6-2	77.86	79.37	81.37	83.03	1.02	1.05	1.07
	B-6-3	78.56	79.37	81.37	83.03	1.01	1.04	1.06
	C-1-1	72.56	70.27	70.27	83.03	0.97	0.97	1.14
	C-1-2	72.71	70.27	70.27	83.03	0.97	0.97	1.14
	C-1-3	72.66	70.27	70.27	83.03	0.97	0.97	1.14
[130]	A-2-1	54.04	52.47	57.76	50.90	0.97	1.07	0.94
	A-2-2	54.04	52.47	57.76	50.90	0.97	1.07	0.94
	A-2-3	53.89	52.47	57.76	50.90	0.97	1.07	0.94
	A-4-1	54.04	52.39	57.65	47.33	0.97	1.07	0.88
	A-4-2	53.04	52.39	57.65	47.33	0.99	1.09	0.89
	A-4-3	53.14	52.39	57.65	47.33	0.99	1.08	0.89
	A-6-1	48.34	48.30	47.52	45.99	1.00	0.98	0.95
	A-6-2	45.74	48.30	47.52	45.99	1.06	1.04	1.01
	A-6-3	47.34	48.30	47.52	45.99	1.02	1.00	0.97
	B-2-1	52.79	52.47	57.76	47.51	0.99	1.09	0.90
	B-2-2	52.74	52.47	57.76	47.51	0.99	1.10	0.90
	B-2-3	54.24	52.47	57.76	47.51	0.97	1.06	0.88
	B-4-1	52.04	52.39	57.65	47.09	1.01	1.11	0.90
	B-4-2	51.34	52.39	57.65	47.09	1.02	1.12	0.92
	B-4-3	49.64	52.39	57.65	47.09	1.06	1.16	0.95
	B-6-1	47.74	45.30	50.52	46.31	0.95	1.06	0.97
	B-6-2	46.74	45.30	50.52	46.31	0.97	1.08	0.99
	B-6-3	46.64	45.30	50.52	46.31	0.97	1.08	0.99

续表7-12

文献	截面形式	P_t/kN	P_{CS1}/kN	P_{CS2}/kN	P_N/kN	P_{CS1}/P_t	P_{CS2}/P_t	P_N/P_t
[130]	C-1-1	52.34	52.25	54.96	45.99	1.00	1.05	0.88
	C-1-2	51.74	52.25	54.96	45.99	1.01	1.06	0.89
	C-1-3	50.74	52.25	54.96	45.99	1.03	1.08	0.91
[131]	362-1-24-H	46.62	41.67	48.17	41.48	0.89	1.03	0.89
	362-2-24-H	46.75	42.29	45.80	39.04	0.90	0.98	0.84
	362-3-24-H	45.15	43.97	47.43	41.35	0.97	1.05	0.92
	362-1-48-H	39.81	36.84	41.80	36.84	0.93	1.05	0.93
	362-2-48-H	40.83	36.45	41.39	36.91	0.89	1.01	0.90
	362-3-48-H	41.68	37.44	42.43	37.69	0.90	1.02	0.90
	600-1-24-H	54.00	53.51	52.71	43.84	0.99	0.98	0.81
	600-2-24-H	51.69	49.32	51.29	41.62	0.95	0.99	0.81
	600-3-24-H	52.44	49.99	53.12	44.50	0.95	1.01	0.85
	600-1-48-H	49.64	43.35	45.56	42.50	0.87	0.92	0.86
	600-2-48-H	52.04	47.34	49.40	42.12	0.91	0.95	0.81
	600-3-48-H	49.64	47.53	49.59	42.52	0.96	1.00	0.86
[132]	1-12	114.54	114.52	114.52	112.16	1.00	1.00	0.98
	1-13	104.75	100.21	102.21	111.24	0.96	0.98	1.06
	1-17	24.29	22.42	26.77	22.75	0.92	1.10	0.94
	1-19	26.24	23.51	26.82	23.24	0.90	1.02	0.89
	2-11	98.75	94.53	98.53	113.19	0.96	1.00	1.15
	2-12	98.30	94.47	98.47	113.66	0.96	1.00	1.16
	2-13	98.30	94.91	98.91	114.39	0.97	1.01	1.16
	2-14	26.55	23.68	26.88	22.69	0.89	1.01	0.85
	2-15	25.93	23.25	26.36	22.25	0.90	1.02	0.86
	2-16	25.98	23.68	26.88	22.61	0.91	1.03	0.87
	2-17	101.19	100.16	100.16	113.84	0.99	0.99	1.13
	2-18	98.75	100.18	100.18	114.70	1.01	1.01	1.16
	2-19	97.86	101.06	101.84	116.67	1.03	1.04	1.19
	2-20	27.80	26.32	32.06	24.99	0.95	1.15	0.90
	2-21	28.69	25.75	31.45	24.74	0.90	1.10	0.86
	2-22	29.89	26.89	32.67	25.73	0.90	1.09	0.86

文献	截面形式	P_t/kN	P_{CS1}/kN	P_{CS2}/kN	P_N/kN	P_{CS1}/P_t	P_{CS2}/P_t	P_N/P_t
[132]	2-23	30.69	26.90	32.68	25.73	0.88	1.06	0.84
	2-24	27.04	25.20	28.48	23.37	0.93	1.05	0.86
	2-25	27.04	25.21	28.48	23.39	0.93	1.05	0.87
	2-26	27.76	25.78	28.01	23.07	0.93	1.01	0.83
	LC-5	14.47	14.29	16.12	14.44	0.99	1.11	1.00
	LC-9	54.09	55.62	55.62	62.14	1.03	1.03	1.15
	LC-11	77.01	77.24	77.24	81.03	1.00	1.00	1.05
	LC-12	13.58	12.98	13.91	14.71	0.96	1.02	1.08
	LC-13	19.59	17.55	19.37	19.10	0.90	0.99	0.98
	LC-20	57.65	55.03	55.03	49.51	0.95	0.95	0.86
	LC-28	6.68	6.88	6.92	6.18	1.03	1.04	0.93
	LC-29	16.69	15.98	15.98	17.00	0.96	0.96	1.02
	LC-32	15.13	15.01	15.04	15.54	0.99	0.99	1.03
	LC-33	53.42	49.94	49.94	49.46	0.93	0.93	0.93
	LC-35	6.46	6.97	6.97	6.28	1.08	1.08	0.97
	LC-36	4.67	4.50	4.50	6.30	0.96	0.96	1.35
	LC-37	15.36	14.93	14.93	15.23	0.97	0.97	0.99
	LC-38	15.36	15.52	16.51	14.98	1.01	1.07	0.97
	LC-39	16.91	15.73	17.74	20.40	0.93	1.05	1.21
	LC-40	14.97	15.46	15.46	51.54	1.03	1.03	1.15
	LC-41	16.69	15.62	15.62	17.16	0.94	0.94	1.03
[133]	A-C	117.99	108.73	118.33	105.78	0.92	1.00	0.90
	A-S	119.15	108.85	118.44	105.86	0.91	0.99	0.89
	A-O	118.24	104.51	114.27	102.75	0.88	0.97	0.87
	A-R	114.64	104.51	114.27	102.75	0.91	1.00	0.90
	B-C	56.75	55.54	60.06	54.48	0.98	1.06	0.96
	B-S	56.45	55.54	64.06	54.48	0.98	1.13	0.97
	B-O	56.14	54.86	59.36	54.39	0.98	1.06	0.97
	B-R	56.95	54.86	59.36	54.39	0.96	1.04	0.96
[134]	75-1.5-1	70.00	74.77	76.54	73.26	1.07	1.09	1.05
	75-1.5-2	75.00	74.77	76.54	73.26	1.00	1.02	0.98
	75-1.5-3	74.00	74.77	76.54	73.26	1.01	1.03	0.99

文献	截面形式	P_t/kN	P_{CS1}/kN	P_{CS2}/kN	P_N/kN	P_{CS1}/P_t	P_{CS2}/P_t	P_N/P_t
[134]	114-1.5-1	75.00	74.52	76.20	72.23	0.99	1.02	0.96
	114-1.5-2	76.00	74.52	76.20	72.23	0.98	1.00	0.95
	114-1.5-3	73.00	74.52	76.20	72.23	1.02	1.04	0.99
	130-1.5-1	73.00	74.12	76.05	72.07	1.02	1.04	0.99
	130-1.5-2	76.00	74.12	76.05	72.07	0.98	1.00	0.95
	130-1.5-3	78.00	74.12	76.05	72.07	0.95	0.98	0.92
	114-1.2-1	42	43.72	47.80	43.01	1.04	1.14	1.02
	114-1.2-2	40	43.72	47.80	43.01	1.09	1.20	1.08
	114-1.2-3	40	43.72	47.80	43.01	1.09	1.20	1.08
	130-1.2-1	43.00	43.67	43.74	42.68	1.02	1.02	0.99
	130-1.2-2	43.00	43.67	43.74	42.68	1.02	1.02	0.99
	130-1.2-3	43.00	43.67	43.74	42.68	1.02	1.02	0.99
均　值						0.9738	1.0314	0.9686
方　差						0.0489	0.0516	0.0884
变异系数						0.0502	0.0500	0.0913

　　从表7-12可以看出：建议方法由于考虑了开孔对构件局部、畸变、整体稳定影响，计算承载力与试验值更加接近，同时变异系数也相对较小，但考虑板组约束和不考虑板组约束的建议计算方法计算结果与试验值比值的均值分别为0.9738和1.0314，表明考虑板组约束的建议方法相对较安全；北美规范计算结果相对于试验值吻合也较好，变异性较小，其计算结果与试验值比值的均值为0.9686，小于考虑板组约束建议计算方法的计算结果，表明北美规范偏于保守；同时建议计算方法相较北美规范，变异系数偏小。

7.4.3.3　国外受弯构件试验

　　对于开孔冷弯薄壁型钢构件受力性能的试验研究目前数据较少，文献[135]进行了卷边槽形截面开孔构件承载力试验，构件长度为1626mm，这些构件开孔形式为矩形孔，试件在试验过程中表现局部屈曲、畸变屈曲等多种屈曲模态，各试件的试验承载力、建议方法计算承载力以及北美规范计算的承载力对比如表7-13所示。

表7-13　国外开孔受弯构件试验值与承载力计算值对比

截面形式	M_t/kN	M_{CS1}/kN	M_{CS2}/kN	M_N/kN	M_{CS1}/M_t	M_{CS2}/M_t	M_N/M_t
H0.9-1.1	9.70	9.58	9.59	9.68	0.99	0.99	1.00

截面形式	M_t/kN	M_{CS1}/kN	M_{CS2}/kN	M_N/kN	M_{CS1}/M_t	M_{CS2}/M_t	M_N/M_t
H0.9-1.2	9.70	9.55	9.56	9.62	0.98	0.99	0.99
H0.9-2.1	10.50	9.95	9.85	9.90	0.95	0.94	0.94
H0.9-2.2	10.50	9.89	9.80	9.94	0.94	0.93	0.95
H0.9-3.1	10.80	10.03	9.93	9.91	0.93	0.92	0.92
H0.9-3.2	10.80	10.05	9.96	9.99	0.93	0.92	0.92
H0.8-1.1	8.20	8.48	8.38	8.53	1.03	1.02	1.04
H0.8-1.2	8.20	8.52	8.42	8.53	1.04	1.03	1.04
H0.8-2.1	8.60	8.37	8.28	8.73	0.97	0.96	1.02
H0.8-2.2	8.60	8.30	8.21	8.62	0.96	0.95	1.00
H0.8-3.1	8.60	8.49	8.37	8.71	0.99	0.97	1.01
H0.8-3.2	8.60	8.52	8.41	8.76	0.99	0.98	1.02
均　值					0.9759	0.9670	0.9875
方　差					0.0360	0.0357	0.0433
变异系数					0.0369	0.0369	0.0439

从表7-13可以看出：建议方法由于考虑了开孔对构件局部、畸变、整体屈曲稳定的影响，计算承载力与试验值比较接近，同时变异系数也相对较小，但考虑板组约束和不考虑板组约束的建议计算方法计算结果与试验值比值的均值分别为0.9759和0.9670，表明考虑板组约束的建议方法相对较安全；北美规范计算结果相对于试验值吻合也较好，变异性较小，其计算结果与试验值比值的均值为0.9875，大于建议计算方法的计算结果；同时建议计算方法相较北美规范，变异系数偏小。

7.5　小结

本章在开孔板件及构件弹性局部屈曲、畸变屈曲以及整体稳定应力分析的基础上，提出了开孔构件极限承载力的计算公式。通过腹板开圆孔和长圆孔轴压构件的承载力试验，表明开孔会降低构件的极限承载力。通过试验以及收集其他学者的试验数据，计算结果表明本书提出的开孔冷弯薄壁型钢构件考虑畸变屈曲的极限承载力计算方法是安全可靠的，可用于工程设计。

参 考 文 献

［1］ 湖北省发展计划委员会 . GB 50018—2002 冷弯薄壁型钢结构技术规范 ［S］. 北京：中国计划出版社，2002.

［2］ 上海钢之杰（集团）公司 . http：//www. beststeel. com.

［3］ 何保康 . 冷弯型钢应用与发展 . http：//www. baokangworkshop. net.

［4］ Schafer B W. Cold-formed steel behavior and design：analytical and numerical modeling of elements and members with longitudinal stiffeners ［D］. New York：Cornell University, 1997.

［5］ Schafer B W. CUFSM v3. 2-Finite strip buckling analysis of cold-formed members.

［6］ 陈骥 . 受压的冷弯卷边槽钢畸变屈曲强度和其相关屈曲承载力 ［J］. 钢结构, 2008：302 ~310.

［7］ Timonshenko S P, Gere J M. Theory of elastical Stability ［M］. New York：McGraw-Hill, 1959.

［8］ Bleich F. Buckling Strength of Metal Structures ［M］. New York：McGraw-Hill, 1952.

［9］ Bulson, P S. The Stability of Flat Plates ［M］. London：Chatto and Windus, 1970.

［10］ Chilver A H. The Behavior of thin-walled structural members in compression ［J］. The engineering, 1951：281~282.

［11］ Dwight J B. Aluminum sections with lipped flanges and their resistance to local buckling ［J］. Symposium on aluminum in structural engineering, London, 1963：67~74.

［12］ Sharp M L. Longitudinal stiffeners for compression members ［J］. Journal of the Structural engineering, 1966, 92 (ST5)：187~211.

［13］ Hancock G J. Distortional buckling of steel storage rack columns ［J］. Journal of structural engineering, 1985, 111 (12)：2770~2783.

［14］ Lau C W, Hancock G J. Distortional buckling formulas for channel columns ［J］. Journal of structural engineering, 1987, 113 (5)：1063~1078.

［15］ AS/NZS4600：2005, Australian/New Zealand Standard Cold-formed steel structures.

［16］ Li L Y, Chen J K. An analytical model for analysing distortional buckling of cold-formed steel sections ［J］. Thin-walled structures, 2008, 46 (12)：1430~1436.

［17］ Schafer B W, Asce M. Local, Distortional and Euler buckling of thin-walled columns ［J］. Journal of structural engineering, 2002, 128 (3)：289~299.

［18］ AISI S100-2007, North American specification for the Design of cold-formed steel Structural Members.

［19］ Hancock G J. Design for distortional buckling of flexural members ［J］. Thin-walled structures, 1997, 27 (1)：3~12.

［20］ Schafer B W, Pekoz T. Laterally braced cold-formed steel flexural members with edge stiffened flanges ［J］. Journal of structural engineering, 1999, 125 (2)：118~127.

［21］ EN1993-1-3：2006, Supplementary rules for cold formed thin gauge members and sheeting.

［22］ Cheung Y K. Finite strip method in structural analysis ［M］. New York：Robert Maxwell, 1976.

［23］ Papangelis J P, Hancock G J. Computer analysis of thin-walled structural members ［J］.Computer and structures, 1995, 56 (1, 3): 157~176.

[24] Papangelis J P, Hancock G J. Thin-wall cross-section analysis and finite strip analysis of thin-walled structures, thin-wall V2. 1. Centre for advanced structural engineering, University of Sydney, 2005.

[25] Schafer B W, Ádány S. Buckling analysis of cold-formed steel members using CUFSM: conventional and constrained finite strip methods [C] //Eighteenth International Specialty Conference on Cold-Formed Steel Structures, Orlando: 2006.

[26] Cheung Y K, Fan S C, Wu C Q. Spline finite strip in structural analysis [C] //Proceedings of the international conference on finite element method. Shanghai: Gordon and beach science publishers, 1982.

[27] Fan S C. Spline finite strip in structural analysis [D]. Hong Kong : University of Hong Kong, 1982.

[28] Lau S C W, Hancock G J. Buckling of thin flat-walled structures by a spline finite strip method [J]. Thin-walled structures, 1986, 4 (4): 269~294.

[29] Lau S C W, Hancock G J. Inelastic buckling analysis of beams, columns and plates using the spline finite strip method [J]. Thin-walled structures, 1989, 7 (3~4): 213~238.

[30] Adany S, Schafer B W. Buckling mode decomposition of single-branched open cross-section members via finite strip method: Derivation [J]. Thin-walled structures, 2006, 44 (5): 563~584.

[31] Adany S, Schafer B W. Buckling mode decomposition of single-branched open cross-section members via finite strip method: Application and examples [J]. Thin-walled structures, 2006, 44 (5): 585~600.

[32] Adany S, Schafer B W. A full modal decomposition of thin-walled, single-branched open cross-section members via the constrained finite strip method [J]. Journal of Constructional Steel Research, 2008, 64 (1): 12~29.

[33] Miquel C, Frederic M, Maria M P. Calculation of pure distortional elastic buckling loads of members subjected to compression via the finite element method [J]. Thin-walled structures, 2009, 47 (6~7): 701~729.

[34] Schardt R. Verallgemeinerte technische biegetheorie [M]. Berlin: Springer verlag, 1989.

[35] Schardt R. Generalized beam theory-an adequate method for coupled stability problems [J]. Thin-walled structures, 1994, 19 (2~4): 161~180.

[36] Schardt R. Lateral torsional and distortional buckling of channel and hat-sections [J]. Journal of constructional steel research, 1994, 31 (2~3): 243~265.

[37] Davies J M, Leach P. First-order generalized beam theory [J]. Journal of constructional steel research, 1994, 31 (2~3): 187~220.

[38] Davies J M, Leach P, Heinz D. Second-order generalized beam theory [J]. Journal of constructional steel research, 1994, 31 (2~3): 221~241.

[39] Davies J M, Jiang C. Design of thin-wall columns for distortional buckling [C] //Proceeding

of the second international conference on coupled instability in metal structures, Liege (blegium), 1996: 165~172.

[40] Kesti J, Davies J M. Local and distortional buckling of thin-walled short columns [J]. Thin-walled structures, 1999, 34 (2): 115~134.

[41] Silvestre N, Camotim D. First-order generalized beam theory for arbitrary orthotropic materials [J]. Thin-walled structures, 2002, 40 (9): 755~789.

[42] Silvestre N, Camotim D. Second-order generalized beam theory for arbitrary orthotropic materials [J]. Thin-walled structures, 2002, 40 (9): 791~820.

[43] Silvestre N, Camotim D. Distortional buckling formulae for cold-formed steel C and Z-section members [J]. Part I-derivation. Thin-walled structures, 2004, 42 (11): 1567~1597.

[44] Silvestre N, Camotim D. Distortional buckling formulae for cold-formed steel C and Z-section members [J]. Part II-validation and application. Thin-walled structures, 2004, 42 (11): 1599~1629.

[45] Pala M. A new formulation for distortional buckling stress in cold-formed steel members [J]. Journal of Constructional Steel Research, 2006, 62 (7): 716~722.

[46] Pala M, Caglar N. A parametric study for distortional buckling stress on cold-formed steel using a neural network [J]. Journal of Constructional Steel Research, 2007, 63 (5): 686~691.

[47] Pala M. Genetic programming-based formulation for distortional buckling stress of cold-formed steel members [J]. Journal of Constructional Steel Research, 2008, 64 (12): 1495~1504.

[48] Bernard E S, Bridge R Q, et al. Test of profiled steel decks with V-stiffeners [J]. Journal of Structural Engineering, 1993, 119 (8): 2277~2293.

[49] Young B, Asce M, Hancock G J. Compression tests of channels with inclined simple edge stiffeners [J]. Journal of structural engineering, 2003, 129 (10): 1403~1411.

[50] Schafer B W, Sarawit A, Pekoz T. Complex edge stiffeners for thin-walled members [J]. Journal of structural engineering, 2006, 132 (2): 212~226.

[51] Kwon Y B, Kim B S, Hancock G J. Compression tests of high strength cold-formed steel channels with buckling interaction [J]. Journal of constructional steel research, 2009, 65 (2): 278~289.

[52] Nuttayasalul N, Easterling W S. Behavior of complex hat shapes used as truss chord members [J]. Journal of structural engineering, 2006, 132 (4): 624~630.

[53] Lam S S E, Chung K F, Wang X P. Load-carrying capacities of cold-formed steel cut stub columns with lipped C-section [J]. Thin-walled structures, 2006, 44 (10): 1077~1083.

[54] Cheng Y, Schafer B W. Distortional buckling tests on cold-formed steel beams [J]. Journal of structural engineering, 2006, 132 (4): 515~528.

[55] Sridharan S A. Semi-analytical method for the post-local-torsional buckling analysis of prismatic plate structures [J]. International journal of num mesh in engineering, 1982, 18: 1685~1697.

[56] Kwon Y B, Hancock G J. Test of cold-formed channels with local and distortional buckling [J]. Journal of structural engineering, 1992, 117 (7): 1786~1803.

[57] Tang J, Young B. Column tests of cold-formed steel channels with complex stiffeners [J]. Journal of structural engineering, 2002, 128 (6): 737~745.

[58] Narayanan S, Mahendran M. Ultimate capacity of innovative cold-formed steel columns [J]. Journal of constructional steel research, 2003, 59 (4): 489~508.

[59] Rogers C A, Schuster R M. Flange/web distortional buckling of cold-formed steel sections in bending [J]. Thin-walled structures, 1997, 27 (1): 13~29.

[60] Yang D M, Hancock G J. Compression tests of high strength steel channel columns with interaction between local and distortional buckling [J]. Journal of structural engineering, 2004, 130 (12): 1954~1963.

[61] Lecce M, Rasmussen K J. Distortional buckling of cold-formed stainless steel sections: finite-element modeling and design [J]. Journal of Structural Engineering, 2006, 132 (4): 505~514.

[62] 苏明周, 陈绍蕃. 卷边槽钢梁受压翼缘畸变屈曲时的屈曲系数 [J]. 西安建筑科技大学学报, 1997, 29 (2): 119~124.

[63] 陈绍蕃. 卷边槽钢的局部相关屈曲和畸变屈曲 [J]. 建筑结构学报, 2002, 23 (1): 27~32.

[64] 姚行友. 高强冷弯薄壁型钢轴压柱畸变屈曲试验与理论研究 [D]. 西安: 西安建筑科技大学, 2007.

[65] 姚行友, 李元齐, 沈祖炎. 高强冷弯薄壁型钢卷边槽形截面轴压构件畸变屈曲性能研究 [J]. 建筑结构学报, 2010, 31 (11): 1~9.

[66] Xingyou Yao, Yanli Guo, Zhiguang Huang. Test and Finite Element Analysis on Distortional Buckling of Cold-formed Thin-walled Steel Lipped Channel Columns [C] //20th international specialty conference on cold-formed steel structures, St. Louis, USA, 2010: 77~88.

[67] Xingyou Yao, Yuanqi Li, Zuyan Shen. Load-carrying capacity estimation methods for cold-formed steel lipped channel member using effective width method [J]. Advanced Materials Research, 2010, 163: 90~101.

[68] 李元齐, 王树坤, 沈祖炎, 等. 高强冷弯薄壁型钢卷边槽形截面轴压构件试验研究及承载力分析 [J]. 建筑结构学报, 2010, 31 (11): 17~25.

[69] 王树坤. 高强冷弯薄壁型钢轴压构件承载力设计方法研究 [D]. 上海: 同济大学, 2008.

[70] 常伟. 高强冷弯薄壁卷边槽钢柱畸变屈曲非线性有限元分析 [D]. 西安: 长安大学, 2008.

[71] Teng J G, Yao J, Zhao Y. Distortional buckling of channel beam-columns [J]. Thin-walled structures, 2003, 41 (7): 595~617.

[72] 姚谏, 滕锦光. 冷弯薄壁卷边槽钢弹性畸变屈曲分析中的转动约束刚度 [J]. 工程力学, 2008, 25 (4): 65~69.

[73] 姚谏, 滕锦光. 冷弯薄壁卷边槽钢的畸变屈曲荷载简化计算 [J]. 浙江大学学报（工学版）, 2008, 42 (9): 1494~1501.

[74] 宋延勇. 冷弯薄壁型钢偏压构件及自攻螺钉连接承载力试验研究 [D]. 上海: 同济大

学，2008.

[75] 李元齐，刘翔，沈祖炎，等．高强冷弯薄壁型钢卷边槽形截面偏压构件试验研究及承载力分析 [J]．建筑结构学报，2010，31（11）：26~35.

[76] 黄伟鑫，刘杰，王凤利．冷弯薄壁卷边槽钢畸变屈曲的数值分析 [J]．低温建筑技术，2008，123（3）：78~79.

[77] 吴金秋，童根树．不同斜卷边檩条的局部屈曲和畸变屈曲 [J]．钢结构，2006，21（5）：70~73.

[78] 张伟．冷弯薄壁卷边槽钢梁的弹性局部屈曲与畸变屈曲性能分析研究 [D]．西安：建筑科技大学，2007.

[79] 罗洪光，马石城．卷边槽钢纯弯构件畸变屈曲板组约束系数的直接强度法计算 [J]．钢结构，2008，23（2）：1~3.

[80] 王海明，张耀春．直卷边和斜卷边受弯构件畸变屈曲性能研究 [J]．工业建筑，2008，38（6）：106~109.

[81] Wang H M, Zhang Y C. Experimental and numerical investigation on cold-formed steel C-section flexural members [J]. Journal of constructional steel research, 2009, 65(5): 1225~1235.

[82] 陈骥．受弯的冷弯卷边槽钢畸变屈曲强度和相关屈曲承载力 [J]．建筑钢结构进展，2009，11（1）：9~15，27.

[83] 刘翔．高强冷弯薄壁型钢压弯构件承载力设计方法试验研究 [D]．上海：同济大学，2007.

[84] 李元齐，刘翔，沈祖炎，等．高强冷弯薄壁型钢卷边槽形截面轴压构件畸变屈曲控制试验研究 [J]．建筑结构学报，2010，31（11）：10~16.

[85] 顾建飞，姚谏，钱国帧．冷弯薄壁槽钢柱畸变屈曲的有限元分析及一种控制措施 [J]．科技通报，2007，23（1）：111~115.

[86] 杨晓通，姚谏．加连杆的冷弯薄壁卷边槽钢受压性能试验研究与有限元分析 [J]．科技通报，2007，23（5）：729~735.

[87] 孙觅，王广，姚谏．加设隔板的卷边槽钢受压弹性畸变屈曲 [J]．低温建筑技术，2008，124（4）：79~81.

[88] 郑建灿，姚谏．受弯卷边槽钢的畸变屈曲及加固 [J]．低温建筑技术，2008，124（5）：32~52.

[89] 史三元，闫发林．C 型钢防止受弯畸变屈曲的加固效果分析 [J]．钢结构，2008，23（10）：32~52.

[90] 占冠元．冷弯薄壁卷边槽钢构件受压畸变屈曲性能及加固控制措施分析 [D]．合肥：合肥工业大学，2009.

[91] 张振宇．带缀板的冷弯薄壁卷边槽形截面受压构件稳定性能研究 [D]．西安：长安大学，2009.

[92] 蒋路．卷边槽形冷弯薄壁型钢轴压柱畸变屈曲的试验和理论分析 [D]．西安：建筑科技大学，2007.

[93] BS5950-5：1998, Code practice for design of cold-formed thin gauge sections.

［94］王新敏. ANSYS 工程结构数值分析［M］. 北京：人民交通出版社，2007.

［95］Cheung Y K, Fan S C, Wu C Q. Spline finite strip in structural analysis［C］//Proceedings of the international conference on finite element method. Shanghai：Gordon and beach science publishers，1982.

［96］Lau S C W, Hancock G J. Buckling of thin flat-walled structures by a spline finite strip method［J］. Thin-walled structures，1986，4（4）：269~294.

［97］Schafer B W. Cold-formed steel behavior and design：analytical and numerical modeling of elements and members with longitudinal stiffeners［D］. New York：Cornell University，1997.

［98］Timonshenko，S P，Gere J M. Theory of elastical Stability［M］. New York：McGraw-Hill，1959.

［99］Bleich F. Buckling Strength of Metal Structures［M］. New York：McGraw-Hill，1952.

［100］Von Karman T, Sechler E E, Donnell L H. The strength of thin plates in compression［J］. Transactions ASME，1932，54：54~55.

［101］Demao Yang，Gregory J，Hancock. Numerical Simulation of High-Strength Steel Box-Shaped Columns Failing in Local and Overall Buckling Modes［J］. Journal of Structural Engineering，ASCE，2005，132（4）：541~549.

［102］姜勇，张波. ANSYS7.0 实例精解［M］. 北京：清华大学出版社.

［103］蒋友琼. 非线性有限元法［M］. 北京：北京工业学院出版社.

［104］周绪红，王世纪. 薄壁构件稳定理论及其应用［M］. 北京：科学出版社，2009.

［105］F. 柏拉希，同济大学钢木结构教研室. 金属结构的屈曲强度［M］. 北京：科学出版社，3 版.1965.

［106］陈骥. 钢结构稳定理论与设计［M］.3 版. 北京：科学出版社，2006.

［107］Timoshenko S P, Gere J M. Theory of elastic stability［M］. 2nd ed. New York：McGrawHill，1961.

［108］Lau S C W, Hancock G J. Distortional buckling formula for thin-wall channel columns［R］. School of Civil and Mining Engineering, University of Sydney，Sydeny．Australia，1986.

［109］沈祖炎，李元齐，吴曙东，等. 冷弯超薄壁型钢卷边槽形截面轴压构件承载力试验研究［J］. 上海：同济大学，上海钢之杰钢结构建筑有限公司，2010.

［110］沈祖炎，李元齐，秦雅菲，等. 高强冷弯薄壁型钢卷边槽形构件轴压试验研究［J］. 上海：同济大学，博思格（上海）建筑系统，2007.

［111］沈祖炎，李元齐，吴曙东，等. 冷弯超薄壁型钢卷边槽形截面轴偏压构件承载力试验研究［J］. 上海：同济大学，上海钢之杰钢结构建筑有限公司，2010.

［112］沈祖炎，李元齐，秦雅菲，等. 高强冷弯薄壁型钢卷边槽形构件偏压试验研究［J］. 上海：同济大学，博思格（上海）建筑系统，2007.

［113］沈祖炎，李元齐，申林，等. Q235 冷弯薄壁型钢构件偏压承载力试验研究［J］. 上海：同济大学，北京：中国建筑标准研究院，上海：上海绿筑住宅系统科技有限公司，2007.

［114］张宜涛. 壁厚 2mm 以下冷弯槽钢轴压柱试验与设计方法研究［D］. 西安：西安建筑科

技大学，2008.

[115] 王群. 开口双肢冷弯薄壁型钢组合截面立柱承载力的试验和理论研究 [D]. 西安：长安大学，2009.

[116] 石宇，周绪红，苑小丽，等. 冷弯薄壁卷边槽钢轴心受压构件承载力计算的折减强度法 [J]. 建筑结构学报，2010，31 (9)：11~20.

[117] 周绪红，王群. 开口薄壁型钢压弯构件中板件屈曲后性能与板组屈曲后相关作用的研究 [D]. 长沙：湖南大学，1992.

[118] 王小平，钟国辉，林少书. C 形冷弯薄壁型钢切割短柱轴压试验 [J]. 武汉理工大学学报，2007，27 (7)：57~60.

[119] Ben Y, Kim J R, Rasmussen. Design of lipped channel columns [J]. Journal of Structural Engineering, 2006, 124 (2): 140~148.

[120] Jyrki Kesti J, Michael D. Local and distortional buckling of thin-walled short columns [J]. Thin-walled structures, 1999, 34 (1): 115~134.

[121] 王春刚，张耀春，张壮南. 冷弯薄壁斜卷边槽钢受压构件的承载力试验研究 [J]. 建筑结构学报，2006，27 (3)：1~9.

[122] 张兆宇. 冷弯薄壁 C 形槽钢畸变屈曲的试验研究 [D]. 杭州：浙江大学，2005.

[123] Cheng Y, Schafer B W. Local buckling test on cold-formed beams [J]. Journal of Structural Engineering, 2003, 129 (12): 1596~1606.

[124] Cheng Y, Schafer B W. Distortional buckling test on cold-formed beams [J]. Journal of Structural Engineering, 2005, 132 (4): 515~528.

[125] 沈祖炎，李元齐，王彦敏，等. 高强冷弯薄壁型钢 C 型截面轴压构件畸变屈曲性能试验研究 [J]. 上海：同济大学，博思格建筑系统住宅部，2008.

[126] 赵桂萍. 冷弯薄壁 C 型构件开孔屈曲及屈曲后性能分析 [D]. 西安：西安冶金建筑学院，1988.

[127] 胡白香，刘永娟. 轴压单孔冷弯薄壁槽形中长柱的极限承载力 [J]. 江苏大学学报（自然科学版），2007，28 (3)：258~261.

[128] Ortiz-Colberg RA. The load carrying capacity of perforated cold-formed steel columns [D]. NewYork: Cornell University, 1981.

[129] Pu Y, Godley M H R, Beale R G, et al. Prediction of ultimate capacity of perforated lipped channels [J]. Journal of Structure Engineering, ASCE, 1999, 125 (5): 510~514.

[130] Sivakumaran K S. Load capacity of uniformly compressed cold-formed steel section with punched web [J]. Canada Journal of Civil Engineering, 1987, 14 (4): 550~558.

[131] Moen C D, Schafer B W. Experiments on cold-formed steel columns with holes [J]. Thin-walled structure, 2008, 46: 1164~1182.

[132] Miller T H, Pekoz T. Unstiffened strip approach for perforated wall studs [J]. ASCE Journal of Structural Engineering, 1994, 120 (2): 410~421.

[133] Abdel-Rahman N. Cold-formed steel compression members with perforations [D]. PhD thesis, Mc Master University, Hamilton, Ontario, 1997.

[134] Xu L, Shi Y, Yang S. Compressive strength of cold-formed steel c-shape columns with slotted holes [C] //Twenty-second international specialty conference on cold-formed steel structures: recent research and developments in cold-formed steel design and construction. Saint Louis: University of Missouri-Rolla, 2014: 157~170.

[135] 姚行友. 开口冷弯薄壁型钢构件畸变屈曲受力性能与设计方法研究 [D]. 上海: 同济大学, 2012.